edition unseld 30

Naturwissenschaftliche Forschungen zu den Themen Leben, Intelligenz und Materie erzielen derzeit revolutionäre Ergebnisse, die unsere Auffassung von der Natur des menschlichen Körpers und Geistes herausfordern. Der Erfinder und Futurologe Ray Kurzweil leitet aus möglichen technologischen Anwendungen dieser Erkenntnisse die Vision einer nahen Zukunft ab, in der Künstliche Intelligenz die menschliche auf allen Gebieten übertrifft, in der der Mensch mit intelligenter Technik verschmilzt, Krankheiten und Altern durch den Einsatz von Gentechnik und Nanomedizin bekämpft werden und schließlich niemand mehr eines natürlichen Todes sterben muss. Was an diesen Visionen ist Wissenschaft, was religiöses Heilsversprechen, was reine Science-Fiction? Der Schriftsteller Tobias Hülswitt und der Physiker Roman Brinzanik haben Interviews mit herausragenden Wissenschaftlern geführt, darunter der Chemie-Nobelpreisträger Jean-Marie Lehn, der Stammzellforscher Hans R. Schöler und der Hirnforscher Wolf Singer. Sie wollten herausfinden, was der heutige Stand der Naturwissenschaften ist und wie seriöse Zukunftsszenarien aussehen. Daneben werden in Gesprächen mit dem Präsidenten der Max-Planck-Gesellschaft Peter Gruss, dem Demografen James W. Vaupel und dem Ethiker Bert Gordijn die sozialen Konsequenzen neuer Technologien und einer möglichen radikalen Lebensverlängerung ausgelotet. Mit Pater Friedhelm Mennekes SJ, dem Schriftsteller Hans-Ulrich Treichel, dem Philosophen Aaron Ben-Ze'ev u. a. sprechen die Autoren über die Plastizität menschlicher Identität und das Verhältnis der Künste zu Technik, Melancholie und Vergänglichkeit.

Roman Brinzanik, 1969 geboren, ist Physiker und Computational Biologist am Max-Planck-Institut für molekulare Genetik in Berlin. Er forscht auf dem Gebiet der Systembiologie, u. a. an den molekularen Ursachen von Krebs und Fettleibigkeit.

Tobias Hülswitt, geboren 1973, ist freier Autor. Zuletzt erschien *Dinge bei Licht* (2009). Er lehrte als Gastprofessor am Deutschen Literaturinstitut Leipzig und ist Mitbegründer des Korsakow Instituts für Nonlineare Erzählkultur.

# Werden wir ewig leben?
# Gespräche über die Zukunft
# von Mensch und Technologie

Von Tobias Hülswitt
und Roman Brinzanik

Suhrkamp

Die *edition unseld* wird unterstützt durch eine Partnerschaft mit dem Nachrichtenportal *Spiegel Online*. www.spiegel.de

edition unseld 30
Erste Auflage 2010
© Suhrkamp Verlag Berlin 2010
Originalausgabe
Alle Rechte vorbehalten, insbesondere das
des öffentlichen Vortrags sowie der Übertragung
durch Rundfunk und Fernsehen, auch einzelner Teile.
Kein Teil des Werkes darf in irgendeiner Form
(durch Photographie, Mikrofilm oder andere Verfahren)
ohne schriftliche Genehmigung des Verlages reproduziert
oder unter Verwendung elektronischer Systeme
verarbeitet, vervielfältigt oder verbreitet werden.
Satz: TypoForum GmbH, Seelbach
Druck: Druckhaus Nomos, Sinzheim
Umschlaggestaltung: Nina Vöge und Alexander Stublić
Printed in Germany
ISBN 978-3-518-26030-2

1 2 3 4 5 6 – 15 14 13 12 11 10

# Inhalt

Vorwort .................................... 7

Dank ...................................... 13

Ray Kurzweil: »Werden wir ewig leben, Mr. Kurzweil?« .. 15

Peter Gruss: Bio, Nano, Info, Neuro – ein Panoptikum .. 35

Hans R. Schöler: Das gealterte Bildnis des Dorian Gray .. 58

David Gems: Wenn Mao noch lebte – Vom Segen und
Unsinn des Alterns .............................. 81

Jean-Marie Lehn: Der wichtigste Prozess im Universum .. 100

Luc Steels: Der Schlüssel zur Intelligenz .............. 118

Ad Aertsen: »Wenn beide versuchen, sich anzupassen« –
Von Mensch-Maschine-Schnittstellen, Cyborgs und dem
Nachbau des Gehirns ............................ 137

Wolf Singer: Auf der Suche nach der Verbindung zwischen
Materie und Geist ............................... 158

Bert Gordijn: Das gute Leben ...................... 187

James W. Vaupel: »Statt tot zu sein, sind sie am Leben« .. 212

Aaron Ben-Ze'ev: Liebe in Zeiten der Langlebigkeit ..... 226

Friedhelm Mennekes SJ: Denken, als gäbe es Gott –
Kunst, Religion und der technische Fortschritt ......... 243

Daan Roosegaarde: »Ich will die Zukunft jetzt!« ........ 262

Hans-Ulrich Treichel: Der Mensch ist von Natur aus
künstlich ..................................... 280

Der Tod ist die Sanktion von allem, was der Erzähler berichten kann.
Vom Tode hat er seine Autorität geliehen. Mit andern Worten: es ist die
Naturgeschichte, auf welche seine Geschichten zurückverweisen.
*Walter Benjamin*

# Vorwort

2006 hörte ich zum ersten Mal von Ray Kurzweils Büchern, als mir ein befreundeter New Yorker Filmemacher von ihnen erzählte. Da ich mich zu der Zeit intensiv mit dem Zusammenhang von Erzählen und Sterblichkeit beschäftigte und damit, welchen Einfluss die Struktur der Erzählungen, die wir rezipieren und weitergeben, auf unser Empfinden des Vergehens der Zeit und auf die Wahrnehmung unserer eigenen Sterblichkeit hat, sah ich sofort, dass Kurzweils Theorien nicht nur menschheits- und technikgeschichtlich, sondern auch erzähltheoretisch interessant sind. Denn das ist es, was Schreibende wie mich umtreibt: die Geschichte des Menschen, sein Zusammenspiel mit gegebener und selbstgeschaffener Umwelt, also die Conditio humana im weiteren Sinne, und die Frage, *wie* man davon erzählt. Insofern ist dieses Buch für mich nicht nur in der Komposition ein literarisches Unterfangen. Anfang 2008 fuhr ich nach Boston, interviewte Ray Kurzweil und fasste den Plan, weitere Experten zu befragen, aus den unterschiedlichsten Bereichen, die jedoch alle eindeutig mit dem Themenkomplex der radikalen Lebensverlängerung zu tun haben. Roman Brinzanik stieß dazu und brachte als Physiker und Computational Biologist die nötige naturwissenschaftliche Fundierung und das Fachwissen mit, die für die Recherche und Durchführung des Projektes unerlässlich waren.
An vielen Stellen nahmen wir in den Interviews die Rolle des Advocatus Diaboli ein, um unserem jeweiligen Gesprächspartner die Möglichkeit zu geben, seinen Standpunkt möglichst scharf zu umreißen. Was unsere eigenen Standpunkte in der ethischen Beurteilung der hier versammelten Prognosen anbelangt, hielten wir uns zurück. Zum einen, weil sie sich im Laufe der Gespräche durchaus wandelten. War ich für mein Teil anfangs bestürzt bis

verstört von dem Ausblick auf einen möglichen radikalen Abschied von unserer biologischen Beschaffenheit, schoss mir im Gespräch mit Jean-Marie Lehn erstmals durch den Kopf, dass dieser Abschied eine Art Auszug aus dem Haus der Eltern sein könnte – mitsamt des einhergehenden Aufatmens und dem Blick auf die Welt, die sich auftut. Zudem ließen wir uns von der Neugier leiten – ich von der schriftstellerischen, Roman Brinzanik von der wissenschaftlichen: Wir wollten wissen, was an Kurzweils Thesen Science-Fiction, was seriös sei. Dabei hätte uns vorschnelles Urteilen im Weg gestanden. Auch nach Abschluss des Projekts bleibt es schwierig, eine endgültige Position zu beziehen, und vielleicht wäre das auch gar nicht hilfreich, denn dieses Buch soll keine abschließenden Antworten geben, sondern viele notwendige Fragen aufwerfen. Zudem war ich als Autor daran interessiert, ein Textgebilde zu schaffen, das durch innere Spiegelungen lebendig wird und auf diese Weise zu einem Sinnbild der neuen Verwobenheit aller – man möchte fast sagen: menschlicher – Disziplinen wird.

Ich sagte, dass sich meine Einstellung gegenüber dem Kommenden im Laufe der Gespräche hin zu einer gewissen Entspannung wandelte. Wenn ich aber an die Thematik denke, mit der sich zu befassen der nächste Schritt nach diesem Buch sein müsste, nämlich an den Ausblick auf die wachsende Möglichkeit, in die Natur der Erde einzugreifen und sie umzugestalten durch *climate engineering*, *geo-engineering* und Synthetische Biologie, dann überfällt mich das Grauen vom Anfang wieder, nur dieses Mal heftiger. Und dann geht mir nicht mehr aus dem Kopf, dass unsere größte Aufgabe als Bewohner dieses Planeten wohl in der Frage steckt, die Pater Mennekes im Gespräch mit uns so treffend formulierte und die auch in den meisten der anderen Gespräche im Hintergrund mitschwingt: »Wie kann ich in einer komplexeren

Welt als komplexeres Individuum zu einer komplexeren Moral finden?« Im Umgang mit dieser Frage wird sich, um es einmal pathetisch zu sagen, wohl das Schicksal der Menschen entscheiden.

Drei Probleme hat dieses Buch: Es kommen darin nur Männer zu Wort; die Thematik der ungerechten globalen Verteilung der Segenswirkungen der modernen Gesundheitstechnologien wird nur an wenigen Stellen kurz berührt; und die Rolle der Ökonomie im Zusammenhang mit dem technologischen Fortschritt haben wir – aus ökonomischen Gründen – weitestgehend außen vor gelassen. Alle drei Punkte wären es wert, in Folgeprojekten korrigiert und ergänzt zu werden.

Eine Freundin von mir sagte: »Das Interessanteste an Zukunftsprognosen finde ich das Licht, das sie auf die Gegenwart werfen.« Und diese Gespräche werfen, so hoffe ich, ein Licht auf die Gegenwart, die, was die Zukunft auch bringen mag, immer schon erstaunlich genug ist!

*Tobias Hülswitt*

Als mir Tobias Hülswitt im Frühjahr 2008 sein Interview mit dem Futurologen Ray Kurzweil zu lesen gab, schienen mir Kurzweils Zukunftsspekulationen eine eigentümliche Mischung aus Wissenschaftsgläubigkeit, Utopie und Phantasterei zu sein, die ich zwar etwas seltsam, aber nach einigem Nachdenken als provokative Gesprächsgrundlage doch interessant und anregend fand. Denn für mich spiegeln seine extremen Extrapolationen manche gegenwärtigen Trends und mögliche Perspektiven naturwissenschaftlicher Forschungen erhellend wider. So hört man in den letzten Jahren sowohl in den Fach- wie in den Massenmedien vermehrt von bemerkenswerten naturwissenschaftlichen Durchbrüchen und Vorhaben, die vor Kurzem eher im Bereich der

Science-Fiction angesiedelt waren. Und noch nie schien der Weg von Erkenntnissen der Grundlagenforschung zu technologischen und medizinischen Anwendungen so kurz wie heute. Nachdem der beschleunigte Fortschritt der Informations- und Kommunikationstechnologien für jedermann deutlich spürbar geworden ist, zeichnet sich zunehmend ab, dass auch Bio-, Nano- und Neurowissenschaften vermehrt das Potenzial erwerben, unser Leben drastisch zu verändern. Spätestens wenn man sich vorstellt, wie unsere Lebenswelt aussähe, wenn sich die Naturwissenschaften einigen ihrer großen Ziele – wie der Beseitigung aller Krankheiten und dem detaillierten Verständnis der menschlichen Intelligenz – schrittweise annäherten, wird die Relevanz solcher Forschungen überaus deutlich.

Da sich Tobias Hülswitt und mir nach diesem Interview viele weitere brennende und unserer Meinung nach grundlegende Fragen aufdrängten, von denen wir beide gleichermaßen fasziniert sind, war ich dankbar bereit, gemeinsam ein in die Breite angelegtes Interviewbuch mit herausragenden Vertretern verschiedenster Disziplinen zum Thema »Zukunft von Mensch und Technologie« in Angriff zu nehmen. Die Gesprächsteilnehmer sollten in etwa die unserer Meinung nach wichtigen Themengebiete abdecken und exemplarisch von ihren eigenen Arbeiten und Interpretationen der gegenwärtigen Entwicklungen berichten. Ausgehend vom Initialinterview mit Ray Kurzweil sollte ein Geflecht aufeinander bezogener Gespräche entstehen, in denen wissenschaftliche Fragen und Perspektiven, aber auch persönliche Spekulationen, Hoffnungen und Zweifel gleichermaßen willkommen waren. Für mich war dies Unterfangen eine willkommene Gelegenheit, einerseits einige neueste Entwicklungen der Naturwissenschaften und ihre Faszination populärwissenschaftlich zu vermitteln. Andererseits sah ich darin eine Möglichkeit, zum meiner Meinung nach notwendigen öffentlichen und interdisziplinären Diskurs über die Naturwissenschaften und die emergierenden Technologien beizutragen. Die leitenden Fragen sollten in etwa sein: Welche ethischen und gesellschaftlichen Fragen ergeben sich aus den neuesten naturwissenschaftlichen Erkenntnissen und Technologien? Was folgt für das Selbstverständnis des Menschen und die Philosophie? Welche Auswirkungen haben die Entwicklungen auf das Individuum und seine Psyche? In welchem Wechselverhältnis stehen sie zu Religion, Kunst und Literatur? Fragen dieser Größenordnung systematisch und abschließend behandeln zu wollen, und das auch noch in einem Gesprächsband, wäre natürlich entweder reichlich vermessen oder naiv. Es war vielmehr unser Ziel, eine spotlightartige und durchaus subjektive Einleitung in die verhandelten Themen zu geben, die Leserinnen und Leser vor allem zu weiteren Fragen und eigenen Recherchen anregen soll.

Zu einem zentralen Motiv des Buches wurde die Frage nach einer möglichen radikalen Verlängerung der gesunden Lebensspanne des Menschen, da dies die Veränderung der *conditio humana* vielleicht am drastischsten verdeutlicht und weil uns die Auseinandersetzung mit Krankheit, Leid und Tod als tiefste und faszinierendste Klammer zwischen Naturwissenschaft, Philosophie, Religion, Kunst und Literatur erschien. Überhaupt landet man beim Nachdenken über den Fortschritt der Wissenschaft und Technik schnell bei den grundlegendsten Fragen der Philosophie, die Immanuel Kant identifizierte: »1. Was kann ich wissen? 2. Was soll ich tun? 3. Was darf ich hoffen?« Und als letzte Frage, auf die sich nach Kant die drei ersten beziehen: »4. Was ist der Mensch?« Nun haben die Naturwissenschaften vielleicht schon von jeher nicht nur unser Menschenbild, sondern auch den Menschen selbst verändert. Die emergierenden Technologien könnten dies in Zukunft in einem nie vorher dagewesenen Ausmaß tun, wodurch sich die Frage nach der Natur des Menschen auf dringliche Weise neu stellt. Der Biologe Peter Gruss hält etwa die Existenz einer natürlichen Lebensspanne des Menschen für fragwürdig, der Chemiker Jean-Marie Lehn stellt fest, die Veränderung des Menschen sei im Menschen angelegt. Der Hirnforscher Ad Aertsen ist der Meinung, was man als natürlich zulasse, sei eine Frage der Akzeptanz. Der Ethiker Bert Gordijn warnt, die zunehmende Aufweichung der traditionellen Unterscheidung zwischen natürlich und künstlich werde zu einer beinahe existenziellen Verwirrung führen, und der Philosoph Aaron Ben-Ze'ev prognostiziert, dass das Verschwimmen von starren Grenzen aller Art zu den Hauptherausforderungen unserer Zukunft gehören werde. Der Schriftsteller Hans-Ulrich Treichel zitiert hierzu eine Grundthese des philosophischen Anthropologen Helmut Plessner, der Mensch sei von Natur aus künstlich. Wie plastisch ist also der Mensch, und was macht er aus sich? Und wie kann die zunehmende Beherrschung der Natur des Menschen durch Bio-, Nano-, Info- und Neurowissenschaften zu einer Ausweitung seiner Selbstbestimmung verwendet, wie kann seine Selbstinstrumentalisierung verhindert werden? Über diese Fragen sollte eine offene und breite Diskussion geführt werden, die nicht von überzogener Angst, nicht von haltloser Euphorie und nicht von allzu großem Nichtwissen geprägt ist. Ich würde mich freuen, wenn die vorliegenden Gespräche hierzu einen Beitrag leisten könnten und Neugier, Skepsis und Experimentierfreude wecken.

*Roman Brinzanik*

# Dank

Erst die tatkräftige Unterstützung vieler hat dieses Buch möglich gemacht. Wir danken vor allem unseren Gesprächspartnern, die sich trotz ihrer übervollen Terminkalender die Zeit nahmen, mit uns zu reden, und auch ihren Mitarbeiterinnen und Mitarbeitern; stellvertretend seien hier vor allem Jeanine Müller-Keuker und Mechthild Schmid genannt. Wir danken Richard Kroehling, der uns auf den Themenkreis der radikalen Lebensverlängerung aufmerksam machte und half, den ersten Kontakt zu knüpfen. Karin Graf danken wir für ihre Unterstützung und Ermutigung, Jana Thiele für die praktische Mithilfe. Wir bedanken uns auch beim Villa Aurora e.V., in dessen wundervollen Räumen in Los Angeles die Idee zu diesem Buch Gestalt annahm und durch dessen Stipendium die Reise nach Boston möglich wurde. Sebastian Hiller assistierte dort. Anne Phillips-Krug half bei der Korrespondenz. Jochen Leidner, Sandro Gaycken, Ewa Szczurek, Jan Fuhse, Volker Müller und Hauke Brettel gaben wertvolle Hinweise. Des Weiteren danken wir Christine Rennert, Andreas Schwatke, Oliver Schwirkmann, Stephanie Engel und Birgit Erdmann für die Unterstützung bei der Transkription der Gespräche und Elsa Pavel und Christine Adam für die Rohübersetzungen. Weitere Assistenz und Inspiration verdanken wir Florian Thalhofer, Sophie Zeitz Ventura, Nicole Gebauer, Raniah Salloum, Gunther Kreis, Julia Jürgens und Zoë Bell. Vielen ungenannten Freunden danken wir herzlich für ihre Diskussionsbereitschaft über die Themen dieses Buches. Auf unseren Reisen zu den Gesprächspartnern waren us Alon Caspi, Maximilian Horster und Mona Natterer großzügige Gastgeber. Nicht zuletzt bedanken wir uns bei Martin Vingron und der Max-Planck-Gesellschaft und bei Hans-Joachim Simm und Heinrich Geiselberger vom Suhrkamp Verlag für das Vertrauen und die gute Zusammenarbeit.

# »Werden wir ewig leben, Mr. Kurzweil?«

Tobias Hülswitt im Gespräch mit dem Erfinder und Futurologen Ray Kurzweil (Boston, 10. Januar 2008)*

Tobias Hülswitt: Herr Kurzweil, während meiner Recherche ist die Zahl meiner Fragen exponentiell gestiegen. Ich habe jetzt ungefähr 7000. Wenn wir 100 pro Tag schaffen, brauchen wir 70 Tage. Da Sie ja so lange leben werden, wie Sie wollen, haben Sie doch alle Zeit der Welt ...
Ray Kurzweil: Kein Problem! 70 Tage sollten nur ein kleiner Bruchteil der verbleibenden Zeit sein.

## Die Muster überdauern

Ich möchte Ihnen ein Kompliment machen: Sie sind ein sehr interessantes Muster.
Danke! Tatsächlich glaube ich, dass wir viel mehr Muster als Materie sind. Denn die Materie, aus der ich bestehe, ist in großen Teilen eine andere als die, aus der ich noch vor wenigen Tagen bestand. Daher sind Muster für mich die grundlegende Realität, sie sind das, was an der Welt real ist. Sie überdauern. Wir leben in einem Universum, das in der Lage ist, Muster zu erzeugen – erstaunlicherweise, denn wenn einige der Parameter im Standardmodell der Elementarteilchenphysik bloß um ein Billionstel verschoben wären, dann könnte das Universum keine Information in Form von Mustern darstellen. Es gäbe keine Atome, keine Moleküle, keine Sonnen. Eine äußerst interessante Frage ist, war-

---

* Soweit nicht anders angegeben, haben beide Autoren gemeinsam die Interviews geführt.

um das Universum Informationen auf verschiedenen Ebenen abbilden kann, in atomaren Strukturen, in biochemischen Strukturen und so weiter. Da Kohlenstoff sich in vier Raumrichtungen mit anderen Molekülen verbinden kann, kann er Informationen speichern. Einige Milliarden Jahre nach Entstehung des Universums entstand die DNA, und die DNA funktioniert wie ein Softwareprogramm, sie trägt Informationseinheiten. Die DNA hat sich weiterentwickelt, so dass sich schließlich Gehirne ausbildeten, und Gehirne wiederum können Informationen aufnehmen und behalten. Unsere Persönlichkeit, unsere Erinnerungen, unsere Fähigkeiten, all das sind Informationsdateien, wir tragen Verstandesdateien in unserem Gehirn.

Ich habe Sie also nicht beleidigt mit meinem Kompliment?

Keineswegs. Denn grundsätzlich sind wir ein hochentwickeltes Muster, fähig, sich zu betrachten und herauszufinden, was es selbst ist. Wir haben ein Ich-Bewusstsein und können nicht nur denken, sondern sogar über das Denken nachdenken. Durch Wissenschaft und Technologie haben wir die Möglichkeit, unsere eigenen Muster zu begreifen, und wir beginnen zu verstehen, wie unsere Biologie und unser Gehirn funktionieren. Und schließlich werden wir sie umgestalten und leistungsfähiger machen.

## Überwindung des Todes

»Und so habe ich ein Werk geschaffen, das weder Jupiters Zorn
noch Feuer, noch Eisen, noch der Zahn der Zeit mehr tilgen wird.
Möge der Tag kommen, der nur Macht über meine Hülle besitzt
und der ungewissen Spanne meiner Jahre ein Ende setzt;
mein besserer Teil wird aufsteigen in die Wölbung
der ewigen Himmel, und mein Name wird niemals vergessen.
Wo immer Roms Macht sich erstreckt, werden

die Menschen mich lesen, und im Gedächtnis aller Zeiten
werde ich leben, wenn die Ahnung der Dichter nicht trügt.«[1]

Das ist das Ende von Ovids *Metamorphosen*. Wie klingt das für Sie?

Es hat mit dem Wunsch nach Überwindung der offensichtlichen Vergänglichkeit des menschlichen Lebens zu tun. Bis vor Kurzem hatten wir keine Möglichkeit, die scheinbare Zwangsläufigkeit von körperlichem Verfall und Tod aufzuheben. Der Tod ist schwer vorstellbar, denn unsere Selbstwahrnehmung, unser Bewusstsein kommt uns nicht vergänglich, sondern dauerhaft vor. Trotzdem müssen wir beobachten, dass Menschen nicht ewig leben. Also haben wir verschiedene Theorien entwickelt, warum sie, auch wenn ihr Leben nur von begrenzter Dauer scheint, in Wahrheit doch ewig leben: durch Wiedergeburt, durch ein Fortleben im Himmel oder wie auch immer man es formuliert. Und die Leute argumentieren philosophisch, warum der Tod in Wahrheit etwas Gutes und Befreiendes sei und dass es nicht gut wäre, das menschliche Leben unendlich zu verlängern. Es wird allenthalben bestritten, dass der Tod furchterregend und tragisch ist – von dem Leid, das der Prozess des Sterbens bringt, ganz zu schweigen. Stattdessen wird das Problem rationalisiert, indem man sagt, der Tod sei gut. Und man hängt sehr an dieser Rationalisierung, weil sie es uns erlaubt, weiterzumachen im Angesicht der heraufziehenden Tragödie. Solange wir keine Alternative hatten, war das vernünftig. Heute aber haben wir eine Alternative.

Welche wäre das?

Auch wenn die nötigen Mittel noch nicht zur Hand sind, verfügen wir doch über das Wissen, wie wir bis zu dem Zeitpunkt überleben können, an dem sie uns zur Verfügung stehen werden.

---

1 Nachdichtung von Tobias Hülswitt.

Schon mit dem heutigen Wissen können selbst Angehörige meiner Generation in fünfzehn Jahren noch bei guter Verfassung sein. Ich nenne das Brücke eins. Danach wird es möglich werden, unsere Biochemie zu reprogrammieren und unser biologisches Programm durch Biotechnologie zu modifizieren, das ist Brücke zwei. Dies wird uns wiederum lange genug leben lassen, um Brücke drei zu erreichen. Und dann werden uns die Nanotechnologie und Nanoroboter in unserem Körper dazu befähigen, ewig zu leben.

Nach meinem Verständnis ist die Angst vor dem Tod oder die Melancholie, oder die Wut, die der Einsicht in das Verdammt-Sein zum Tode entspringen, einer der stärksten Motoren des Erzählens. Der Literaturtheoretiker Harald Bloom schreibt beispielsweise in seinem 1973 erschienenen Buch Einflußangst: »Denn jeder Dichter beginnt (wie ›unbewusst‹ auch immer), indem er stärker gegen das Bewusstsein von der Notwendigkeit des Todes rebelliert als jeder andere Mann, jede andere Frau.« Ist diese Rebellion auch der Ausgangspunkt Ihrer Arbeit?

Die Angst vor dem Tod inspiriert viele unserer Geschichten, und ich glaube, sie ist eine der treibenden Kräfte in der menschlichen Psychologie. Aber die Idee, den Tod zu überwinden, war – so wenig wie alle anderen Ähnlichkeiten meiner Gedanken mit religiöser Prophetie – nicht der Ausgangspunkt meines Denkens.

Sondern?

Es hat zwei Ursprünge. Ich bin Erfinder, und meine Produkte sollen das richtige *timing* haben. Die meisten Erfinder scheitern nicht, weil ihre Ideen schlecht wären, sondern weil ihr *timing* falsch ist. Deshalb begann ich, technologische Trends zu studieren, und sah, dass die Entwicklung der Rechnerleistung und der Leistungsfähigkeit von Kommunikationstechnologien vorhersagbar sind. Heute tragen zehn meiner Mitarbeiter Daten aus verschiedenen Feldern zusammen, anhand deren wir mathematische Vorhersagemodelle entwickeln, und diese haben sich als sehr akkurat erwiesen.

Können Sie ein konkretes Beispiel für eine Anwendung dieser Modelle nennen?

Wir haben auf diese Weise beispielsweise eine in ein Mobiltelefon integrierte Lesemaschine für Blinde entwickelt. 2002 errechneten wir, dass die dafür benötigte Technik 2006 in der richtigen Größe, mit der richtigen Leistungsstärke und zum richtigen Preis zur Verfügung stehen würde. Also begannen wir die Entwicklung 2002, so dass wir 2006 mit dem Produkt fertig waren. Mit denselben mathematischen Modellen kann man nun nicht nur fünf oder zehn, sondern zwanzig, dreißig Jahre vorausschauen. Wegen der explosiven Natur der exponentiellen Beschleunigung technischer Entwicklung und weil Informationstechnologien dieser exponentiellen Gesetzmäßigkeit unterliegen, kam ich zu dem Schluss, dass die Welt in zwanzig, dreißig Jahren bemerkenswert anders aussehen wird als heute. Ich habe inzwischen Jahrzehnte damit zugebracht, zu verstehen und zu formulieren, was diese Prognosen für das menschliche Leben und die menschliche Zivilisation bedeuten. Wenn die Leute zum ersten Mal davon hören und nie zuvor darüber nachgedacht haben, dann wirkt das alles ziemlich überwältigend, und so war es auch für mich selbst. Aber ich hatte ein wenig Zeit zum Nachdenken, und die Ergebnisse bilden nun die Basis meiner Bücher. Das ist der eine Ursprung meines Denkens.

Sie erwähnten einen zweiten ...

Als ich 35 war, erkrankte ich an Typ-2-Diabetes. Die üblichen Behandlungsansätze machten es nur schlimmer, also sagte ich mir, ich gehe das Problem nun als Ingenieur und Wissenschaftler an. Ich sammelte so viele Informationen, wie ich konnte, entwickelte meinen eigenen Ansatz und heilte den Diabetes durch Nahrungszusätze und Änderungen im Lebensstil. Seither habe ich keinerlei Symptome mehr gehabt. Und so kam ich auf den Gedanken – eine Art Meta-Gedanke –, dass man Gesundheitsprobleme mit der richtigen Kombination von Ideen besiegen kann. Wenn ich auf diese Weise Diabetes überwinden kann, dann kann ich das mit jeder Krankheit. Danach erfuhr ich eine weitere gesundheitliche Anfechtung, man nennt sie das mittlere Alter, also jene Beschleunigung des Alterns, die gewöhnlich zwischen vierzig und sechzig eintritt. Auch damit bin ich ganz gut fertig geworden. Verschiedene biologische Tests ergaben bei mir ein Alter von 38, als ich vierzig war. In einigen Wochen werde ich sechzig, und meine Werte liegen bei vierzig.

Kann man solchen Tests denn trauen?

Darüber kann man streiten. Ich denke, sie sind richtig, sie spiegeln ziemlich gut den Stand meiner mentalen und physischen Energie wieder. Ich messe auch Dinge wie Hormonspiegel und Nährstoffstatus, ich mache regelmäßig fünfzig bis sechzig verschiedene Bluttests, teste mein Gedächtnis, meine Reaktionszeit und meinen Tastsinn.

Und Sie nehmen täglich 250 Nahrungsergänzungspillen zu sich.

Ich bin dank größerer Effizienz runter auf 200. Wir entwickeln derzeit eine Technologie namens *protected supplements* – denn von den meisten Ergänzungsmitteln kommt nur ein kleiner Teil weiter als bis zum Verdauungstrakt. Sie sollen aber im Blut und letztlich in den Zellen landen. Deshalb arbeiten wir daran, die Wirkstoffe mit Nanokäfigen zu umschließen. Nachdem das Mittel von der Hülle geschützt durch den Verdauungstrakt gekommen und ins Blut gelangt ist, fällt die Nanohülle weg, so dass das gesamte Mittel dort ankommt, wo es hinsoll. Womöglich komme ich auf diese Weise auf achtzig bis hundert Pillen runter, die zugleich effektiver sind als die jetzigen. Mein Programm ist eigentlich recht konservativ, hinter allem, was ich tue und empfehle, steht viel wissenschaftliche Evidenz. Wenn etwas nur leicht umstritten ist, dann nehme ich es nicht, wie zum Beispiel menschliche Wachstumshormone, die einigen Nutzen, aber auch einige Nebenwirkungen mit sich bringen. Und ich experimentiere auch nicht mit Sachen, über die wir nicht genug wissen.

Wann nehmen Sie all diese Pillen?

Über den ganzen Tag verteilt.

Ihre Visionen entspringen also einerseits Ihrer Tätigkeit als Erfinder, andererseits der Auseinandersetzung mit der eigenen Gesundheit. Zwei gänzlich verschiedene Felder.

Sie waren einmal getrennte Felder. Jetzt sind sie miteinander verschmolzen, denn jetzt – und zwar seit wir das menschliche Genom[2] sequenziert haben, was erst wenige Jahre her ist – werden unsere Gesundheit, unsere Biologie, unsere Medizin zu Informationstechnologien. Und damit unterliegen auch sie dem Gesetz der beschleunigten Erträge und des exponentiellen Wachstums. Gesundheit, Biologie, Altern und Krankheit werden nun als Informationsprozesse begriffen, und damit verfügen wir über die praktischen Mittel, das Ende des Todes abzusehen, da unser Wissen über diese Dinge exponentiell wächst. Ich glaube, dass wir nur 15 Jahre von einem Wendepunkt entfernt sind, ab dem wir jedes Jahr mehr als ein Jahr zu unserer verbleibenden Lebenserwartung hinzufügen werden. Und das Gefühl, dass unsere Zeit rapide abläuft, wird schließlich ein Ende haben.

---

2 Gesamtheit aller genetischen Informationen einer Zelle.

## Kunst und Narration

Ich war immer der Ansicht, dass die Melancholie der Sterblichkeit und der Trost, den die Kunst spenden kann, die Schönheit derselben ausmachen. Welche Schönheit wäre der Kunst noch eigen, wenn der Tod Geschichte würde?

Kunst ist das Nonplusultra des Wissens. Die Dichtung ist eine äußerst kraftvolle menschliche Sprache, die tiefe Einsichten in die *conditio humana* ermöglicht. Es geht in ihr jedoch nicht nur um Trost angesichts des Todes. Die Vorstellung, der Tod verleihe dem Leben Sinn, ist falsch. Das Leben gibt dem Leben Sinn, und die Dinge, die wir mit ihm machen können, zum Beispiel Kunst entwickeln. Menschliches Wissen ist keine festgelegte Erscheinung, wir werden nie den Punkt erreichen, an dem alle Kunst, die möglich ist, geschaffen worden sein wird. Je mehr Wissen wir schaffen, desto mehr Wissen können wir noch zusätzlich schaffen, das Wissen erweitert sich stetig, und dasselbe gilt für die Künste. Nehmen Sie die heutige Musik: Sie ist extrem vielfältig, wir haben Hunderte verschiedene Genres. Und auch die Wissenschaft ist äußerst vielfältig. Das menschliche Wissen vermehrt sich auf all diesen verschiedenen Gebieten. Wir haben unsere Intelligenz bereits erweitert, indem uns das gesamte menschliche Wissen auf Abruf zur Verfügung steht – der Zugang bedarf nur des Drückens weniger Tasten. Und wir werden darüber hinaus unser Gehirn erweitern, indem wir direkt mit der Technologie verschmelzen. Wir werden unsere Fähigkeit verbessern, menschliches Wissen zu schaffen und wertzuschätzen, und im Wissen sind die Künste, die Literatur und die Musik inbegriffen.

Ist Wissen denn an sich schön?

Natürlich, das ist eines der Charakteristika des Wissens. Wissen ist ja nicht nur Information, sondern Information mit Wert. Und menschliche Emotionen wie Schönheit, Liebe, aber auch Eifersucht oder Humor – all dies sind Dinge, die das menschliche Gehirn hervorbringt. Sie sind das Komplizierteste, was wir überhaupt tun, das Nonplusultra menschlicher Intelligenz. Wir werden herausfinden, wie sie funktionieren und in der Lage sein, sie zu steigern, so dass wir noch schönere Musik schaffen können, noch kraftvollere Dichtung, noch eindrucksvollere Kunst.

Wenn wir 10 000 Romane gelesen hätten und nun den 10 001. in Händen hielten, und wir könnten noch eine unendliche Zahl weiterer lesen, weil wir ewig lebten, würden wir das noch genießen können?

Das würden wir, weil wir diese intensiveren Formen der Kunst entwickeln werden. Wir haben heute bereits interaktive virtuelle Welten, die schön und erstaunlich sind, eine neue Kunstform. Versuchen Sie einmal, das jemandem von vor 200 Jahren zu erklären, er hätte nicht die geringste Ahnung, wovon Sie reden. Kunst und Sprache und Musik werden kombiniert, und wir werden neue Kunstformen hervorbringen, die wir heute nicht einmal beschreiben können und die unseren erweiterten Gehirnen entsprechen werden.

Laut Harold Bloom hat jeder Dichter seinen Vorgänger und verfügt über ein gewisses Spektrum an Möglichkeiten, sich von diesem Vorgänger zu befreien – und er muss sich von ihm befreien, um sich selbst zu schaffen. Eine Möglichkeit ist die Überwindung durch »Vervollständigung«. Das sei, so Bloom, der übliche Weg amerikanischer Dichter, während die Briten die höfliche Überarbeitung vorzögen. Der Vorgänger ist aber nie nur ein bestimmter Dichter, sondern immer auch die gesamte Geschichte der Dichtung. Sie sagen nun, die technische Evolution werde die biologische überwinden und vervollständigen. Ist die biologische Evolution selbst Ihr Vorläufer im bloomschen Sinne? Ein Skript, das Sie vervollständigen möchten, um es loszuwerden?

Ich weiß nicht, ob Vervollständigung das richtige Wort ist, denn die Evolution ist niemals fertig. Die Schaffung menschlichen Wissens, Technologie und Kunst eingeschlossen, ist ein evolutionärer Prozess, der wiederum auf dem evolutionären Prozess aufsetzt, der die menschliche Spezies hervorbrachte. Heute besteht unser Erbe sowohl aus unseren biologischen Fähigkeiten, denn wir werden mit biologischen Hirnen und bestimmten Möglichkeiten geboren, als auch aus dem gesamten menschlichen Wissen, also allen Künsten und allen Traditionen, die existieren. Sie formen unser Denken, und unsere Hirne wären nicht in der Lage, irgendetwas zu tun, wenn sie nicht beeinflusst wären von all dem Wissen, dem sie ständig ausgesetzt sind. Wir werden in der Lage sein, unsere Biologie neu und leistungsfähiger zu gestalten. Auch hier gibt es keinen festen Zielpunkt, es ist nichts, was man jemals vollenden könnte. Wir werden unsere Biologie, wie wir sie heute kennen, ersetzen, und das Neue wird auf unseren biologischen Modellen beruhen, jedoch aus haltbareren Materialien gebaut sein. Das zeichnet sich heute schon ab.

Intelligenz

In Ihrem Buch *The Singularity Is Near* sagen Sie, es sei das Ziel der Evolution, das Universum mit Intelligenz anzufüllen, bis es schließlich zu seinem eigenen Bewusstsein erwache. Das klingt sehr hollywoodesk.

Aber genau das wird passieren. Die exponentielle Entwicklung der Informationstechnologien ist äußerst wirkungsvoll: Am Ende dieses Jahrhunderts werden wir in der Lage sein, zehn hoch fünfzig Rechenoperationen in der Sekunde pro Kilogramm Materie durchzuführen – das ist eine Trillion mal eine Trillion leistungsstärker als das Denken des menschlichen Gehirns –, und wir werden in der Lage sein, einen solchen Rechner mit der Software menschlicher Intelligenz zu bestücken, die wir bis dahin durch Nachbau verstanden haben werden. Früher oder später werden wir hier auf der Erde und den umliegenden Planeten an eine Grenze stoßen, was die nötige Energie und Materie für dieses Denken betrifft, das eine Fusion unseres biologischen Denkens mit dem immensen Vermögen nichtbiologischen Denkens darstellt. Dann werden wir uns im Rest des Universums ausbreiten müssen, und es ist eine Diskussion für sich, ob wir dabei an die Lichtgeschwindigkeit gebunden sein werden oder ob wir Wurmlöcher finden, durch die wir in andere Teile des Universums gelangen, so dass wir unser Denken schneller verbreiten können. Finden wir Wurmlöcher, dann dauert es von da an nur noch ein Jahrhundert, bevor das Universum erwacht und sich zu superintelligenten Prozessen reorganisiert. Wenn wir nicht schneller als Lichtgeschwindigkeit sein können, wird es weit länger dauern. In beiden Fällen aber wird sich eine Mensch-Maschine-Zivilisation in nichtbiologischer Gestalt im Universum ausbreiten, und dann wird das Universum erwachen.

Gemeinhin wird die Evolution eher als ungerichteter, zielloser Prozess betrachtet. Bei Ihnen klingt sie sehr zielgerichtet. Warum?

Wenn Sie sich im Universum umschauen, finden Sie all diese umherwirbelnde Materie in Sternen und Planeten, aber dies ist kein intelligenter Prozess, sondern es wird einfach alles von dumpfen, mechanischen Kräften bewegt. Und nun diskutieren die Kosmologen, ob es in 20 Milliarden Jahren einen weiteren *big crunch* oder einen *big bang* geben oder ob das Universum sich einfach immer weiter ausdehnen und die Sterne sterben und alles kalt und tot sein wird. Solche Diskussionen gehen davon aus, dass die Intelligenz in alldem nur eine kleine Randerscheinung sei, völlig irrelevant, und ob das Universum in Feuer oder in Eis endet, hängt dann nur von diesen dumpfen, bewusstlosen, mechanischen Himmelskräften ab. Meine Sicht aber ist es, dass das gesamte Universum innerhalb einer recht kurzen Zeitspanne von Intelligenz durchdrungen wird und wir eine intelligente Entscheidung treffen werden, so dass das Schicksal des Universums nicht diesen bewusstlosen Kräften obliegt.

### Ethik

Wird Technologie Probleme lösen, die die Ethik nicht lösen konnte?
Die Probleme, die wir heute haben, werden wir mithilfe der sogenannten emergierenden Technologien, darunter die Nanotechnologie, spielend überwinden. Zum Beispiel das Energieproblem: Wir bekommen zehntausendmal mehr Sonnenlicht ab, als wir bräuchten, um unseren gesamten Energiebedarf zu decken, und genau das werden wir in den kommenden zwanzig Jahren durch nanobasierte Solarmodule und Brennstoffzellen bewerkstelligen. Manchmal bringen neue Technologien natürlich auch neue Probleme. Die Biotechnologie ist ein gutes Beispiel. Ich bin überzeugt, dass wir Krebs, Herz-Kreislauf-Erkrankungen und andere große Krankheiten in den nächsten 15 Jahren überwinden werden, indem wir unsere Biologie gleichsam von der Krankheit fortprogrammieren. Biotechnologien können aber auch von Bioterroristen verwendet werden, um beispielsweise einen biologischen Virus zu bauen, der zerstörerischer als eine Atombombe sein könnte.
Oder das Militär baut ihn.
Die Technologien tragen also auch das Potenzial größter Zerstörungskraft in sich. Und hier kommt die Ethik ins Spiel. Der Nut-

zen wird nicht automatisch den Schaden überwiegen, sondern wir müssen diese Dinge auf die richtige Art anwenden. Die Ethik kann da sehr konkret sein. Es gibt zum Beispiel ethische Standards in der Biotechnologie, die sogenannten »Asilomar-Richtlinien«[3], eine Reihe sehr detaillierter Regeln, die verhindern sollen, dass unbeabsichtigt beispielsweise neue, tödliche Viren geschaffen werden. Und diese Richtlinien funktionieren sehr gut. Sie nützen natürlich nichts gegen jemanden, der sie willentlich nicht befolgt, einen Bioterroristen zum Beispiel, der Millionen von Menschen töten will. Deshalb brauchen wir zusätzlich schnelle Reaktionsmöglichkeiten und Abwehr-Technologien. Und es ist auch eine ethische Entscheidung, Ressourcen bereitzustellen, um eine solche Abwehr zu entwickeln. Auch die Entscheidung, die neuen Technologien nicht nur gegen Krankheiten in den entwickelten Ländern einzusetzen, sondern auch in der Dritten Welt, um dort Armut und Krankheit zu überwinden – auch das ist eine Frage der Ethik. Ethik ist also sehr wichtig, und angesichts des zunehmenden Vermögens der neuen Technologien wird sie noch wichtiger. Einerseits kann Ethik allein die erwähnten Probleme nicht lösen, andererseits brauchen wir sie, um diese Technologien auch auf die richtige Art anzuwenden.

---

3 Benannt nach einer wegweisenden, von dem Gentechnik-Pionier und späteren Nobelpreisträger Paul Berg organisierten Konferenz im Jahre 1975 in Asilomar State Beach, Kalifornien. Es wurden mögliche Risiken der damals im Entstehen begriffenen Gentechnik diskutiert und freiwillige Sicherheitsrichtlinien beschlossen, die später in vielen Staaten zur Grundlage gesetzlicher Regelungen wurden.

## Religion

Sind Sie der Gründer einer neuen Religion?

Alle großen Religionen sind in vorwissenschaftlicher Zeit entstanden. Sie sagen uns etwas über die Menschheit, sie erzählen, was für uns wichtig ist: dass wir den Tod und die Krankheiten und das Leiden besiegen wollen. Da das nicht möglich war, wollten wir irgendeinen Sinn in all dem Leid sehen, das auf der Welt existiert. Und so geben uns die Religionen Einsicht in die Ziele der Menschheit, die sie nicht realisieren konnte, weil uns die Mittel im Sinne wissenschaftlicher Erkenntnisse fehlten, um tatsächlich etwas im Kampf gegen das Leid auszurichten. Aber ich bin nicht von einem Bündel religiöser Gebote oder Ideen darüber ausgegangen, wie das Leben sein sollte, sondern meine Gedanken entstanden vor einem wissenschaftlichen Hintergrund. Ich komme vielleicht zu ähnlichen Ergebnissen wie manche Religionen im Hinblick auf die Idee, den Tod zu überwinden, das Leid zu besiegen und über das hinauszuwachsen, was wir sind, indem wir unsere Beschränkungen überschreiten. Aber sie sind nicht religiös, da sie nicht auf Glauben basieren, sondern auf der wissenschaftlichen Auswertung technologischer Trends und Untersuchungen, warum sich die Technologie auf bestimmte Weise entwickelt und inwiefern sie eine Fortsetzung des evolutionären Prozesses ist, der die Technologie erst hervorgebracht hat. Und womöglich findet sich in frühen Religionen ein Gespür dafür, dass es einst Mittel geben wird, jene phantastischen, der Religion inhärenten Vorstellungen von der Überwindung der Sterblichkeit tatsächlich zu verwirklichen. Man hatte absolut keine Ahnung, wie das gehen sollte, aber man spürte, dass es irgendeinen Weg geben musste. Und so entwickelte man nur die Idee, ohne ersichtliche wissenschaftliche Grundlage. Vielleicht finden sich, wie gesagt, bestimmte religiöse Ziele der Transzendenz und der Erlösung von Leid und Tod in meinem Denken wieder, aber es basiert auf realen, praktischen und wissenschaftlich begründeten Visionen, wie man diese Ziele erreichen könnte.

## Die Singularität

Sie prognostizieren für das Jahr 2045 etwas, was Sie die Singularität nennen: der Augenblick, in dem Künstliche Intelligenz die menschliche in allen Bereichen überflügelt und hinter den man nicht weiter in die Zukunft schauen kann, weil wir die folgenden Entwicklungen mit unserer heutigen Intelligenz nicht antizipieren können. Der Mensch wird schon vorher, ab da jedoch massiv mit intelligenter Technologie verschmelzen und theoretisch nicht mehr sterben müssen. Das Beste, was die Singularität – so sie denn stattfindet – bringen mag, scheint mir die breite Erfahrung einer allgemeinen und buchstäblichen Verbundenheit, da wir dann in der Lage wären, Wissen und sogar persönliche Erfahrung zu übertragen. Vielleicht müssen wir nicht mehr »Wie geht's?« fragen, sondern nur einen schnellen Bluetooth-Blick in die Verfassung des anderen tun. Wie hat man sich das technisch vorzustellen?

Bestimmte Konzepte, die wir auf unsere Computer ganz selbstverständlich anwenden, wirken eigenartig, wenn man sie auf Menschen bezieht. Wir pflegen die Vorstellung einer einzigartigen Identität, wir stecken in einer physischen Form, unsere Hirne sind in einen Schädel eingesperrt und überlappen nicht mit anderen Hirnen, und so ergibt sich die Einmaligkeit eines jeden Individuums. Computer sind völlig anders. Man kann eine Million Computer zu einem einzigen zusammenschließen, und dieser kann wieder zu einer Million einzelner werden. Computer können ihre Identität und ihre Software sehr leicht verschmelzen und wieder trennen. Die Identität des Computers entsteht aus der Software, und wenn das Notebook stirbt, dann kopieren Sie die Software einfach von einem Back-up auf einen anderen Computer, und der Computer lebt wieder, selbst wenn die Hardware zusammengebrochen ist. Beim Menschen glauben wir, dass auch die Software sterben muss, wenn die Hardware zusammenbricht – denn das ist der Tod: ein Zusammenbruch der Hardware. Wenn wir nun nicht biologischer und computerähnlicher werden, indem wir mit unseren Computern verschmelzen, dann wird der Computeranteil unserer Intelligenz letztlich eine Milliarde Mal leistungsstärker sein als ihr biologischer Anteil. Mithin werden wir im Grunde genommen nicht biologisch sein und dieselben Eigenschaften besitzen wie unsere heutigen Computer. Wir werden unsere Intelligenz direkt zusammenschließen, eins werden und uns wieder separieren können – oder beides zugleich.

Ich bin der Meinung, dass wir bereits heute eine tiefere Verbundenheit empfinden könnten. Wir tun es nur nicht, aus Trägheit oder Desinteresse. Wenn wir unsere Möglichkeiten aber heute nicht ausschöpfen, warum sollten wir es dann tun?

Wir haben zwar auch heute die Möglichkeit, einander durch Empathie zu erfahren. Wir haben auch schon die entsprechenden Hirnstrukturen entdeckt, die Spiegelneuronen und Spindelzellen, die es ermöglichen, sich in jemand anderen hineinzuversetzen und seine Emotionen bis zu einem gewissen Grad tatsächlich mitzuempfinden. Darüber hinaus besitzen Gruppen von Menschen die Fähigkeit, gleichsam *ein* Denken zu entwickeln, und es gibt Wege, die Klugheit der Masse nutzbar zu machen. Durch Mehrheitswahl kann sie einen Standpunkt beziehen, der eigentlich aus Millionen von Standpunkten besteht. Die Masse kann also etwas wie *eine* Persönlichkeit, *einen* Verstand entwickeln. Wir können also bereits denkende Entitäten schaffen, die viele verschiedene Leute mit einschließen, und wir haben Kommunikationsmittel wie das Internet, die es möglich machen, rund um den Globus zu kommunizieren und Gemeinschaften zu bilden. Ich denke, dies sind zutiefst demokratisierende Technologien. Aber Gedankenlesen können wir damit noch nicht. Wenn wir mithilfe nichtbiologischer Intelligenz wirklich tief in die Gedanken anderer eindringen können, indem wir unser Denken auf innigere Art als heute mit dem ihren verbinden, dann wird das alles in allem etwas Positives sein, und Empathie und Verständnis werden zunehmen.

Nicht wenige Leute reagieren regelrecht gereizt auf Ihre Thesen. Missverstehen diese Leute Sie, wenn sie in Ihnen einen Anwalt der Singularität sehen? Geben sie dem Boten die Schuld?

Die Botschaft scheint jedenfalls tiefsitzende Aspekte der persönlichen Philosophie vieler Menschen zu berühren. Und der Einfluss uralter Denktraditionen und religiöser Vorstellungen vom Tod ist sicher sehr groß. Schließlich tragen wir diese Vorstellungen seit Jahrtausenden in uns, sie helfen den Menschen, mit der Tragödie des Todes fertig zu werden, und die Leute geben sie nicht so mir nichts, dir nichts auf. Genauso wenig unvermittelt nehmen sie die Vorstellung an, unsere Biologie zu verändern. Sie hängen an der Biologie. Tatsächlich werden wir in der Realität nicht einen einzelnen großen Schritt tun aus der heutigen Welt hin zur Singularität im Jahre 2045, sondern wir werden über zehntausend, hunderttausend kleine Fortschritte auf vielen verschiedenen Gebieten dorthin gelangen. Jeden Tag geschehen erstaunliche Dinge, wie das Internet oder die virtuelle Realität, Dinge, die wir bereits für selbstverständlich halten, die aber noch vor Kurzem unvorstellbar waren. Die Welt wird sich sehr verändern, und die Veränderung beschleunigt sich immer mehr.

Wieso ist es Amerika, das eine mögliche radikale Lebensverlängerung eher annehmen wird als Europa?

Gute Frage. In Europa gibt es auch mehr Widerstand gegen genetisch modifizierte Organismen als in den USA. Vielleicht ist Europa seiner Geschichte verbundener und daher ängstlicher gegenüber Veränderungen. Und vielleicht gibt es in Europa eine tiefere Bindung an jene alten Rationalisierungen des Todes als etwas Gutem, das dem Leben Sinn verleiht. Die Vereinigten Staaten besitzen dagegen einen Frontier-Geist. Es gab die geografische Frontier und die *manifest destiny* im 19. Jahrhundert, als wir die Vereinigten Staaten geografisch erweiterten, und später stießen wir ins All vor. Es gab hier immer einen gewissen Geist des Vorstoßens über Grenzen und Beschränkungen hinaus, und unsere begrenzte Lebensspanne ist eine große Beschränkung.

## »Ich protestiere gegen den Tod«

Der Philosoph Gabriel Marcel schrieb einmal: »Einem Menschen zu sagen ›Ich liebe dich‹ heißt: Ich weigere mich, deinen Tod anzunehmen; ich protestiere gegen den Tod.« Würde die Liebe noch existieren, wenn wir nicht mehr stürben?

Für mich ist der Tod ein großer Zerstörer der Liebe, und einen geliebten Menschen zu verlieren ist ein größerer Schmerz, als wir es uns je vorstellen können. Wir lieben ja niemanden, weil er oder sie tot ist oder sterben wird. Die Liebe ist das Nonplusultra des Lebens, sie ist das beste Mittel, das wir haben, um mit einer anderen Person zu verschmelzen. Wenn sich zwei Menschen lieben, dann werden sie wirklich wie eine Person, sie können die Gedanken des anderen lesen und zu Ende denken. Dazu werden wir noch sehr viel besser in der Lage sein, wir werden wortwörtlich in den Kopf des anderen hineinkommen, und so wird die tiefe Vereinigung von Menschen noch einfacher werden. Der Tod aber ist nichts, was der Liebe etwas hinzufügen würde, nein, er beraubt uns der Liebe.

Vielleicht ist der Tod eine interessante Erfahrung. Denken Sie manchmal, Sie könnten etwas verpassen, wenn Sie nicht sterben?

(Sieben Sekunden Stille.) Nun, man kann kaum wissen, wie diese Erfahrung ist.

Ich habe einen Freund, der sagt, es wird eine großartige Erfahrung, die er nicht missen möchte.

(Lacht.) Und dann, was macht er damit? Menschen, die diesen Prozess begannen, für klinisch tot erklärt wurden und zurückkamen, haben nichts Transzendentes zu berichten. Wenn es dort schöne Prozesse geben sollte, dann können wir sie auch erleben, ohne zu sterben. Wir müssten nur herausfinden, wie sie genau aussehen.


Erzählung der Zukunft

Wie wird das Erzählen in der Zukunft aussehen?
Phänomene wie YouTube oder Blogs zapfen die Klugheit der Masse an, ohne dabei gemäß eines aristotelischen narrativen Konzepts dirigiert zu werden. Stattdessen organisieren sie sich selbst und tragen am Ende viel Klugheit in sich. Es ist ja nicht die Google-Bibliothek, die entscheidet, welcher Link erscheint, wenn Sie »Elefant« eingeben – sondern es ist ein sich selbst organisierendes System, das auf den Entscheidungen von Millionen von Leuten basiert. Ein einzelner Blog mag nur ein Tropfen auf den heißen Stein sein, aber die gesamte Blogosphäre vermag sehr viel, wenn

es darum geht, die Wahrheit einer Situation ans Tageslicht zu bringen. Und so ermöglichen es uns diese neuen Technologien, aus all unseren Gehirnen ein Superhirn zu schaffen, das selbst das brillanteste einzelne Gehirn übertrifft. Wenn Sie tatsächlich Tausende von Leuten abschöpfen können, dann führt das zu Einsichten, die Sie auf keine andere Weise jemals bekommen könnten. Die klassische Erzählung unterliegt Limitationen. Hollywood zum Beispiel, da gibt es ein bestimmtes Modell wie »Am Ende siegt die Liebe« sowie bestimmte narrative Regeln, und aufgrund der übergeordneten Gerüste weiß man schon am Anfang, was am Ende herauskommt. Das wirkliche Leben ist allerdings chaotischer. Doch die Leute haben eine bestimmte Vorstellung von der Narration ihres eigenen Lebens, und dieser Geschichte zuliebe, die sie sich über sich selbst erzählen, übersehen sie gerne die wahre Komplexität ihres Daseins. Ich denke, wir können tiefere Einsichten gewinnen, wenn wir die chaotische Wirklichkeit der Welt betrachten. Und es gibt etwas, das über den Inhalt der Videos auf YouTube und der Blogs hinausgeht, und das ist die Interaktion und die Selbstorganisation, und durch sie kommen wir zu den tieferen Einsichten.

*Aus dem Englischen von Tobias Hülswitt*

## Bio, Nano, Info, Neuro – ein Panoptikum

Im Gespräch mit Peter Gruss, Zellbiologe und Präsident der Max-Planck-Gesellschaft (München, 18. September 2009)

Zukunftsforschung

Tobias Hülswitt: Was halten Sie von Ray Kurzweils Zukunftsvisionen?

Peter Gruss: In der Wissenschaft versuchen wir, auf der Basis des heutigen Wissens die Felder zu definieren, die uns in den nächsten zwanzig, 25 Jahren maßgeblich beschäftigen werden. Was wir seriöserweise über die Zukunft sagen können, basiert immer auf dem Wissen, das wir zum Zeitpunkt des Blickes in die Zukunft besitzen. In dem Zeitfenster von maximal einem Vierteljahrhundert kann man zumindest die Grobrichtung realistisch erkennen. Kurzweil denkt sehr, sehr weit nach vorne. Dabei wird zumindest in Auszügen klar, wohin die Reise gehen könnte und was das für eine Gesellschaft bedeuten kann. Allerdings hätte es der beste Kurzweil nicht vermocht, das Internet in seiner Mannigfaltigkeit und mit seinen Auswirkungen vorherzusagen. Das heißt, es wird weitere technologische Neuerungen geben, die nicht vorhersehbar sind. Das entspricht auch der Natur der Forschung, insbesondere der Grundlagenforschung, von der diejenigen Befunde besonders spannend sind, die wir nicht erwarten. Gewisse Vorbehalte muss man gegenüber Herrn Kurzweils provokanten Thesen haben, wenn er über Dinge spekuliert, die nicht vorhersehbar sind, weil die nötigen Technologien in keiner Weise bestehen. Ob man tatsächlich einmal über Wurmlöcher transportabel wird und schneller als die Lichtgeschwindigkeit – Einstein hätte seine graue Mähne geschüttelt. Da, würde ich sagen, gerät Science zur

Science-Fiction. Ich bin weniger kritisch, wenn er versucht, die unmittelbare Zukunft zu erahnen auf dem Gebiet der sogenannten konvergierenden Technologien: der Bio-, Nano-, Info- und Neurobereiche. Dazu hat er sehr kluge Gedanken geäußert.

## Biologische Grundlagenforschung und Therapien der Zukunft

Roman Brinzanik: Was hat Ihr eigener Forschungsschwerpunkt Entwicklungsbiologie mit medizinischen Therapien zu tun? Für die Erforschung molekularbiologischer Verfahren für innovative Therapien haben Sie ja zusammen mit Herbert Jäckle 1999 den Deutschen Zukunftspreis des Bundespräsidenten erhalten.

Meine Forschung bestand darin, über ein Verständnis der molekularen Schaltprozesse, die während der Entwicklung eines Säugers ablaufen, zu einer Anwendung dieses Wissens im Sinne regenerativer Therapien zu gelangen. Ich habe mich primär mit Organogenese beschäftigt, mit der Entwicklung des Säugetiergehirns und der Bauchspeicheldrüse. Insofern war Diabetes ein klinisch relevantes Thema meiner Forschung. Im Mittelpunkt standen die Schaltprozesse, die zu Alphazellen und Betazellen führen und letztlich zu funktionalen Inselzellen, die Insulin und Glucagon produzieren, die wiederum unseren Zuckerhaushalt regeln. Es zeichnet sich ab, dass sich aus solchen Ansätzen Therapien eröffnen könnten, also Zellersatz, Gewebeersatz. Mit Organersatz wird es ein wenig komplizierter, weil Sie eine dreidimensionale Struktur brauchen. Insgesamt hat sich viel getan in diesem Bereich, das zeigen nicht zuletzt die Nobelpreise auf dem Gebiet der embryonalen Stammzellen[1]. Gegen humane embryo-

---

1 Eine Stammzelle ist eine Zelle, die sich durch Zellteilung reproduzieren und in spezialisierte Zellen ausdifferenzieren kann, wobei es unterschied-

nale Stammzellen gibt es allerdings ethische Vorbehalte. Zum einen braucht man bislang zur Gewinnung dieser Zellen einen Embryo. Zum anderen muss der Empfänger der Stammzellen Immunsuppressiva nehmen, weil sonst die Gewebe, die von diesen Stammzellen einmal abgeleitet werden sollen, nicht transplantiert werden können, ohne abgestoßen zu werden.

Brinzanik: Ändert sich die Lage nicht dadurch, dass man mittlerweile spezialisierte Körperzellen in pluripotente Stammzellen reprogrammieren kann, die die gleichen Eigenschaften haben wie embryonale Stammzellen?

Exakt. Bislang war es notwendig, mit embryonalen Stammzellen zu arbeiten, um mit ihrer Hilfe die Charakteristika der Pluripotenz festzulegen: Die Frage war also, welche Genaktivitäten, welche molekularen Schalter den pluripotenten Status einer Zelle bewirken. Dieses Verständnis hat die Forschung, die mithilfe humaner und mausembryonaler Stammzellen geleistet wurde, tatsächlich erbracht. Der Durchbruch geschah, als es Shinya Yamanaka 2006 in Japan gelang, diese molekularen Schalter in Form von vier Genen in Körperzellen der Maus, zum Beispiel Hautzellen, einzuführen und sie in pluripotente Stammzellen zu reprogrammieren. Ein Jahr später führte er dies an menschlichen Zellen durch. Kürzlich wurde gezeigt, dass man aus einer solchen sogenannten induzierten pluripotenten Stammzelle, kurz iPS-Zelle, eine vollständige Maus entstehen lassen kann. Zellen können also durch Reprogrammierung Pluripotenz erlangen. Damit sind wir in der Lage, aus einer Körperzelle des Patienten selbst

liche Stammzelltypen gibt. Menschliche embryonale Stammzellen werden aus einem Embryo etwa vier bis sieben Tage nach der Befruchtung der Eizelle und vor Einnistung in die Gebärmutter gewonnen. Sie besitzen das Potenzial, jeden der rund 250 spezialisierten Körperzelltypen des erwachsenen Organismus ausbilden zu können, weswegen sie pluripotent oder Alleskönner genannt werden.

das benötigte Gewebe zu produzieren und in den Körper zurückzuführen, ohne dass es zur Abstoßung kommt. Für Diabetiker könnte das auf Dauer bedeuten: keine Spritzen mehr! Die iPS-Zellen sind ein phantastisches Werkzeug und zeigen Wege auf, die in der Medizin sicher noch eine große Rolle spielen werden. Es gibt natürlich einige Hürden, die noch zu nehmen sind: Wenn man im Augenblick diese Zellen in Mäuse einführt, entstehen Tumore. Das liegt daran, dass wir eine dauerhafte Befeuerung aller Zellen, die aus diesen iPS-Zellen hervorgehen, mit den eingeschleusten vier aktiven Genen haben, und da ist ein Krebsgen dabei. Erst kürzlich ist es aber gelungen, iPS-Zellen auch mithilfe von Proteinen zu generieren. Diese Form der Reprogrammierung ist in Bezug auf Tumore ungefährlich und damit voraussichtlich die konzeptionelle Lösung, um Material für die Therapie zu erzeugen, das keine unerwünschten Eigenschaften mehr hat.

Brinzanik: Welche Krankheiten könnte man damit ins Visier nehmen?

Eine ganze Reihe. Nehmen wir das voraussichtlich als erstes Machbare: Zellgewebe – wie Muskelzellen, Leberzellen und Pankreaszellen – könnte mithilfe von iPS-Zellen ersetzt werden. Bei den Nieren ist das noch schwierig. Sie können aber auch, und da wird es jetzt schon komplexer, im Bereich des Gehirns regenerativ eingreifen, zum Beispiel bei fehlenden dopaminergen Neuronen[2], also Parkinson. Möglich wäre auch die Regeneration des Rückenmarks, da will man letztlich, dass die Axone[3] über die Lä-

---

2 Nervenzellen des Zentralnervensystems, in denen der chemische Botenstoff Dopamin vorkommt.
3 Langer Fortsatz einer Nervenzelle, der elektrische Impulse vom Zellkörper weg zur Synapse leitet. Im Rückenmark können Axone länger als ein Meter sein.

sionen, die Verletzungen, hinwegwachsen. Das ist ein riesiges Feld, in dem sich in den letzten Jahren viel bewegt hat.

Hülswitt: Könnte es also möglich werden, Querschnittslähmungen zu heilen?

Ich bin fest davon überzeugt. Die erste Therapieform mit embryonalen Stammzellen, die von der US-Zulassungsbehörde für Medikamente genehmigt wurde, zielt auf Heilung von Rückenmarksläsionen ab. Es gibt Organismen, insbesondere Fische und Amphibien, bei denen eine vollständige Regeneration stattfindet, wenn das Rückenmark durchtrennt wird. Was unterscheidet eine Läsion des Rückenmarks beim Menschen von einer Läsion des Rückenmarks beim Fisch oder bei der Amphibie? Hier wachsen die Axone über die Läsion hinweg, beim Menschen gibt es dagegen Proteine, die das aktiv verhindern. Dieses Problem muss man in den Griff bekommen.

Brinzanik: Man könnte regenerative Mechanismen von Fischen und Amphibien auf den Menschen übertragen?

Wenn Sie regenerative Prozesse und die molekularen Programme, die einer solchen Fähigkeit zugrunde liegen, verstehen wollen, dann suchen Sie sich Modellsysteme. Und das sind in diesem Falle eben Amphibien und Reptilien. Bei diesen Tierarten dauert es vier, acht Wochen, dann haben sie ein volles Gliedmaß regeneriert. Ob und wie weit das tatsächlich übertragbar ist, hängt in der Regel auch davon ab, wie nahe ein solches Modellsystem am Menschen ist. Das ist der reduktionistische Ansatz der Naturwissenschaften, man versucht, sich auf den Kern der wissenschaftlichen Frage zu konzentrieren.

Brinzanik: Der derzeitige beschleunigte Fortschritt in den Biowissenschaften ist durchaus mit der revolutionären Entwicklung der Informationstechnologien vergleichbar. Es gibt dort zahlreiche weitere Aktivitäten mit therapeutischen Anwendungspotenzialen. So ist von molekularen Therapien die Rede, von personalisierter Genomik, systembiologischen[4] Ansätzen, um nur wenige Beispiele zu nennen. Und dabei geht es vor allem um die Bekämpfung tödlicher Alterskrankheiten wie Herz-Kreislauf-Erkrankungen, Demenz, Krebs. Könnten diese Forschungsfelder und Technologien, die auch konvergieren, dazu führen, dass wir diese heutigen Haupttodesursachen der entwickelten Welt in naher Zukunft überwinden werden?

Zumindest dazu, dass wir sie maßgeblich reduzieren, dessen bin ich mir sicher. Nehmen Sie zum Beispiel Krebs. Die überwiegende Menge der krebsartigen Entartungen kann auf Mutationen in Schlüsselgenen zurückgeführt werden. Der Schwerpunkt der Krebsforschung weltweit bestand darin, die Anfänge dieser Transformationsprozesse zu finden. Dadurch haben wir inzwischen ein hervorragendes Bild. Wir kennen alle möglichen Gene und detaillierte molekulare Netzwerke, die an der Entstehung von Krebs beteiligt sind. Mithilfe allein dieses Wissens können zukünftig im Rahmen der Systembiologie computergestützt sehr viel stichhaltigere und damit wirkungsvollere Therapien entwickelt werden.

Brinzanik: Das wären dann gezielte molekulare Therapien. Bei vielen heutigen Medikamenten kennt man die molekularen Wirkmechanismen nicht.

Richtig. Und was die Medizin in Zukunft revolutionieren könnte, ist eine personalisierte Medizin: Zwischen den Menschen gibt es ja genetisch viele Unterschiede, die auch medizinisch relevant

---

4 Die Systembiologie hat zum Ziel, die Eigenschaften eines biologischen Systems aus den Komponenten und ihren Interaktionen zu verstehen und mathematisch zu modellieren. Zum Beispiel versucht man, die Funktionsweise einer Zelle aus dem Zusammenspiel der verschiedenen Moleküle und ihrer Wechselwirkungs-Netzwerke herzuleiten.

sind. Nun haben die National Institutes of Health in den USA die Devise des »1000-Dollar-Genoms« ausgegeben. Wenn wir für 1000 Dollar die DNA eines Menschen sequenzieren könnten, wäre eine bezahlbare Grundlage für die personalisierte Medizin geschaffen.

Brinzanik: Die Sequenzierung eines einzigen menschlichen Genoms im Rahmen des internationalen Humangenomprojekts, das 2003 fertiggestellt wurde, hat noch mehrere hundert Millionen Dollar gekostet und rund 13 Jahre gedauert.

Die technologische Entwicklung geht rapide vonstatten. Ich bin der Ansicht, dieses 1000-Dollar-Genom ist zu erreichen. Was sagt mir diese individuelle Basenabfolge? Wie kann ich ein solches Wissen präventiv und für die Entwicklung von gezielten Therapien nutzen? Diese Fragen werden in Zukunft systembiologische Ansätze notwendig machen, also ein Verständnis des Zusammenspiels aller molekularen Prozesse und Netzwerke. Dazu gehört zunächst das sogenannte Transkriptom[5]. Das heißt, welche der 25 000 Gene sind an welchen Orten im Körper aktiv, also beispielsweise in der Haut, im Herzmuskel, in der Leber, in der Betazelle des Pankreas, im Neuron? Und weitergedacht, welche Proteine werden daraus abgeleitet und sind in der Zelle aktiv? Wir werden für unterschiedliche Krankheiten unterschiedliche Daten auswerten können. Wir werden wissen, welche genomischen, transkriptomischen und proteomischen[6] Veränderungen zu welchem Krebs führen, wie sie miteinander zusammenhängen und wie der Krebs verläuft.

---

5 Das Transkriptom ist die Gesamtheit aller zu einer definierten Bedingung und zu einem bestimmten Zeitpunkt von der DNA in RNA umgeschriebenen Gene einer Zelle.

6 Analog ist das Proteom die Gesamtheit aller aus der RNA übersetzten Proteine einer Zelle.

Brinzanik: Und das aber personalisiert?

Und das personalisiert!

Brinzanik: Und in zwanzig Jahren werden wir wahrscheinlich mit unserer DNA-Sequenz zum Arzt gehen.

Oder der Arzt wird Ihnen bei bestimmten Krankheiten sagen, also dafür brauche ich jetzt mal Ihr Genom. Oder ich brauche von Ihren Leberzellen ein Proteom. Ich bin überzeugt, dass diese Kenntnisse die Behandlungsmöglichkeiten deutlich verbessern werden. Und ich glaube nicht, dass das exponentiell teurer wird. Wir werden zur personalisierten Medizin gelangen.

## Biologie des Alterns, Evolution der Sterblichkeit

Brinzanik: Nun nehmen Biomediziner auch das Altern selbst ins Visier. Die Max-Planck-Gesellschaft gründet derzeit ein Institut für die Biologie des Alterns. Warum?

Wenn wir über Altern reden, dann reden wir über einen Prozess, der jeden betrifft. Bis auf sehr, sehr wenige Organismen, vor allem Einzeller, gibt es beim Mehrzeller immer auch eine Leiche. Vom Grundsatz her müssen wir erst einmal verstehen, was ein alterndes System von einem sich auf der Höhe der biologischen Aktivität befindlichen System unterscheidet. Das ist die Aufgabe des Instituts für die Biologie des Alterns. Es wird versucht, die Parameter für gesundes Altern zu erforschen, anhand von drei Modellsystemen: *C. elegans*, also ein Wurm, *Drosophila*, ein Insekt, und als Säugersystem die Maus. Man kann Gene ganz gezielt an- und abschalten und dann fragen: Hat dieses Gen einen Beitrag geleistet beim gesunden Altern? Oder wird die Maus gar älter? Und Sie können damit natürlich der Frage nachgehen: Ist Altern ein genetisches Programm? Beziehungsweise der Frage –

die man allerdings mehr oder weniger schon beantwortet hat: Gibt es einen singulären Schalter?

Hülswitt: Und, gibt es ihn?

Nein, Altern ist sehr viel komplexer.

Hülswitt: Gibt es evolutionsbiologisch irgendeinen Vorteil sterblicher Spezies?

Wir wissen seit Darwin, dass es Nachkommen braucht, um Evolution und die Entstehung neuer Spezies zu ermöglichen. Sie sind nötig, um über zufällige Ereignisse dieser Nachkommenschaft die Möglichkeit zu geben, in ihrer Nische oder in einer neuen Nische besser zu leben. Hat die bestehende Population ihr Erbgut erfolgreich weitergegeben, hat sie, genetisch gesprochen, ihren Dienst getan und kann abtreten.

Brinzanik: Aber eine nichtalternde Spezies braucht nicht unbedingt Anpassung durch die nächsten Generationen, um ihr Überleben zu sichern.

Wenn sich auf der Erde nur eine nichtalternde Spezies entwickelt hätte, gäbe es uns nicht. Dann wäre es bei einer Spezies geblieben.

Hülswitt: Und ein nichtalternder, daher im Prinzip unsterblicher Organismus wie der Süßwasserpolyp Hydra hat als Spezies einfach Glück, dass es ihn noch gibt? Und wenn eine große Veränderung käme, wäre sie weg?

Das könnte passieren. Die Hydra hat ansonsten ausreichend viele Fressfeinde, so dass die Knappheit der Ressourcen in der ökologischen Nische, in der sie sich aufhält, keine große Rolle spielt. Außerdem ist die Hydra ein sehr flexibler Organismus, der an sich schon über ein hohes Anpassungspotenzial verfügt. Hydra besitzt eine enorme Regenerationsfähigkeit. Ihre Zellen können in rasendem Tempo aus einem Pool zeitlebens vorhandener Stammzellen ersetzt werden.

Hülswitt: Wenn ich es richtig verstanden habe, hängt Altern auch mit den Telomeren[7] und ihrer Verkürzung zusammen.

Was Sie ansprechen, hat weniger mit Altern per se zu tun als mit der Zahl der Zellteilungen. Wenn man eine Stammzelle als Ausgangsmaterial nimmt und sich an jedem chromosomalen Ende die sogenannten Telomere befinden, dann gibt es über deren Länge eine endliche Zahl an Tochterzellen, die produziert werden können, weil mit jeder Teilung sozusagen ein Stückchen abgebissen wird. Insofern sind die Telomere ein Element der begrenzten Lebensdauer eines Organismus, aber ich glaube, nicht das kritische. Heute dominieren in der Alternsforschung unterschiedliche sogenannte Signalwege als Erklärung. Man unterscheidet zwischen dem DNA-Reparaturmechanismus bei der Zellteilung einerseits und dem Insulin-Weg andererseits. Es gibt Wachstumshormone, die sich in diesen Signalweg einklinken, so sind Ernährung und Altern verknüpft. Experimente mit Ratten aus den dreißiger Jahren, mit Mäusen und heute mit Affen wiederholt, zeigen jedenfalls, dass die Tiere bei konstantem Untergewicht deutlich älter werden. Wieder andere Erkenntnisse zeigen: Verlängert man genetisch die Reifungszeit von Fliegen, also die Zeit, die sie brauchen, bis sie sich durch Paarung vermehren, dann werden die Fliegen älter. Weiter gibt es den Wirkstoff Resveratrol, der sich auch im Rotwein findet und genauso wie eine kalorienarme Diät die Aktivität der Sirtuin-Gene wie Sir2 fördert. Dadurch wurde bei verschiedenen Versuchstieren eine lebensverlängernde Wirkung beobachtet.

---

7 DNA am Ende eines Chromosoms, deren Funktion darin besteht, das Chromosom zu schützen. Für die Erforschung der Telomere und des Enzyms Telomerase wurde Elizabeth H. Blackburn, Carol W. Greider und Jack W. Szostak der Nobelpreis in Physiologie oder Medizin des Jahres 2009 verliehen.

Brinzanik: Unsere maximale Lebensspanne beträgt im Moment 122 Jahre. Wenn Resveratrol oder ein anderes Anti-Ageing-Mittel beim Menschen so ähnlich wirken sollte wie das Hungern bei Ratten und die maximale Lebensspanne um die Hälfte verlängert, dann wären wir bei rund 180 Jahren.

Wahrscheinlich sind 122 Jahre tatsächlich nicht das Ende der Fahnenstange. Aber man weiß es derzeit nicht, das muss man offen gestehen. Was ist das absolute Alter? Da wird Ihnen, denke ich, niemand eine wirklich realistische Einschätzung geben können. Mein persönliches Gefühl ist, es wird deutlich länger werden, aber ich würde mich heute nicht darauf festlegen, dass es ins Unendliche verlängerbar ist.

Hülswitt: Auf welche »natürliche« Lebensdauer ist denn der menschliche Körper angelegt?

Das hätte jede Generation anders beantwortet. Wenn Sie die Frage im 19. Jahrhundert gestellt hätten, hätten fünfzig Jahre schon als tolle Leistung gegolten. Was ist natürlich? Wenn Sie die breite Masse der Bevölkerung nehmen und heute den gesundheitlichen und psychischen Zustand eines Sechzigjährigen vergleichen mit dem eines Sechzigjährigen vor zwanzig, dreißig oder vierzig Jahren, dann würden Sie heute eine andere Antwort erhalten als damals. Es gibt natürlich auch bei der Lebensspanne genetische Prädispositionen. Ob es aber eine genetisch bedingte Obergrenze gibt und, wenn ja, wo sie liegt, lässt sich derzeit nicht sagen.

## Optimierung des Menschen

Hülswitt: Wenn man jetzt alle am Altern beteiligten biologischen Prozesse verstehen sollte, würde das dazu führen, dass man den

Menschen als etwas im Sinne des Enhancement[8] beliebig Formbares versteht?

Ist der Mensch formbar in diesem Sinne? Auf das Alter bezogen wird sich wahrscheinlich jeder, der gesund altert, wünschen, dass es so lange wie möglich so weitergeht. Aber das Thema, das Sie ansprechen, wird natürlich befeuert durch die Bio-, Nano- und Neurowissenschaften. Damit muss man sich intensiv auseinandersetzen, weil es potenziell unser Selbstbild betrifft und das Bild der Gesellschaft ändert. Zunächst ist es für den Menschen ja nichts Ungewöhnliches, seine Fähigkeiten optimieren zu wollen. Ob das der Keil war, mit dem man gejagt hat, ob man sich Instrumente gebaut hat, um im Krieg Feinde abzuwehren – wir haben immer versucht, uns in unserer Umwelt zu optimieren. Nehmen wir die Nanotechnologie. Sie wird intelligente Materialien und kleinste Gerätschaften hervorbringen, ob das Computer sind, die Sie nicht mehr sehen, mit denen Sie einfach sprechen, die Ihnen sofort die gewünschte Information zukommen lassen, oder ob das Nanohüllen sind, die Medikamente mittels Antikörperkopplungen exakt an den Ort bringen, an dem sie gebraucht werden, dort andocken und ihre Substanz entlassen – da gibt es spannende Entwicklungen. Aber das ist nicht unbedingt das, was wir unter Enhancement verstehen, sondern wir verbessern nur die menschlichen Möglichkeiten.

Hülswitt: Wirkliches Enhancement finge an, wenn wir Neuroimplantate im Gehirn hätten?

Die Frage ist, was sollen, dürfen, wollen wir tun, um unsere körperliche oder geistige Leistungsfähigkeit zu verbessern? Zunächst

---

8 Der Begriff wird hier gebraucht im Sinne einer Erweiterung oder Verbesserung des Menschen. Es gibt verschiedene Definitionen des Enhancements, die im Gespräch mit dem Ethiker Bert Gordijn erläutert werden (vgl. S. 194f.).

ist es sicher unser aller Wunsch, körperlich fit zu sein. Nehmen wir ein Beispiel, das heute schon realistisch ist: Gegen jemanden, der normal Hanteln stemmt, hat man nichts. Wenn er aber das Hantelstemmen mit der Einnahme von männlichen Geschlechtshormonen verbindet und damit Riesenmuskeln bekommt, dann wird das von der Gesellschaft kritisch gesehen, aber nicht von diesem Einzelnen. Da stellt sich die Frage: Wollen Sie dieser Person verbieten, für ihr eigenes Wohlbefinden eine Möglichkeit zu suchen, sich so darzustellen?

Brinzanik: Hierzu gehört auch die Schönheitschirurgie.

Und die Exzesse beim Sport. Wenn ich ein Trainingscamp auf drei-, viertausend Metern einrichte, hat niemand etwas dagegen. Wenn ich mir aber EPO spritze, dann schon. Dabei ist das Ergebnis grundsätzlich dasselbe, nur der Weg dorthin ist ein anderer. Natürlich werden diese Themen in verschiedenen Gesellschaften unterschiedlich bewertet. Deutschland verankert die Würde des Menschen an erster Stelle im Grundgesetz. Andere Staaten, vor allem angelsächsische, stellen das Streben nach Glück obenan. Auf dieser Basis wird man es nur schwer untersagen können, wenn ein Bodybuilder Testosteron spritzt, und man kann auch wenig Kritik üben, wenn sich jemand per Botox die Falten wegmacht oder Viagra nimmt. Im nächsten Schritt aber kommen wir an eine Schwelle, hinter der doch etwas qualitativ Anderes wartet, weil wir jetzt über Eingriffe ins Gehirn reden: Enhancement-Effekte im Gehirn, die potenziell unser Selbst betreffen, unser Bewusstsein, unser Ich-Bild. Diese Entwicklung kommt nicht nur von der Neuroprothetik. Sie ist eindeutig auch medizinisch geprägt, es gibt eine ganze Reihe von Substanzen aus dem therapeutischen und dem Drogenbereich, die das Potenzial haben, gewisse geistige Leistungen zu befeuern.

Hülswitt: Es gibt eine bekannte Autorin, die Narkolepsie hat und dagegen Ritalin nimmt. Sie sagt, sie kann ohne Ritalin nur Texte schreiben, die ihr Spaß machen, die sie selbst gewählt hat. Sobald es das Entfernteste mit Auftrag zu tun hat, bekommt sie Blockaden. Wenn sie aber Ritalin genommen hat, sind diese Blockaden weg, und sie kann äußerst flüssig Dinge produzieren, für die sie sich sonst nicht hergäbe. Gleichzeitig hat sie das Problem, dass sie manchmal nachts aufwacht und von Selbstzweifeln geplagt wird. Sie ordnet ihre psychischen Elemente mittlerweile aber in eigene und fremde, indem sie sagt, die Selbstzweifel stammen vom Ritalin, nicht aus mir selbst. Nun ist sie eine sehr präsente Kulturschaffende, die die kulturelle Situation des Landes mit prägt, und es stellt sich die Frage, prägt sie die kulturelle Situation, oder ist es das Ritalin?

Das ist ein klassisches Beispiel für therapeutische Mittel, die zum Enhancement werden. Betrachten wir es Punkt für Punkt. Wem würden wir zugestehen, dass er Ritalin nimmt, und wem würden wir es nicht zugestehen? Ritalin hat breiten Einsatz gefunden bei Kindern, gegen Aufmerksamkeitsdefizit-/Hyperaktivitätsstörung (ADHS). Für diese Kinder kann das Mittel eine Hilfe sein. Inzwischen nimmt es nach US-Zahlen aber auch ein Viertel der College-Studenten, um sich besser zu konzentrieren. Sie haben einen weiteren Punkt genannt: Ritalin hat Nebenwirkungen, nämlich Schlaflosigkeit und Selbstzweifel. Diesen negativen Effekt muss, wer es einnimmt, in Kauf nehmen. Zudem gibt es noch eine verdeckte Nebenwirkung: Die Person, von der sie sprachen, kann ohne Behandlung nur schreiben, was ihr Spaß macht. Mit Behandlung kann sie auch schreiben, was ihr keinen Spaß macht. Wo ziehen Sie die Grenze? Was ist, wenn ein Gesunder sagt, meine Arbeit gefällt mir nicht, es ist aber nun mal mein Job, und deshalb nehme ich Ritalin: Darf er das? Soll er das? Es gibt eine ganze Reihe von Substanzen, die das Gehirn auf die eine oder andere Weise beeinflussen, und die Grenzen zwischen Krankheit und Gesundheit sind fließend.

Brinzanik: Ist auch die Anwendung solcher optimierender Maßnahmen, die unser Selbst verändern, bereits gesellschaftliche Konvention?

Für die USA würde ich das bestätigen. Es ist dort Konvention, dass man Medikamente nimmt, um geistig leistungsstärker zu sein, und sei es nur in bestimmten Phasen des Lebens. Die Gesellschaft muss allerdings die Diskussion führen, was gesellschaftsweit akzeptabel ist und was nicht. Denn wenn man diesen Gedanken weiterspinnt, kommt man am Ende in die Konfliktsituation, dass alle, die ein leistungssteigerndes Mittel nehmen, statistisch gesehen besser sind als die, die es nicht nehmen. Wir brauchen eine Übereinkunft, wie weit die Gesellschaft gehen will. Sagt man wie beim Sport, wenn jemand EPO anreichert, indem er in die Berge geht, ist das in Ordnung, genau so, wie wenn jemand krank ist, und er bekommt Ritalin – aber als gesellschaftliche Konvention wollen wir künstliche Leistungssteigerung nicht zulassen? So ist es zurzeit bei uns. Ich habe den Eindruck, dass es eine ganze Reihe von Gesellschaften gibt, die anders denken als wir. Wenn sichergestellt ist, dass die personalisierte Medizin uns vielleicht in zehn oder zwanzig Jahren sehr viel bessere, nebenwirkungsfreie Medikamente zur Verfügung stellen wird, dann werden diese Mittel auch Anwendung finden. Wir werden mit solchen Medikamenten oder Substanzen auch unsere Leistung steigern wollen.

Hülswitt: Gibt es etwas wie eine authentische menschliche Natur, an der wir uns orientieren könnten bei der Entscheidung, was wir machen wollen und was nicht?

Das sind klassische Fragen der Philosophie. Man muss sich überlegen: Wie und wofür schafft man Akzeptanz? Wie kann man in

Anlehnung an Jürgen Habermas repräsentative Diskursprozesse in der Gesellschaft anstoßen und zu Festlegungen kommen, die auch wieder revidiert werden können, wenn sich die Dinge anders gestalten? Werte entwickeln sich immer wieder neu. Es gibt selten ein Ja oder Nein, sondern in der Regel ein Meinungsspektrum. In den USA ist die Diskussion um das Enhancement längst entflammt. Die einen sagen, es ist auch im Sinne der Evolution des Menschen, wenn wir nutzen, was wir nutzen können, um uns noch weiter zu verbessern. Die anderen lehnen es strikt ab, Dinge zu tun, die sie als wider die Natur empfinden. Und es gibt natürlich viele Positionen dazwischen. Aber was ist die Natur? Das ist fließend. Sicher wird auf der Grundlage von Forschungen im Bereich Nano-Bio-Info-Neuro viel Neues möglich werden, zum Beispiel auf dem Gebiet der Gehirn-Maschine-Schnittstellen. Die Output-Steuerung, also das Ansteuern von Gerätschaften über Hirnaktivitäten, wird sich mit Blick auf Querschnittsgelähmte entwickeln. Im Bereich des maschinellen Inputs ist etwa das Cochlea-Implantat[9] schon heute ein gängiges Beispiel. Zurzeit testet man elektronische Retina-Implantate für Blinde, und Tiefenhirnstimulation mittels Hirnimplantaten wird bereits bei Parkinsonpatienten im Spätstadium angewendet. Und das ist nur der Anfang.

Brinzanik: Könnten solche Gehirn-Maschine-Schnittstellen auch jenseits der Therapie in unseren Alltag einziehen?

Das kann ich mir gut vorstellen. Es gibt einige Felder, in denen Prothesensteuerung eingesetzt werden könnte. Als Hilfestellung für alte Leute wird sie beispielsweise breit zum Einsatz kommen. Vorstellbar sind intelligente Materialien, die Sie tragen können

---

9 Hörprothese für Gehörlose, die die Haarsinneszellen ersetzt. Ihre Funktionsweise wird im Gespräch mit dem Hirnforscher Ad Aertsen erklärt (vgl. S. 149).

und die Ihnen zu jedweder Zeit per GPS sagen, wo Sie sich befinden und dass jetzt eigentlich geplant war, ins Geschäft zu gehen und einen Liter Milch zu kaufen, die den Weg beschreiben und Sie ebenso wieder nach Hause lotsen. Ich kann mir noch nicht vorstellen, dass man eine Hirn-Computer-Schnittstelle generiert, die es einem erlaubt, Informationen direkt ins Gehirn abzurufen. Das ist ja der Traum eines jeden Schülers, auch ich habe davon geträumt: Kenntnisse zu erwerben und sich etwas zu merken, ohne dafür arbeiten zu müssen.

Synthetische Biologie[10]

Brinzanik: Verständnis und Beherrschbarkeit der molekularen Grundlagen von Leben sind so weit fortgeschritten, dass Bioingenieure sich im Rahmen der Synthetischen Biologie bereits daranmachen, vollständig künstliche Lebensformen mit gewünschten Eigenschaften zu entwickeln, während mit der herkömmlichen Gentechnik noch einzelne Gene ausgetauscht werden. Gibt es da einen Nutzen für den Menschen?

Ich denke ja, theoretisch jedenfalls. Die Synthetische Biologie hat ja nichts anderes vor, als unser Verständnis über lebendige Systeme zu einem ganz bestimmten Zweck anzuwenden. Zum Beispiel versucht man, Mikroorganismen mit der minimalen Menge an Genen herzustellen, die zur Vermehrung und Nahrungsaufnahme nötig sind. Wenn man das erreicht hat, und da ist man auf einem guten Weg, dann wird man versuchen, Nischen, die bislang nicht besetzt oder durch natürliche Organis-

---

10 Ein neues Gebiet der Biologie im Grenzbereich zu Chemie, Informatik und Ingenieurswissenschaften mit dem Ziel, künstlich neuartige biologische Funktionen und Organismen zu erzeugen.

men nicht nutzbar sind, mit solchen neuen Organismen zu besetzen. In ihnen kombiniert man verschiedene Fähigkeiten, die man in der Natur getrennt findet, so dass diese Organismen für uns nützliche Dinge verrichten können. Ob das beispielsweise der Abbau von Ölteppichen auf dem Wasser ist, die Entgiftung von Böden oder die Energiegewinnung – da haben wir ein riesiges Spektrum. Craig Venter, der bekannte amerikanische Biochemiker und Unternehmer, sagte kürzlich: »I will blow the energy companies out of the water.« Das meint er im wahrsten Sinne des Wortes, denn er sammelt im Meer Mikroorganismen und ihre genomischen Informationen im Hinblick darauf, wie man mithilfe genetisch neu zusammengesetzter Bakterien oder Algen Energie günstiger gewinnen kann. Das wird kommen. Die Diskussionen in diesem Bereich zeigen aber auch, dass man mit einem hohen Maß an Verantwortung an die Synthetische Biologie herangeht. Das erinnert mich an die Asilomar-Konferenz, auf der sich Wissenschaftler in der Frühzeit der Gentechnologie selbst Restriktionen auferlegten. Ich glaube, es ist ein Zeichen für die Reife einer Gesellschaft, wenn die Akteure die Folgen ihres Handelns bedenken, also überlegen: Was wäre, wenn wir einen künstlichen, also synthetisierten Organismus schaffen?

Brinzanik: ... und ihn in die Ökosphäre entlassen.

Das wäre die nächste Frage. Wir müssen genau abwägen, was passieren könnte. Denn man will das Gute nutzen und das Schlechte verhindern. Dazu müssen wir forschen, wir brauchen Daten, ohne Daten haben wir keine rationale Basis, um Nutzen und potenzielle Gefahren abzuwägen. Man sollte die Synthetische Biologie auf keinen Fall a priori verteufeln, wie viele in Deutschland die Grüne Gentechnik verteufeln, was rational nicht begründbar ist. Denn damit vergeben wir wichtige Chancen. Deswegen ist es nötig, diesmal sehr früh in einen Dialog mit der Gesellschaft zu treten, möglichst repräsentative Ansichten zu sammeln und dann die Möglichkeiten umzusetzen, bei denen wir sicher sind, dass sie Mensch und Natur überwiegend nützen.

## Naturwissenschaften und Künste

Hülswitt: Sie haben in einer Rede gesagt, um die Frage zu beantworten, wie weit wir gehen wollen, um Krankheiten zu bekämpfen, welche Technologien dabei angewendet werden sollen etc., seien die Naturwissenschaften auch angewiesen auf den Dialog mit den Geistes- und Sozialwissenschaften ...
Unbedingt.
Hülswitt: ... und auch mit den Schaffenden der bildenden Kunst, der Musik, der Literatur. Inwiefern?
Wir brauchen Leute, die die Gesellschaft verstehen. Das sind Soziologen, das sind Rechtswissenschaftler, das sind Bildungswissenschaftler, das ist das breite Spektrum derjenigen, die die Bedeutung von harten naturwissenschaftlichen Fakten für die Gesellschaft aufzeigen und die auch registrieren, wie die Gesellschaft auf diese Entwicklungen reagiert. Natürlich haben sie ihre eigenen Forschungsfelder, verstehen Sie mich daher nicht falsch, sie sind nicht nur Übersetzer. Aber sie können Orientierung schaffen und helfen, gesellschaftliche und ethische Implikationen der naturwissenschaftlichen und technischen Entwicklung zu beschreiben und Anstöße für den Diskurs darüber zu geben.
Hülswitt: Reden wir einmal über die Künstler.
Das ist mein zweiter Punkt: Ein Beispiel dafür, wie verquickt heute die harten Naturwissenschaften mit den Geisteswissenschaften und Künsten sind, ist das Institut für empirische Ästhetik, das die Max-Planck-Gesellschaft gerne gründen würde. Die

empirische Ästhetik hat auf der einen Seite die Kunst, die Musik und die bildende oder literarische Kunst und auf der anderen die Neurowissenschaften im Sinn. Wie können wir neurobiologische Prinzipien erarbeiten, die uns Kreativität und kulturelle Wertungen im künstlerischen Bereich erschließen? Anders gesagt, warum verändert sich für uns als Individuum während der Lebensspanne und auch für uns als Gesellschaft in bestimmtem Maße das ästhetische Urteil? Warum ist der ästhetische Eindruck, den wir haben, nicht deckungsgleich mit manchen ästhetischen Eindrücken zum Beispiel eines Asiaten?

Brinzanik: Ein Asiate reagiert nicht auf den Goldenen Schnitt?

Er reagiert auf den Goldenen Schnitt, aber damit kommen wir zum Kern der Frage. Es wird notwendig sein auszuarbeiten, wo wir Deckungsgleichheit haben, zum Beispiel beim Goldenen Schnitt, und wo Menschen aus verschiedenen Kulturen, zum Beispiel in der Musik, unterschiedlich empfinden. Es scheint also eine kulturelle Prägung zu geben, wahrscheinlich aus der Kindheit, die unterschiedliche ästhetische Urteile begründet. Und diese Prägung wiederum muss eine neurobiologische Basis haben. Wir wollen ein Institut gründen, das sich exakt mit diesen Themen befasst, und zwar primär mit Musik und Literatur auf der künstlerischen und mit Neurobiologie und Soziologie auf der wissenschaftlichen Seite.

Hülswitt: Im Prozess der Kommunikation zwischen Wissenschaft und Gesellschaft stelle ich mir Künstler allerdings eher als unberechenbare Elemente vor. Nehmen wir zum Beispiel Michel Houellebecq, seine Verknüpfung von Unsterblichkeit und Klon[11], das ist ja auf eine Weise hanebüchen ...

---

11 Eine genidentische Kopie. Die Möglichkeit des Klonens von Menschen wird im Gespräch mit dem Stammzellforscher Hans R. Schöler diskutiert (vgl. S. 67 ff.).

Absolut.

Hülswitt: ... denn durch Klonen erlangt niemand eine fortdauernde Existenz.

Tatsächlich sind Klone ja schon mitten unter uns: Eineiige Zwillinge sind nichts anderes als Klone – aber das ist ein anderes Feld. Wenn man Kunst und Wissenschaft auf einen Nenner bringen will, haben beide die Aufgabe, die Welt zu erklären. Künstler und Wissenschaftler nutzen dafür verschiedene Mittel. Vom Grundsatz her werden sie alle, ob Schriftsteller, Maler oder Musiker, versuchen, den Zeitgeist zu erfassen und diesen Zeitgeist mit ihren Mitteln repräsentativ wiederzugeben. Ob sie damit wissenschaftlich richtig liegen oder nicht, ist egal. Man kann das Ergebnis einfach betrachten und fragen: Bringt uns das voran? Wissen Sie, es ist doch oft auch in der Wissenschaft nicht die Kernfrage, ob ein Ergebnis richtig oder falsch ist. Die Kernfrage ist, ob es uns weiterbringt. Manchmal ist ein unerwartetes Ergebnis hilfreicher.

### Wer bestimmt die Ziele?

Brinzanik: Dadurch, dass Erkenntnisse der Biowissenschaften oft in Anwendungen transformiert werden und wir in nicht dagewesener Weise in unsere eigene und die äußere Natur eingreifen können, haben viele Menschen das Gefühl, dass alles in allem etwas nie Gekanntes und vollkommen Unberechenbares auf uns zukommt. Was würden Sie solchen vagen, aber massiven Ängsten entgegnen?

Es wird tatsächlich durch bislang nicht für möglich gehaltene Methoden die theoretische Möglichkeit bestehen, in die Natur unseres Selbst, unseres Seins als Individuum, in die Natur von Gesellschaft und auch in die Umwelt einzugreifen. Im Prinzip ist das allerdings nichts Neues, und man sollte nicht den Eindruck vermitteln, das passiere heute zum allerersten Mal. Der Mensch hat, seit er den Weg in den Ackerbau fand, massiv auf die Umwelt eingewirkt. Es ist unsere Aufgabe, die Gesellschaft rechtzeitig mitzunehmen und ihr die Bedeutung der kommenden Entwicklungen verständlich zu machen. Wir müssen den Bürgern erläutern, dass das Einwirken auf die Natur ein kontinuierlicher Prozess ist. Was neu ist, ist einerseits das Ausmaß des Eingriffs und andererseits der gewollte Eingriff von Einzelnen in ihre eigene Persönlichkeit sowie die Auswirkung dieser Praxis auf die Gesellschaft. Dafür gibt es einen besonderen Diskussionsbedarf.

Brinzanik: Wer bestimmt die Ziele?

Wieder mit Bezug auf Habermas muss man sehen: Das kann in einer Demokratie nicht per Dekret gelingen. Die Gesetzgebung ist fließend. Wir werden die Gesetze bekommen, die die Bevölkerung für diese Bereiche will und braucht. Das heißt – und jetzt richte ich mich auch an die Wissenschaft, an uns selbst – wenn wir hier nicht werben, wie wir für die Grüne Gentechnik nicht geworben haben, dann scheitern wir. Es lässt sich belegen, dass wir es nicht vermocht haben, der Gesellschaft die Informationen so zu liefern, dass die Grüne Gentechnik akzeptiert worden wäre. In den USA werden Chips aus transgenem Mais dagegen selbstverständlich konsumiert. Das zeigt, dass eine Gesellschaft, die auf sehr ähnlichen Werten aufbaut wie die unsere, zu einer ganz anderen Bewertung kommen kann. Moralische Werte sind selbst nichts Statisches, mit Ausnahme der Grundprinzipien, der klassischen Tugenden wie Gerechtigkeit, Toleranz, Ehrlichkeit und Verantwortungsbewusstsein. Der Dialog wird auf der Plattform der verschiedenen Wertesysteme stattfinden.

## 400 Jahre

Hülswitt: Wenn es möglich würde, 400 gesunde Jahre zu leben, und Sie müssten jetzt die Entscheidung treffen, ob Sie das wollen, da es eine bestimmte Lebensführung erfordern würde, mit der Sie sofort beginnen müssten, würden Sie das machen?

Wenn man 400 gesunde Jahre hat mit einer Konstitution, die der jetzigen ähnlich ist, dann, glaube ich, gibt es wenige, die nein sagen würden. Diesen Egoismus hat der Mensch. Die Frage ist natürlich geschickt gewählt, um auszuloten, in welche Richtung sich eine Gesellschaft entwickeln könnte – mit allen Implikationen, mit allen Innovationen, mit allen wirtschaftlichen Aspekten und auch mit den gesellschaftlichen Beziehungsgeflechten. Denn man müsste bei solch einer Lebenserwartung die Gesellschaft insgesamt lebensfähig erhalten. Die Hundert-, Zweihundert- oder Dreihundertjährigen wären ja nicht alte Leute, sondern Menschen, die einfach älter werden, statt maximal 122 Jahre 400 Jahre. Daher müssten sich viele Prozesse in der Gesellschaft und für das Individuum verändern: Jugend, Reifung, Lernen, Familiengründung, Berufstätigkeit, all das würde sich anders verteilen. Aber das heißt nicht, dass eine solche Gesellschaft grundsätzlich schlechter wäre.

## Das gealterte Bildnis des Dorian Gray

Im Gespräch mit dem Stammzellforscher Hans R. Schöler
(Münster, 7. September 2009)

Stammzellforschung

Tobias Hülswitt: Was sind Ihre Forschungsschwerpunkte, woran arbeiten Sie im Moment?
Hans R. Schöler: Wir haben über die Jahre immer wieder die Frage gestellt: Was unterscheidet Zellen unseres Körpers von den Zellen der Keimbahn? Also von den Zellen, die die Information von einer Generation zur nächsten weiterleiten, zum Beispiel Ei- und Samenzellen. Im Unterschied zu Körperzellen, die mehr und mehr Mutationen ansammeln, also altern, erwarten wir von den Zellen der Keimbahn, dass sie nicht altern oder dass die DNA so perfekt repariert wird, dass die nächste Generation nicht mit dem Ballast und den Problemen anfängt, die wir in unseren ansonsten gealterten Körpern herumtragen. Es ist eben diese Unterscheidung zwischen Körperzelle und Keimzelle, die schon August Weismann faszinierte, die auch uns umtreibt. Daraus ergeben sich alle möglichen weiteren Fragestellungen, die wir untersuchen. So versuchen wir nicht nur, Körperzellen in Keimzellen umzuwandeln und umgekehrt, sondern auch zu verstehen, was molekular dabei geschieht. Erst vor relativ kurzer Zeit ist das möglich geworden. Alle anderen aktuellen Fragestellungen in der Stammzellforschung ergeben sich aus diesem Grundinteresse. Die Umwandlung geschieht momentan so, dass wir unterschiedliche Stammzelltypen[1] erst einmal in ein entwicklungsbiologisch

---

1 Im Organismus findet man nach der Geburt spezialisierte Stammzellen verschiedenen Typs. Diese sogenannten adulten Stammzellen können bes-

sehr frühes Stadium versetzen und dann in unterschiedliche spezialisierte Zelltypen umwandeln. Zum Beispiel versuchen wir, aus speziellen Stammzellen des Gehirns erwachsener Mäuse wieder unspezialisierte Alleskönner-Zellen zu machen, von denen dann sogar funktionsfähige Eizellen und Spermien abgeleitet werden könnten. Oder von Stammzellen des Hodens erwachsener Mäuse, die eigentlich nur Spermien bilden können, Nerven- oder Muskelzellen. Wir möchten im Prinzip in der Lage sein, Zellen in der Kulturschale wie auf einem Verschiebebahnhof so hin und her zu schieben, dass man die genetische Information unterschiedlich zur Geltung bringen kann. Wir versuchen erst einmal außerhalb, aber vielleicht in Zukunft auch innerhalb des Körpers kontrolliert aus den verschiedenen Stammzelltypen weniger spezialisierte Stammzellen zu induzieren. Die am wenigsten spezialisierte Stammzelle, die pluripotente Stammzelle, kann bis zu 250 der verschiedenen Zelltypen unseres Körpers bilden. Aber pluripotente Zellen im Körper zu erzeugen ist gefährlich, denn dadurch können Tumore entstehen. Letztendlich möchte man in der Hierarchie nur ein wenig zurück und dann wieder nach vorne.

Hülswitt: Was fasziniert Sie am meisten an Ihrer Arbeit?

Grundsätzlich bin ich als Biologe einfach neugierig. Ich möchte gern wissen, wie Prozesse auf der molekularen Ebene ablaufen. Mich fasziniert die molekulare Struktur, die mir sagt, wie zwei Proteine zusammengefügt sein müssen, damit sie eine Funktion erfüllen können. Und letztlich sind diese zwei Proteine Teil eines großen Netzwerkes, in dem viele Moleküle für die Funktion einer Zelle verantwortlich sind. Das finde ich ausgesprochen faszinierend. Genauso wie die Schönheit eines sich entwickelnden

tenfalls multipotent sein und im Gegensatz zu pluripotenten Stammzellen nur bestimmte Körperzellen und Gewebe ausbilden.

Zebrafisches oder eines Mausembryos. Ob ich jetzt nach draußen auf den Wald schaue und den See und die Tiere beobachte oder etwas im Mikroskop betrachte – beides ist für mich gleichermaßen Ausdruck der Schönheit der Natur, und die beeindruckt mich.

Roman Brinzanik: Sind mögliche Anwendungen auch ein Antrieb für Sie?

In erster Linie interessiert mich, wie etwas funktioniert, wie es abläuft. Erst in zweiter oder dritter Linie, was man damit machen kann. Dass das, was ich tue, Implikationen für die Gesundheit hat, davor verschließe ich mich nicht. Weil ich sehe, dass sich mit den aktuellen Entwicklungen neue Möglichkeiten auftun, engagiere ich mich jetzt ganz anders, als ich das vorher getan habe, als ich mich nur mit Fragen auf der molekularen Ebene beschäftigte. Ich bin zum Beispiel im wissenschaftlichen Beirat von ACHSE e.V. – der Allianz Chronischer Seltener Erkrankungen. Wenn man viel mit Patienten oder mit Angehörigen von Patienten zu tun hat, dann gelten die eigenen Interessen automatisch nicht nur der reinen Biologie, sondern gehen auch in Richtung Medizin. Pluripotente Stammzellen wie etwa embryonale Stammzellen haben meiner Überzeugung nach ein unglaubliches Potenzial, um einige Krankheiten zumindest zu lindern, und dazu möchte ich einfach einen Beitrag leisten.

Hülswitt: Was könnte denn hier konkret eine Anwendung sein?

Nehmen Sie zum Beispiel NCL, Neuronale Ceroid-Lipofuszinose, auch Batten Disease genannt. Das ist eine Stoffwechselkrankheit, die ein zunehmendes Absterben von Nervenzellen zur Folge hat. Als Mitglied im wissenschaftlichen Beirat der NCL-Stiftung habe ich Tim, einen 14-jährigen Patienten, kennengelernt. Dieser Junge bekam mit sechs Jahren die ersten gesundheitlichen Probleme. Inzwischen ist er erblindet, hat epileptische Anfälle, denn seine Gehirnzellen sind nicht in der Lage, bestimmte Informationen zu speichern. Um die Degeneration der Nervenzellen, die durch ein defektes Protein verursacht wird, zu verhindern oder reduzieren, würde man – so ist zumindest die Hoffnung – Stammzellen oder andere Zellen von einem NCL-Patienten zur Pluripotenz reprogrammieren, diese Zellen gentherapeutisch[2] verändern und sie wieder ins Gehirn transplantieren. Das wäre die im Moment einzige ersichtliche Chance, den Tod als Folge dieser Krankheit zu verhindern. Bis es so weit ist, wird es für Patienten wie Tim allerdings zu spät sein. Das ist eine bittere Erkenntnis.

Regenerative Medizin

Brinzanik: Inwieweit wird der Mensch regenerierbar sein?
Zum Teil sind wir das bereits. Nehmen Sie die Leber, die hat eine ganz erstaunliche Regenerationsfähigkeit. Wieso und worin unterscheidet sich die Leber in dieser Hinsicht von einem Herzen? Ganz besonders interessant ist der Vergleich Außenhaut und Mundschleimhaut. Wenn Sie in Ihre Mundschleimhaut beißen, bleibt keine Narbe zurück. Wenn Sie sich aber in den Finger schneiden, dann kann sehr wohl eine Narbe entstehen. Eine Narbenbildung kommt zum Teil dadurch zustande, dass bei einer Verletzung Zellen des Immunsystems in den betroffenen Bereich wandern, um Eindringlinge wie Pilze und Bakterien abzuwehren. Es laufen nach einer Verletzung somit zwei grundsätzliche Prozesse ab: Abwehr und Wundheilung. Bei einem Herzinfarkt

---

2 Als Gentherapie bezeichnet man das Einfügen von Genen in Zellen eines Individuums zur Kompensation von Gendefekten, zum Beispiel bei Erbkrankheiten.

oder Schlaganfall kann ebenfalls eine Narbe zurückbleiben, die zu einer Beeinträchtigung des Organs führt. In diesem Falle sind es nicht Erreger, die abgewehrt werden müssen, sondern es sterben Zellen. Was können wir hier von Amphibien lernen, deren Herzen eine geradezu atemberaubende Regenerationsfähigkeit besitzen? Forscher versuchen zu verstehen, wieso manche Tiere diese Fähigkeiten haben, wir aber nicht. Man muss aber auch fragen, ob es vielleicht vorteilhaft ist, nicht immerzu zu dieser Art von Regeneration fähig zu sein. Wären wir es, hätten wir dann beispielsweise ein erhöhtes Tumorrisiko? Auch wenn man solche Dinge klären muss, sollte man jetzt schon in eine andere Richtung denken. Kann man die Regenerationsfähigkeit vorübergehend und auch nur lokal in einem Organ oder Gewebe anregen? Vielleicht fallen dadurch solche Probleme einer ständigen Regenerationsfähigkeit gar nicht oder zumindest weniger ins Gewicht. Auch wenn der Weg, der vor uns liegt, noch unklar sein mag, bin ich davon überzeugt, dass solche Erkenntnisse nicht nur dazu führen werden, dass nach einem Herzinfarkt oder Schlaganfall weniger Schäden zurückbleiben, sondern auch dazu, dass die Zahl der Herzinfarkte und Schlaganfälle durch gezielte präventive Maßnahmen abnehmen wird.

Brinzanik: Wird man aus Stammzellen transplantierbares Gewebe und Organe wie Muskeln und Lungen züchten können?

Muskelzellen in der Kulturschale nachzuzüchten, stelle ich mir wesentlich einfacher vor als zum Beispiel Lungengewebe. Die Lunge ist ein recht komplexes Organ mit vielen verschiedenen Zelltypen und -funktionen. Bei einer Nachzüchtung müssten viele komplizierte Prozesse erfolgreich ablaufen. Man müsste hier nicht nur eine dem Organ ähnliche dreidimensionale Struktur erhalten, sondern die Lunge müsste zum Beispiel auch richtig an das Gefäßsystem des Patienten angeschlossen sein, damit der

Sauerstoff an die anderen Organe und Gewebe weitergeleitet werden kann. Ähnliche Probleme gibt es eigentlich für alle Organe. Da es noch kein Patentrezept gibt, werden zurzeit die unterschiedlichsten Vorgehensweisen untersucht. Zum einen versucht man, zuerst so etwas wie ein Gerüst zu bauen, damit sich dort die Zellen eines Organs einfinden und arrangieren können. Das bezeichnet man als Tissue Engineering. Auch wird diskutiert, zum Beispiel Schafe oder Schweine als Bioreaktoren zu nutzen, um menschliche Herzen oder Nieren zu züchten. Dafür müssten beispielsweise während der embryonalen Entwicklung Zellen des Tiers gegen Zellen des Menschen ausgetauscht werden.

Brinzanik: Könnte man Ersatz für alle menschlichen Organe in Tieren nachzüchten?

Bei der Nachzüchtung eines bestimmten menschlichen Gehirns hört meine Phantasie auf. Allein hundert Milliarden Neuronen im Gehirn und dann noch die astronomische Zahl an Verknüpfungen – wie könnte man das nachbilden? Von den Dingen ganz abgesehen, die sich im Laufe eines Lebens nicht nur in unterschiedlichen Verknüpfungen widerspiegeln, sondern auch noch epigenetisch verankert sind. Mit großer Sicherheit wird es daher nicht möglich sein, ein bestimmtes Gehirn heranzuzüchten, um damit einem Patienten zu helfen. Aber kann man grundsätzlich ausschließen, dass man Gehirne heranzüchten kann? Dass zumindest Chimären unterschiedlicher Gehirnregionen möglich sind, zeigen erfolgreiche Transplantationsversuche zwischen Hühnern und Wachteln.

Brinzanik: Wie lange wird es dauern, bis man menschliche Organe nachzüchten kann?

Es ist aus meiner Sicht unmöglich, genaue Zeiträume anzugeben. Das Einzige, was ich sagen kann und was unsere eigene Arbeit angeht, ist: Die letzten Entwicklungen im Bereich der Stammzellforschung erfolgten schneller, als wir selber vermutet hatten. Es ist kaum zu glauben, dass es erst drei Jahre her ist, dass Shinya Yamanaka mit vier Faktoren Hautzellen in pluripotente Stammzellen umwandeln konnte. Jetzt, 2009, sind wir im Bereich der Reprogrammierung von Zellen ein ordentliches Stück weitergekommen. Der Durchbruch von Yamanaka – für mich geradezu das Paradebeispiel eines Durchbruchs – lehrt mich eine Reihe von Dingen. Zum einen, dass man Durchbrüche nicht vorhersehen kann. Und dann: Wenn sie eintreten, können sie zwar ein ganzes Arbeitsgebiet vorwärtskatapultieren, aber die Frage ist, wie weit? Haben wir jetzt nur noch Fleißarbeit zu absolvieren, bis wir Krankheiten lindern können, oder benötigen wir noch einen Durchbruch oder gar eine ganze Reihe davon? Meine Überzeugung ist, dass wir noch sehr viel verstehen müssen, bis wir so weit sind.

## Verlängerung der maximalen Lebensspanne

Hülswitt: Werden regenerative Medizin, Stammzellforschung, Gentherapie die Lebensspanne des gesunden Menschen verlängern können?
Ich denke, dass das möglich sein wird. Allerdings wird es eine Grenze geben. Vielleicht ist der Vergleich nicht so optimal, aber schauen Sie sich ein Auto an: Der Motor fällt aus, oder ein Reifen platzt. Diese Dinge können Sie zwar immer wieder reparieren, aber irgendwann fällt das ganze Auto auseinander. So wird es meines Erachtens möglich sein, immer wieder bestimmte Zellen oder Organteile des menschlichen Körpers zu reparieren, also bestimmte funktionsunfähige Zellen des Herzens, der Leber oder des Gehirns zu ersetzen. Indem ständig punktuell Defekte beho-

ben werden, könnte sich die maximale Lebensdauer tatsächlich verlängern. Aber die gesamte Alterung des Organismus geht trotzdem weiter. Ich glaube nicht, dass man jeden der 250 Zelltypen oder jedes Organ austauschen und dadurch den Menschen quasi unsterblich machen kann.

Hülswitt: Leute wie Ray Kurzweil und der theoretische Gerontologe Aubrey de Grey reden ja explizit von Unsterblichkeit. Da geht es tatsächlich darum, den Körper und seine Organe zu ersetzen durch Bauteile aus anderen Materialien. Ist das aus Ihrer Sicht totale Spinnerei?

Sie müssten den ganzen Menschen sozusagen austauschen. Sie müssten dann wirklich alles austauschen, und das geht nicht. Dann haben Sie einen neuen, anderen Menschen.

Hülswitt: Wenn das Bewusstsein konstant bliebe?

Ich will nicht von der Hand weisen, dass man Roboter bauen könnte, die so ähnlich sind wie Menschen, aber man könnte nicht die Organe so austauschen, dass unser Leben ins Unendliche verlängert wird. Ich finde es als Diskussionsgrundlage äußerst spannend zu fragen, was man machen müsste, um als Mensch ewig leben zu können. Aber eine Realisierung sehe ich nicht. Was dabei aber herauskommen wird, sind lebensverlängernde Strategien bis zu einer Obergrenze. Zwei Beispiele: Die Verdopplung unserer DNA bei der Zellteilung ist nicht perfekt. Mit jeder Verdopplung schleichen sich mehr und mehr genetische Fehler ein. Dazu kommen Umwelteinflüsse, die unsere Erbsubstanz verändern: UV-Strahlen, Gifte, kalorienreiche Ernährung und so weiter. Die DNA altert also. Das ist etwa so, als würde ein Wagen Rost ansetzen. Irgendwann ist Schluss. Man müsste einerseits die Umwelteinflüsse völlig abschirmen und andererseits die DNA-Verdopplungsmaschinerie perfektionieren. Was wären aber die Kosten für einen Organismus, wenn man ihn so perfektionierte? Vielleicht dauert dann die Zellverdopplung viel zu lange. Zu lange vielleicht, um eine Wunde zu heilen, bevor ein Erreger Schaden anrichten kann? Es wird auf eine Balance zwischen Kosten und Nutzen herauslaufen. Was mir ein Blick auf die molekularbiologischen Prozesse unterschiedlicher Lebensformen zeigt, ist, dass wir uns bereits in einer sehr guten Balance von Kosten und Nutzen befinden. Wir sind daher kaum in der Lage, biologische Prozesse zu verbessern. Wann immer wir versuchen, etwas in dem natürlichen Prozess zu verändern, wird es tatsächlich eher schlimmer als besser.

Hülswitt: Dann braucht man über Enhancements eigentlich nicht weiter zu diskutieren?

Was wir gut können, ist, biologische Funktionen zu unterstützen. Das sind bei nicht optimalen Abläufen, wie durch Altern und Krankheiten bedingt, »Krücken« jeglicher Art. Oder Drogen, die unsere Aufnahmefähigkeit verbessern, unsere Kondition steigern. Aber gerade bei den Drogen wird man die Frage nach der Balance zwischen Kosten und Nutzen stellen müssen. Sehr wohl kann ich mir vorstellen, dass wir noch einige Überraschungen erleben werden, was die Verbindung von technischen Hilfsmitteln mit unserem Körper angeht. Das könnte so etwas wie eine Wartungsanzeige sein, dass ein Muskel generalüberholt werden muss, aber auch ein Speicher, auf den unser Gehirn jederzeit zugreifen kann. Alle Fakten präsent, kein Vokabellernen mehr. Aber auch hier stellt sich wieder die Frage von Kosten und Nutzen. Müssen wir beispielsweise eine Sprache *erlernen*, um in dieser tief zu denken und kreativ zu sein? Können wir uns durch die direkte Verfügbarkeit jeglichen Wissens auf das Geistig-Schöpferische konzentrieren, oder werden wir dadurch nur einfach wahnsinnig?

Hülswitt: Halten wir also fest, dass Kurzweils Visionen einer Um-

rüstung des Körpers zumindest zurzeit kein seriöses Szenario darstellen?
Künstliches Blut, bessere Lungen ... – das ist so einfach gedacht. Die Komplexität eines sich entwickelnden Organismus ist jenseits dessen, was sich Menschen überhaupt vorstellen können. Eine Veränderung in der Wechselwirkung von zwei Molekülen kann schon gewaltige Auswirkungen auf den Gesamtorganismus haben. Das ist alles so fein aufeinander abgestimmt. Wenn bloß ein Molekül falsch reguliert wird, kann ein Mensch sterben, oder wenn bei Ihnen nur ein Hormon erhöht wird, würden Sie mir vielleicht in diesem Moment an die Gurgel springen! Ich denke daher, dass man den Menschen nur in Nuancen verbessern kann und dass es unmöglich ist, einen kompletten Organismus aus anderen Materialen zusammenzusetzen.


Klonen und Reproduktionsmedizin

Brinzanik: In der Stammzellforschung gibt es momentan ungeheuer rasante Fortschritte, die zu den großen wissenschaftlichen Durchbrüchen der letzten Jahre zählen. Von der Kultivierung humaner embryonaler Stammzellen vor rund zehn Jahren durch James Thomson bis zur Reprogrammierung von Körperzellen in induzierte pluripotente Stammzellen, iPS-Zellen, durch Proteine oder Chemikalien – Entwicklungen, an denen Sie beteiligt waren. Können Sie in einfachen Worten erklären, wie man aus einer Körperzelle eine iPS-Zelle erzeugt und dann daraus eine ganze Maus?
Man weiß noch nicht, was bei der Reprogrammierung im Einzelnen abläuft. Es ist ein bisschen wie bei Großmuttern: Die kann ihren Kuchen backen, ohne dass sie genau weiß, wie das physikalisch und chemisch funktioniert. Aber auf die Zutaten kann man

sich schon beziehen, denn das sind Dinge, die im Lauf der letzten zwanzig Jahre entwickelt worden sind. Ich habe die zentrale Zutat, das Oct4-Gen, vor zwanzig Jahren entdeckt, andere die restlichen Zutaten, die Gene für Sox2-, Klf4- und c-Myc. Diese vier Gene üben unterschiedliche Funktionen aus, die man braucht, um eine Zelle pluripotent zu machen. Was im Prinzip geschieht, ist, dass die Gene, die in einer spezialisierten Zelle aktiv sind, zum großen Teil abgeschaltet werden müssen. Und die Gene, die für Pluripotenz wichtig sind, müssen angeschaltet werden. Die vier Gene erwecken sozusagen das Pluripotenz-Programm, und dadurch werden die Gene für die spezialisierte Zellfunktionen stillgelegt. Aus diesen iPS-Zellen kann sogar in einem Schritt eine Maus gemacht werden: Sie nehmen eine pluripotente Stammzelle und lassen daraus eine kleine Kolonie wachsen. Dann nehmen Sie Zellen dieser Kolonie und wenden einen genetischen Trick an, der darin besteht, dass Sie in einem Embryo im Zwei-Zell-Stadium den Chromosomensatz verdoppeln können. Dadurch können diese sogenannten tetraploiden Embryonen nur noch extra-embryonales Gewebe bilden, erst Trophoblast und später Plazenta. Aber sie können nicht mehr den eigentlichen Embryo bilden. Zwei solcher tetraploider Embryonen werden dann mit zwölf bis 15 pluripotenten iPS-Zellen der eben beschriebenen Kolonie aggregiert. Die tetraploiden Embryonen bilden also die Hülle, die wichtig ist für die Implantation und dann für die Plazenta. Aus den iPS-Zellen bildet sich der Fötus, der sich schließlich zu dem zur Geburt kommenden Organismus entwickelt. In der Wissenschaft ist das die Nagelprobe für Pluripotenz. Wenn es gelingt, aus den iPS-Zellen sogar eine Maus zu machen, dann wissen Sie, dass die reprogrammierten Zellen sehr gut sein müssen. Es ist kaum vorzustellen: Am Anfang haben Sie eine Zelle und machen daraus eine lebensfähige Maus. Letztendlich bedeutet das, dass theoretisch jede Zelle im Körper das Potenzial zum Lebewesen hat.

Hülswitt: Ist das jetzt Klonen?

Das ist richtiges Klonen. Bei Dolly, dem Schaf, spricht man im engsten Sinne nicht von Klonen, denn bei dem damals verwendeten Kerntransfer-Verfahren wird nur ein Zellkern geklont, nicht die ganze Zelle. Manche haben gemeint, es sei Haarspalterei, aber bei der Reprogrammierung und der anschließenden tetraploiden Embryo-Aggregation trägt der Nachkomme nun die Erbinformation aus der ganzen Zelle. Beim Kerntransfer sind in der Eizelle – und zumindest während der ersten Zellteilungen – noch Mitochondrien der Spenderin vorhanden, die immerhin auch ein bisschen DNA, also Erbsubstanz haben. Und echtes Klonen ist eigentlich, wenn man eine Zelle mit ihrer gesamten Erbinformation vermehrt.

Hülswitt: Könnte man auf diesem Weg auch Menschen klonen?

Ich sehe momentan keinen prinzipiellen biologischen Grund, weshalb es nicht funktionieren sollte, Menschen zu klonen. Ob man das tun sollte, ist eine ganz andere Frage.

Brinzanik: Ist die Ähnlichkeit zwischen Klon und Originalorganismus dann die gleiche wie bei eineiigen Zwillingen?

Nein. Es gibt Probleme, weshalb man auch aus biologischer Sicht nicht klonen sollte. Wir haben uns ja bereits über die Alterung unserer DNA unterhalten. Wenn wir uns im Spiegel ansehen, dann haben wir nicht mehr das Gesicht eines Säuglings. Und genauso wie unser Gesicht altert, altert unsere Erbsubstanz. Wenn Sie aus einer Ihrer Hautzellen iPS-Zellen machen, haben Sie deswegen eine ganze Batterie von Problemen. Die Erbsubstanz hat sich verschlechtert, hat im Laufe unseres Lebens immer mehr Mutationen eingefangen. Da die Mutationen bei der Reprogrammierung nicht verschwinden, sage ich gewisse Schwierigkeiten voraus, wenn man aus mit Fehlern behafteten iPS-Zellen zum Beispiel Nervenzellen macht. Dieselben Probleme, nur noch in stärkerem Grad, haben Sie natürlich, wenn Sie so eine Zelle zum Klonen eines ganzen Organismus mit rund 250 verschiedenen Zelltypen benutzen. Also dann haben Sie, wenn Sie einen Menschen generieren, nicht den jüngeren eineiigen Zwilling des Dorian Gray, sondern sein gealtertes Bildnis.

Hülswitt: Insgeheim vermuten doch alle, jedenfalls die Laien, dass irgendwann, irgendwo, heimlich oder öffentlich einmal ein Mensch geklont werden wird. In Ihrem Aufsatz »Das Potenzial von Stammzellen« aus dem Jahre 2003 bezeichnen Sie Klon-Babys, die vielleicht in Zukunft der Weltöffentlichkeit präsentiert werden, als erbarmungswürdige Kreaturen. Warum?

Das war zu dem Zeitpunkt, als die Raelianer-Sekte und die Forscher Zavos, Antinori und Ben-Abraham verkündeten, Menschen klonen zu wollen. Ich halte das prinzipiell für nicht unmöglich, aber ich habe in der Diskussion versucht, Leute, die daran denken, abzuschrecken aus den Gründen, die ich gerade genannt habe. Wenn Sie einen Menschen klonen, mit allen genetischen Mutationen, so kann man darauf warten, dass der daraus hervorgehende Mensch, also der Klon, einen Tumor bekommt oder irgendwelche anderen physiologischen Probleme. Zu den Mutationen, die die DNA zum Zeitpunkt des Kerntransfers hatte, kommen ja die neuen hinzu, so, als würden Sie ein fast volles Fass unter eine undichte Stelle stellen. Es braucht dann eben nicht viel, bevor es überläuft. Es kann ja ein einziges defektes Gen ausreichen, damit der ganze Organismus aus dem Gleichgewicht geworfen wird. Das heißt, es wäre ein Leben in ständiger Angst. Man weiß nicht, was, nur dass mit großer Wahrscheinlichkeit etwas passieren wird. In diesem Sinne hatte ich das gemeint.

Brinzanik: Könnte es demnächst weitere neuartige Reproduktionsmöglichkeiten geben?

Eine Frage, die uns beschäftigt, ist, ob man im Reagenzglas aus pluripotenten Stammzellen Eizellen erzeugen kann. Daran arbeiten wir seit Jahren. Wir haben zwar eizellähnliche Zellen erzeugen können, aber sie sind noch nicht so perfekt, dass ein Spermium sie befruchten und daraus ein Organismus entstehen könnte. Aber es ist prinzipiell denkbar. Diese und die Arbeiten derjenigen, die spermienähnliche Zellen aus pluripotenten Stammzellen gemacht haben, sind Grundlage für Überlegungen, was passieren würde, wenn wir tatsächlich so weit wären. Wenn wir in der Kulturschale aus pluripotenten Zellen perfekte Eizellen und Spermien erzeugt hätten und diese zusammenbrächten. Das wäre eine ganz andere, ganz neue Dimension der Reproduktion. Das hat natürlich bei den ersten Erfolgsberichten über die eizellähnlichen Zellen ein relativ großes Aufsehen erregt, weil wir zudem zeigen konnten, dass wir solche Zellen aus männlichen embryonalen Stammzellen erhalten haben. Das hat mehr Diskussionen ausgelöst, als ich mir vorgestellt hatte. Ich habe damals – 2003 war das – beispielsweise einen Anruf von einem Journalisten bekommen, der sagte: »Ja prima, jetzt können männliche Homosexuelle endlich Kinder bekommen: Der eine gibt die pluripotenten Stammzellen, aus denen Eizellen entstehen sollen, der andere die Spermien, und dann könnten sie ja ohne Frau Kinder haben!« Man braucht natürlich immer noch eine Frau, um das Kind auszutragen, und die pluripotenten Zellen muss man auch erst erzeugen. Ich habe versucht, darauf und auf die verschiedenen genetischen und biologischen Probleme hinzuweisen, die sich aus einer solchen Vorgehensweise ergeben würden. Das war damals ein Journalist von der englischen Zeitung *Daily Telegraph*, und er sagte: »I understand your concerns, but this is too cool, I will bring it anyway!« – Und es stimmt schon, allen Problemen zum Trotz hat man zumindest theoretisch die Möglichkeit, außerhalb des Organismus Spermien und Eizellen herzustellen – und das ist unter anderem der Grund, warum die sogenannte Hinxton-Gruppe[3] entstanden ist, die sich mit den daraus resultierenden ethischen Fragen beschäftigt.

## Befreiung von evolutionären Beschränkungen

Brinzanik: Kann eine Anwendung der eben genannten Reproduktionstechniken zu einer Befreiung des Menschen von natürlichen Beschränkungen führen? Das schwule Paar ist da vielleicht ein gutes Beispiel. Und wem würde es schaden?

Das ist die Frage, die ich mir auch gestellt habe. Nehmen wir mal an, das Klonen würde funktionieren, die technischen und gesundheitlichen Probleme, die ich jetzt genannt habe, seien gelöst. Und man wäre sicher, dass das Kind keinerlei psychische Probleme hätte. Sie wären also in der Lage, einen Menschen zu schaffen durch zwei Zelllinien, durch Kerntransfer oder durch Klonen einer Körperzelle, und der Klon würde dann anstelle eines Kindes treten, das die Eltern verloren haben oder erst gar nicht bekommen können. Wenn das alles perfekt wäre, könnte ich dann wirklich sagen: »Nein, das dürft ihr aus ethischen Gründen nicht tun«? Eltern ihren Kinderwunsch zu versagen ist schwierig. Ich sehe mich dazu nicht in der Lage, auch wenn ich selber nicht von Zelllinien abstammen möchte.

Brinzanik: Mal angenommen, man würde einen gesunden Klon schaffen. Wäre so jemand nicht vor allem eine ganz normale Person, mit allen Konsequenzen? Es gibt psychologische Langzeitstu-

---

3 Ein internationales und interdisziplinäres Konsortium, das sich mit ethischen und juristischen Fragen transnationaler Kooperationen in der Embryo- und Stammzellforschung befasst.

dien aus England über Menschen, die aus künstlichen Befruchtungen entstanden. Die sind auch vollkommen normal.

Nahezu alle, mit denen ich gesprochen habe, hätten nicht mit dem Menschen, der entstehen würde, ein Problem, sondern sie halten den Weg zu diesem Menschen für mehr als fragwürdig. Wenn also der geklonte Mensch gesellschaftlich akzeptiert, von den Eltern geliebt und in einem intakten sozialen Umfeld aufwachsen würde, könnte er sich doch genauso sehen wie jeder andere Mensch auch. Allerdings besteht zwischen künstlicher Befruchtung und Klonen eben doch ein wesentlicher Unterschied, nämlich der der Identität, was sich schon im Begriff Klon darstellt. Man ist eine Kopie einer anderen Person, und es ist schwierig vorherzusehen, wie ein Mensch damit umgeht.

Brinzanik: Wenn wir jetzt noch Präimplantationsdiagnostik und Gentherapie an Keimzellen hinzunehmen, also die Möglichkeit, Mutationen der DNA auszubessern, und dies würde allgemeine Praxis, dann verließe der Mensch die natürliche Evolution endgültig. Er repariert zufällige Mutationen, den einen Bestandteil der darwinschen Evolution, und schafft die natürliche Selektion, den zweiten Bestandteil, durch die ganzen Reproduktionstechniken ab, so dass jeder Nachkommen bekommen kann.

Hier hat die moderne Medizin ohnehin schon eingegriffen.

Brinzanik: Und man könnte vielleicht auch sagen, dass beim Menschen Mutation und Selektion immer schon auch kulturell beeinflusst waren. Warum sollte eigentlich eine durch Zufall und äußere Natur beherrschte Evolution des Menschen erstrebenswerter sein als eine durch den Menschen gegengesteuerte?

Da fragen Sie den Falschen, ich sehe nicht, dass das eine erstrebenswerter ist als das andere. Wenn ich wüsste, dass mit einer hohen Wahrscheinlichkeit meine Nachkommen die gleichen physiologischen Probleme haben werden wie ich, und ich könnte dieses Problem durch einen Gen-Austausch mit absoluter Sicherheit aus der Welt schaffen, ohne dabei woanders Schaden anzurichten, dann wäre das aus meiner Sicht überlegenswert. Was ich wohl nicht wissen möchte, ist, ob und wann ich eine unheilbare Erkrankung haben werde. Diese Gewissheit, denke ich, würde mein ganzes Denken schlagartig so verändern, dass ich alles auf diesen Tag hin ausrichten würde. Aber ich würde sehr wohl wissen wollen, ob eine behandelbare Krankheit mit großer Wahrscheinlichkeit auftritt, um mit diesem Vorabwissen die Krankheit besser in den Griff zu bekommen.

## Ethik des Wissens

Hülswitt: In der Diskussion um bioethische Fragen gibt es zwei gegensätzliche Herangehensweisen. Die einen sagen, es gibt die Wissenschaft, sie produziert Wissen, aus diesem Wissen kann ich bioethische Expertise gewinnen, und daraus entstehen moralische Konzeptionen der Welt. Das hieße konkret, wenn ich voraussehen kann, dass meine Kinder eine Erbkrankheit haben werden, dann wäre es moralisch geboten, etwas dagegen zu tun, wenn ich die Möglichkeit habe. Biokonservative argumentieren genau umgekehrt: Es gibt eine moralische Konzeption der Welt, gründend auf einer gewissen Natürlichkeit des Menschen, seines Leibes. Aus ihr entsteht eine Würde, und zu dieser gehören auch die Erfahrung und das Annehmen von Leid. Daraus leitet sich die bioethische Expertise ab, und dieser Expertise könne eine Ethik des Wissens entspringen, die sagt, welches Wissen angestrebt werden soll und welches nicht. Dieser Weg ist Ihnen wahrscheinlich relativ fremd.

Ja. Und trotzdem habe ich mit dieser Sicht der Dinge immer

wieder zu tun. Dass man das Leiden und Behinderungen als Teil des Menschseins akzeptieren muss. Ich denke, dieser Glaube hilft den Menschen als psychologische Stütze, wenn es ihnen wirklich schlechtgeht, wenn sie beispielsweise unter menschenunwürdigen Bedingungen ihr Brot verdienen müssen oder in Ländern leben, in denen kranke Menschen nur noch dahinvegetieren und sterben. Wir können uns heute gar nicht mehr vorstellen, wie schlecht es auch vielen Menschen in Deutschland einmal ging. Dass man sich dann psychologische Hilfsmittel konstruiert, ist Teil des Menschseins. Aber in unserer Gesellschaft, in der Menschen, zumindest im Hier und Jetzt, von vornherein einen gewissen Lebensstandard und gesundheitliche Versorgung haben, brauchen wir das nicht mehr, um tatsächlich überleben zu können. Zu denen, die jetzt noch sagen, das Leiden gehört zum Leben dazu, und deshalb sollte man es als etwas Positives empfinden, nur damit man das Glück dann umso mehr empfinden kann, zu denen gehöre ich nicht.

Hülswitt: Und wie finden Sie die Idee einer Ethik des Wissens, die darauf hinausliefe, die Wissenschaft nur bestimmtes Wissen produzieren zu lassen und anderes nicht?

Ich würde keinem vorschreiben, was er wissen soll und muss, aber ich möchte mir auch von keinem vorschreiben lassen, was ich wissen darf. Wenn Eltern nicht wissen wollen, ob sie ein Mädchen oder einen Jungen bekommen, brauchen sie es nicht zu wissen. Wenn jemand nicht wissen will, ob er an einer bestimmten Krankheit sterben wird, auch wenn sie therapierbar ist – seine Sache. Aber wenn Eltern wissen, ihr erstes Kind hatte schon eine Erkrankung, die so schlimm war, dass sie die Familie schier auseinandergerissen hat, und mit großer Wahrscheinlichkeit wird das nächste Kind dieselbe Krankheit haben, warum sollten sie denn dann keine Präimplantationsdiagnostik durchführen dürfen? Warum sollten sie sich nicht dafür entscheiden dürfen, ein gesundes Kind zu bekommen? Ich finde, Eltern haben in diesem Fall sowohl ein Recht auf ein solches Wissen als auch darauf, selbst zu bestimmen, welche Konsequenzen sie daraus ziehen. Ich weiß allerdings, dass sich in dieser Diskussion nur sehr schwer eine Grenze ziehen lässt. Umso wichtiger ist es, dass man die unterschiedlichen Positionen darlegt und dann einen gesellschaftlichen Konsens sucht.

Brinzanik: Als Forscher werden Sie mit öffentlichen Geldern finanziert und arbeiten in einem gesellschaftlichen Rahmen. Gibt es dadurch eine Verantwortung der Wissenschaft gegenüber der Gesellschaft?

Ich habe als Wissenschaftler unter anderem die Verantwortung, mit der Gesellschaft den Dialog zu suchen. Zudem sehe ich mich als Teil der Gesellschaft und möchte sie mit meinem Tun nicht spalten. Mir persönlich ist es ganz wichtig, als Forscher im Einklang mit der Gesellschaft zu sein und zu leben. Nehmen Sie die alternativen Technologien um pluripotente Stammzellen. Auch wenn ich nicht alle Gründe im Einzelnen nachvollziehen kann, sehe ich, dass es einen Großteil der Gesellschaft befrieden würde, wenn wir keine embryonalen Stammzellen mehr benötigen würden. Das ist auch mit ein Grund dafür, weshalb Yamanaka für seine Arbeit den Nobelpreis verdient hätte, sollten iPS-Zellen eines Tages embryonale Stammzellen überflüssig machen. Und ich persönlich tue, was ich kann, damit sie überflüssig werden. Ich sage aber als Forscher auch ganz klar, dass wir momentan embryonale Stammzellen benötigen und nicht vorhersagen können, ob iPS-Zellen sie völlig ersetzen können. Solange wir nicht gezeigt haben, dass die iPS-Zellen genauso gut sind wie ihre natürlichen Pendants, brauchen wir die embryonalen Stammzellen.

Hülswitt: Habe ich Sie gerade richtig verstanden: Sie sind eigentlich gegen die Verwendung embryonaler Stammzellen?

Ich persönlich möchte nicht, dass menschliche Embryonen extra für die Forschung generiert werden. Andererseits ist es in unserer Gesellschaft nun einmal so, dass Embryonen verworfen werden, sobald die Eltern nach einer künstlichen Befruchtung ihren Kinderwunsch erfüllt haben. Für mich ist die Verwendung solcher Embryonen eine Frage der Abwägung: Wenn eine Chance bestünde, einem Menschen zu helfen, dann sehe ich die Verpflichtung, diese Embryonen, die sonst weggeworfen werden, dafür zu verwenden – gleichwohl, und ich betone es noch einmal, möchte ich durch die iPS-Technik dafür sorgen, dass wir keine embryonalen Stammzellen mehr benötigen.

Hülswitt: Sie haben einmal Immanuel Kant zitiert: »Zwei Dinge erfüllen das Gemüt mit immer neuer und zunehmender Bewunderung und Ehrfurcht, je öfter und anhaltender sich das Nachdenken damit beschäftigt: Der gestirnte Himmel über mir und das moralische Gesetz in mir.« Was bedeutet dieser Satz für Sie?

Er bedeutet eine ganze Menge. Durch den gestirnten Himmel sehe ich mich als etwas ganz Kleines. Im Endeffekt sind wir in all dem, was wir sind, und mit all den Problemen, die wir haben, ein ganz kleines Etwas. In den gestirnten Himmel zu blicken reduziert das, was wir sind, wieder auf Normalmaß. Und das moralische Gesetz in mir ist mein inneres Wertesystem. Ich muss von etwas überzeugt sein. Etwas mag in einem Land erlaubt sein, trotzdem kann es meinem Wertesystem diametral entgegenstehen. Für mich ist Moral das, womit ich selber leben kann. Und diese Position kommt in dem Zitat Kants für mein Gefühl recht gut zum Ausdruck.

Hülswitt: Dieses völlig unabhängige innere moralische Gesetz widerspricht dem, was Sie eben sagten: Sie orientieren sich am gesellschaftlichen Konsens, Sie wollen die Gesellschaft nicht zerreißen.

Nein, das ist kein Widerspruch, da ich, wie ja fast alle Menschen, im Einklang mit der Gesellschaft leben möchte. Zwei unterschiedliche Beispiele: Ich bin gegen Abtreibung. Aber das heißt nicht, dass ich Menschen verurteilen und sagen würde: »Du hast dein Kind abgetrieben!« Insofern akzeptiere ich das, was die Gesellschaft zulässt. Nichtsdestotrotz halte ich es persönlich für falsch. In Sachen embryonaler Stammzellen verstehe ich, dass zum Beispiel die katholische Kirche und mit ihr ein Großteil der Bevölkerung in Deutschland ein großes Problem mit dem »Verbrauchen« von Embryonen hat. Und ich versuche, einen Ausweg aus der Zwickmühle zu finden. Nichtsdestotrotz halte ich es für geboten, embryonale Stammzellen von verworfenen Embryonen abzuleiten und zu verwenden, um Therapien zu entwickeln. Und wenn mir jemand vorhält: »Woher weißt du, dass man damit Therapien entwickeln kann?«, dann erwidere ich: »Und woher weißt du, dass man es nicht kann?« Aber ich akzeptiere die Skepsis und die Widerrede.

Brinzanik: In Deutschland wurde die bioethische Debatte um die Stammzellforschung bislang vor allem über die Verwendung embryonaler Stammzellen und den Status des Embryos geführt. Aber ist die grundlegendere Frage nicht die, wie weit wir gehen und welchen Aufwand wir betreiben wollen, um Krankheit, Leid und Tod zu bekämpfen, oder ob wir diese Dinge akzeptieren? Und wohin könnte uns das führen, wenn wir die Gegenmaßnahmen mithilfe von Technologie und regenerativer Medizin Schritt für Schritt umsetzen?

Den Tod zu bekämpfen, das hatten wir vorhin schon besprochen, ist ein müßiges Unterfangen. Aber das Leiden von Menschen zu lindern ist eine Sache, die man aus meiner Sicht kaum weit genug treiben kann. Die Gesellschaft hat eine Verpflichtung, Krankheiten zu bekämpfen, wenn sie es kann. Das Abwägen ist für mich eine ganz klare Sache: Die Eltern, deren Kind krank ist und die dann sagen, nein, wir wollen keine auf embryonalen Stammzellen basierende Therapie anwenden, wir lassen lieber unser Kind sterben, die möchte ich sehen. Wer würde diese Nagelprobe bestehen? In öffentlichen Diskussionen wollen meine Gesprächspartner die Entscheidung für oder wider die auf embryonalen Stammzellen basierenden Therapien gern als allgemeines Prinzip dargestellt haben. Aber ich finde, so eine Situation muss man ganz konkret durchlebt haben. Denn erst, wenn man selber betroffen ist, wenn man selber das Leiden gesehen hat, kann man wirklich eine Aussage darüber treffen, wie man die Situation tatsächlich handhabt.

Brinzanik: Sind Sie selbst religiös, christlich?

Ich glaube, dass es etwas gibt, was das Ganze verursacht hat. Ob man das jetzt Gott nennt, das kann jeder für sich entscheiden. Es gibt etwas, was jenseits unseres Verständnisses ist. Ich bin davon überzeugt, dass alles nicht einfach nur so geschehen ist. Insofern glaube ich schon an eine höhere Macht.

Hülswitt: Eine verehrungswürdige Macht?

Nein, nicht verehrungswürdig. Allerdings denke ich, dass der Versuch, sich mit diesem, was auch immer es ist, gleichzusetzen, was Menschen ja gerne tun, eine Anmaßung ist. Wir sind einfach viel zu unwichtig, auch wenn wir das gar nicht gerne hören. Ein kleiner Teil von etwas unvorstellbar Großem. Wie ein Tropfen Wasser, der im Meer aufgeht. Das ist die eine Seite der Medaille, die konkrete ist: Ich lebe nicht für ein Jenseits, sondern hier und jetzt. Und im Hier und Jetzt kann ich Menschen nicht leiden sehen. Zu sehen, wie Menschen ausgenutzt werden, wie Menschen niedergeknechtet werden, wie ein Mensch an einer Krankheit leidet – ich kann da nicht tatenlos zusehen, und das ist es, was mich vorantreibt und mein Handeln zum Großteil bestimmt. Man braucht keine Religion, um zu sagen, jetzt ist es deine Pflicht, dem anderen zu helfen. Dazu muss man nur Mensch sein. Daher kann mir persönlich eine Religion nicht helfen, ich halte mich lieber an das, was ich an moralischem Gesetz in mir trage. Wobei allerdings dieses moralische Gesetz durch meine evangelische Erziehung und die beispielhafte Wirkung von religiösen Menschen mitgeprägt ist.

## 400 Jahre

Hülswitt: Wenn Sie aufgrund der wissenschaftlichen Fortschritte die Möglichkeit hätten, Ihre gesunde Lebensspanne auf 400 Jahre zu erweitern, Sie hätten das Angebot auf dem Tisch: Würden Sie es machen?
(Lange Pause.) Das ist schon verlockend, aber ... Vorausgesetzt, das wäre nicht mit Leiden verbunden, ich wäre weiterhin in einem Zustand, wie ich es ungefähr momentan bin, und meine Frau ...
Brinzanik: ... wäre dabei.
Und dann könnten wir unsere Ur-Ur-Ur-Ur-Enkel kennenlernen? (Lange Pause.) Ich denke, ich würde das Angebot annehmen. Was ich mir zurzeit öfters überlege, ist, dass ich jetzt wohl nur noch etwa 13 Jahre in der Wissenschaft sein kann. Ich bin jetzt 55. Und ich habe das Gefühl, ich habe mich noch lange nicht ausgetobt, und da ich unglaublich neugierig bin und gerne genügend Zeit hätte, all die Dinge zu tun, die ich noch nicht tun konnte, all die Länder und Kulturen zu besuchen, die ich noch nicht kenne, und auch noch die vielen wunderbaren Bücher zu lesen – ja, ich denke, 400 Jahre müssten es schon sein.

# Wenn Mao noch lebte –
# Vom Segen und Unsinn des Alterns

Im Gespräch mit dem Biogerontologen David Gems
(London, 25. September 2009)

## Evolution des Alterstodes

Tobias Hülswitt: Warum muss jeder Mensch eines Tages sterben?
David Gems: Wenn man nach dem Warum biologischer Vorgänge fragt, dann meint man damit oft die Frage, warum sie entstanden sind. Im Hinblick auf die Evolution sind Altern und Alterstod recht sonderbar, da sie nicht zur evolutionären Fitness, also dem Fortpflanzungserfolg der Arten beizutragen scheinen, auch wenn das lange Zeit angenommen wurde. Im 19. Jahrhundert vertrat Alfred Wallace, ein Zeitgenosse Charles Darwins, die Ansicht, dass das Altern gut für den Erhalt der Spezies sei. Individuen, die alt und erschöpft seien, könnten auf diesem Wege aus dem Rennen genommen und der Kampf mit der jüngeren Generation um die knappen Ressourcen gemildert werden. Diese Annahme ergibt jedoch keinen Sinn im Rahmen der modernen Evolutionstheorie, in der man annimmt, dass die Selektion auf einzelne Gene wirkt. Dieser modernen Theorie zufolge sollte es vielmehr eine starke Selektion dahin geben, dass ältere Individuen sich eben nicht höflich aus dem Rennen verabschieden, sondern langsamer altern und mithin mehr Nachwuchs hinterlassen. Gemäß der heutigen Evolutionstheorie des Alterns dient das Altern also keinem Zweck. Es ist vielmehr eine zufällige Folge der Evolution, wie etwa Brustwarzen bei Männern, die auch keine Funktion erfüllen, sondern lediglich ein Nebenprodukt der Evolution der weiblichen Brust sind.

Roman Brinzanik: Was besagt die gegenwärtige Evolutionstheorie des Alterns im Detail?

Die moderne Theorie der Evolution des Alterns geht hauptsächlich auf den Humangenetiker J.B.S. Haldane[1] zurück, der sich in den dreißiger Jahren hier am University College in London mit Chorea Huntington beschäftigte, einer vererblichen Erkrankung des Nervensystems, die zum Tod führt und von einer dominanten Mutation verursacht wird. Das heißt, wenn nur eine der beiden Kopien des Huntington-Gens – man erhält jeweils eine Kopie jedes Gens von seiner Mutter und seinem Vater – diese Mutation hat, beträgt die Wahrscheinlichkeit, diese Krankheit zu bekommen, fünfzig Prozent. Eigentlich sind solche tödlichen Krankheiten sehr selten, die Huntington-Krankheit jedoch nicht, was Haldane stutzig machte. Eine weitere Besonderheit der Huntington-Erkrankung ist, dass sich die Symptome meist erst zwischen dem fünfunddreißigsten und fünfzigsten Lebensjahr einer Person zeigen. Haldane hat diese zwei Tatsachen zusammengenommen und verstanden, dass, wenn jemand die Anlagen zu einer tödlichen Erbkrankheit besitzt und die Symptome sich erst im mittleren Alter zeigen, die Chancen natürlich sehr groß sind, dass der Betroffene vor dem Ausbruch der Krankheit Kinder bekommt. Die Mutation, die die Krankheit verursacht, kann also mit einer hohen Häufigkeit in der Bevölkerung verbleiben und wird nicht von der natürlichen Selektion ausgemerzt. Haldane

---

1 J.B.S. Haldane war einer der Begründer der Populationsgenetik. In seinem Aufsatz »Daedalus or science and the future« (1923) sagte er viele wissenschaftliche Fortschritte voraus. Ideen aus diesem Essay, etwa die Entwicklung von Föten in künstlichen Gebärmuttern, haben den Roman *Schöne neue Welt* seines Freundes Aldous Huxley beeinflusst. In seinem Vortrag »Biological possibilities for the human species of the next ten thousand years« (1963) führte Haldane den Begriff Klon ein.

leitete aus dieser Beobachtung ein Prinzip ab: Gen-Mutationen, deren garstige Auswirkungen erst spät im Leben zu spüren sind, verbleiben in der Bevölkerung. Und er fragte sich, ob Altern möglicherweise genau das sei: die Summe der Folgen von Mutationen, deren verheerende Wirkungen erst spät im Leben zu Tage treten. Dann wäre Altern eine tödliche Erbkrankheit, die wir alle haben. Und da es nicht der evolutionären Fitness dient, ist all das Leiden noch nicht einmal Teil irgendeines bedeutungsvollen Prozesses. Altern ist einfach sinnlos.

## Biologie des Alterns

Brinzanik: Was sind die Ziele der Alternsforschung?
Ich denke, es lassen sich zwei unterschiedliche Ziele ausmachen. Zum einen will man mit dem Altern eine der Haupteigenschaften biologischer Systeme verstehen. Obwohl in den letzten Jahren große Fortschritte auf dem Gebiet der Biologie des Alterns gemacht wurden, verstehen wir immer noch nicht, was Altern eigentlich ist. Vergleichen Sie das mit anderen krankhaften Prozessen, wie zum Beispiel der Grippe oder dem Krebs. In beiden Fällen wissen wir zwar noch nicht alles, aber die grundlegenden Ursachen haben wir doch begriffen. Die Grippe geht auf eine Virusinfektion zurück, und Krebs entsteht durch Mutationen in Genen, die die Zellvermehrung steuern. Im Gegensatz dazu haben wir die grundlegende Biologie des Alterns nicht verstanden. Daran zu arbeiten ist eine immens wichtige und spannende Aufgabe. In meinem Labor wollen wir vor allem herausfinden, wie Altern in einem bestimmten Organismus, nämlich dem Fadenwurm *C. elegans*, funktioniert. Denn wenn man erst einmal den Alterungsprozess eines einfachen Lebewesens versteht, dann kann

man die gewonnenen Erkenntnisse möglicherweise auf den Menschen übertragen.

Brinzanik: Und das zweite Ziel?

Das zweite Ziel besteht darin, Mittel und Wege zu finden, die Gesundheit älterer Menschen zu verbessern, indem man den Alterungsprozess an sich in Angriff nimmt. Dieses Ziel könnte sogar leichter zu bewerkstelligen sein als das erste. Ein Großteil unserer Arbeit besteht zum Beispiel darin, Eingriffe zu untersuchen, die in Tiermodellen die Lebensspanne verlängern und das Altern verlangsamen, vor allem in Fadenwürmern, Fruchtfliegen und Mäusen. Das Altern ist etwas äußerst Schlechtes, da es Krankheiten verursacht. Je älter man wird, desto mehr Krankheiten bekommt man. So führt das Altern zum Beispiel zu Herzkreislauferkrankungen, die Schlaganfälle und Herzinfarkte mit sich bringen, zu Typ-2-Diabetes und zu verschiedenen Demenzerkrankungen wie Alzheimer und Parkinson und zu vielen anderen Krankheiten. Es ist außerdem die Hauptursache für Krebs. Im Prinzip könnte man gegen all diese tödlichen Krankheiten vorgehen, wenn es einem gelänge, in den Alterungsprozess einzugreifen. Das bedeutet, dass ein Medikament, das das Altern verlangsamt, und sei es auch nur ein wenig, einen Breitbandschutz vor einem ganzen Spektrum an tödlichen Krankheiten bieten würde. Das mag unglaublich optimistisch klingen, ist es aber nicht, wenn man sich die Ergebnisse der Forschung an Tiermodellen anschaut, vor allem an Nagetieren.

Hülswitt: Im Tiermodell funktioniert das bereits?

Es gibt verschiedene Möglichkeiten, den Alterungsprozess bei Nagetieren zu verlangsamen und die Lebensspanne zu verlängern. Eine Methode ist Kalorienreduktion, also eine kontrollierte Verringerung der Essensaufnahme. Eine andere Möglichkeit besteht darin, die Tiere genetisch zu verändern. Das ist der Ansatz, den wir hier im Institute for Healthy Ageing verfolgen. Wir konnten nachweisen, dass man durch die Veränderung einer Anzahl von Genen, die den Alterungsprozess von Würmern steuern, auch das Altern von Fruchtfliegen und Mäusen verlangsamen kann. Der Alterungsprozess von Mäusen ist dem des Menschen ziemlich ähnlich. Zwar bekommen Mäuse kein Alzheimer, aber auch bei ihnen erhöht sich die Krebsrate, sie entwickeln Typ-2-Diabetes, sie bekommen grauen Star, Osteoporose, ihr Immunsystem baut genauso ab wie unseres und so weiter. Und wenn man die Lebensspanne von Mäusen entweder durch Kalorienreduktion oder Genmanipulation verlängert, sind sie gegen diese Arten von Krankheiten geschützt. Damit hat man einen grundsätzlichen Beweis! Man kann ins Altern eingreifen und erhält dadurch einen Breitbandschutz vor Alterskrankheiten.

Brinzanik: Heißt das, dass diese Krankheiten dann später im Leben auftreten?

Genau das heißt es. Es bedeutet, dass die Häufigkeit dieser Krankheiten in jeder der bisherigen Altersstufen abnimmt. Es mag eine leichte Verschiebung im Spektrum derjenigen Krankheiten geben, die zum Tod der Tiere führen, aber letzten Endes sterben sie an ähnlichen Ursachen – aber eben später.

Hülswitt: Wie weit kann die Lebensspanne der Tiere denn heute schon verlängert werden?

Bei Würmern kann man die Lebensspanne sehr drastisch verlängern, bis um das Zehnfache. Bei den höheren Tieren sind die Effekte kleiner. Bei Fliegen achtzig bis hundert Prozent, und bei Mäusen sind es typischerweise eher zwanzig bis vierzig Prozent, allerdings gibt es hier Berichte über eine Steigerung der Lebenserwartung von bis zu achtzig Prozent. Die Plastizität der maximalen Lebensspanne ist also vorhanden, und die Gene und zellularen molekularen Netzwerke, die dabei eine Rolle spielen, werden zurzeit erkundet. Hier bieten sich viele mögliche Angriffspunkte für Medikamente. Grundsätzlich kann man sich also Medikamente vorstellen, die das Altern verlangsamen und die Gesundheit alter Menschen verbessern. Um aber herauszufinden, ob das funktioniert, muss noch weiter geforscht werden.

Hülswitt: Steht schon ein Anti-Ageing-Medikament in Aussicht?

Keines, das bereits am Menschen getestet wurde. Tierstudien haben aber eine Anzahl möglicher Wege zur Entwicklung eines solchen Medikamentes aufgezeigt. Es gibt zum Beispiel drei ganz neue Studien, die dieses Vorhaben auf ziemlich aufregende Weise vorantreiben. Die erste Studie hat eindrucksvolle Auswirkungen der Kalorienreduktion bei Rhesusaffen demonstriert. Die Tiere hatten weniger Krankheiten, die Gesundheit hat sich insgesamt verbessert, und die Sterblichkeitsrate ist gesunken. Im Rahmen der zwei anderen Studien wurde versucht, die Effekte der Kalorienreduktion mithilfe eines Medikaments zu erzielen. Eine der Studien zeigte, dass Mäuse, die mit einem Medikament namens Rapamycin behandelt wurden, länger leben. Rapamycin hemmt ein Protein namens mTOR, das in einem Signalpfad wirkt, der Informationen über den Nährstoffstatus der Zelle übermittelt. Leider kann Rapamycin nicht beim Menschen angewandt werden, da es die Immunität unterdrückt – aber hier ist der prinzipielle Beweis wichtig: Ein Medikament kann auf den entscheidenden zellularen Signalweg einwirken und das Altern verlangsamen. Die dritte Studie haben wir durchgeführt, vor allem Dominic Withers. Wir fanden heraus, dass Mäuse mit einer Mutation, die die Aktivität dieses Nährstoff-Signalwegs reduziert, länger leben und sehr widerstandsfähig gegen Alterskrankheiten sind. Sie sind im hohen Alter unglaublich gesund. In diesem Signalweg ist auch das Protein AMPK aktiviert, das ein wohlbekannter Angriffspunkt für Medikamente ist, und wir haben nachgewiesen, dass die Langlebigkeit von Würmern AMPK-abhängig ist. Das wirklich Interessante hierbei ist, dass eines der momentan am häufigsten verabreichten Medikamente ein AMPK-Aktivator ist, der sich Metformin nennt und der bei der Behandlung von Typ-2-Diabetes eingesetzt wird, also bereits zugelassen ist. Die genannten Studien deuten also darauf hin, dass die Einnahme von Metformin den menschlichen Alterungsprozess verlangsamen könnte. Es ist aber nicht sicher, ob das wirklich der Fall ist. Man kann dies nur in Teststudien mit Menschen herausfinden, und bislang gibt es kaum Erfahrung mit Tests von Medikamenten, die einen umfassenden Schutz gegen Alterskrankheiten bieten könnten.

Hülswitt: Umfassend, aber vermutlich doch von begrenzter Dauer?

Basierend auf den gegenwärtigen Forschungen ist die Erwartung sicherlich nicht, dass diese Medikamente das Altern vollständig heilen. Aber sie könnten das Altern leicht verzögern, so dass wir mit einer Verlängerung der mittleren Lebensspanne um zehn, 15, zwanzig Prozent rechnen könnten. Verglichen mit den Fortschritten, die im Laufe des letzten Jahrhunderts durch sauberes Wasser, mehr Hygiene, allgemeine Gesundheitsversorgung und Antibiotika gemacht wurden, ist diese Steigerung der Lebenserwartung relativ gering. Die Tragweite der Reduktion von Krankheiten, die Linderung von Leid und die Verbesserung der Lebensqualität im Alter wäre jedoch enorm.

Brinzanik: Sie sagten, es sei immer noch unbekannt, was Altern eigentlich ist. Aber es gibt eine weitverbreitete Theorie, nach der oxidative Zellschädigungen für das Altern verantwortlich gemacht werden.

Der russische Gerontologe Zhores Medvedev hat einen wunderbaren Essay geschrieben, in dem er alle Theorien des Alterns aufgelistet hat. Insgesamt kam er auf dreihundert verschiedene, und für die meisten gibt es keine starken Belege. Die Theorie, die Sie erwähnen, ist eine der einflussreichsten und basiert zum Teil auf der Tatsache, dass bei alternden Individuen, seien das Tiere oder Menschen, erhöhte Level von molekularen Schäden, Oxidationen von Proteinen, DNA, Lipiden und so weiter vorkommen. Da wir in einer sauerstoffreichen Atmosphäre leben und Sauerstoff ziemlich aggressiv ist, wäre es also möglich, dass die daraus resultierende Oxidation das Altern verursacht. Meiner Meinung nach wird diese Theorie durch die Beweislage nicht sonderlich gut gestützt. Unsere eigene Forschung mit *C. elegans* stützt sie jedenfalls überhaupt nicht. Heutzutage ist eine der entscheidenden Fragen, welche Arten von Zellschäden überhaupt bedeutend zum Altern beitragen. Und ich vermute, dass die Ursachen viel zahlreicher und breiter gestreut sind als nur die Oxidation. Die Oxidationstheorie ist jedenfalls der Grund, warum Antioxidantien als Anti-Ageing-Mittel vermarktet werden. Metastudien der letzten Jahre haben aber gezeigt, dass je nach Art der Antioxidantien entweder keine Verbesserungen festgestellt wurden oder die Sterblichkeit sogar zunahm. Dies stimmt mit den Ergebnissen, die wir mit *C. elegans* erzielt haben, überein.

Brinzanik: Würden Sie das Altern an sich als eine Krankheit bezeichnen?

Ja, absolut. Ich verstehe die Argumente nicht, wonach Altern keine Krankheit sein soll. Meiner Meinung nach ist diese Auffassung auf Konventionen zurückzuführen und hängt mit der apologetischen Sichtweise zusammen, die Altern als etwas Segensreiches ansieht. Wenn ich in diesem Zusammenhang vom Altern rede, meine ich übrigens nicht das bloße Verstreichen von Zeit oder einen Entwicklungsprozess, sondern den Vorgang des biologischen Verfalls, der auch als Seneszenz bezeichnet wird. Was ist eine Krankheit? Eine Krankheit ist ein Vorgang, bei dem die Normalfunktion beispielsweise von Zellen und der Physiologie zusammenbricht aufgrund von etwas, das den Organismus zerstört. Das kann eine Virusinfektion sein oder auch eine Verletzung. Wenn man sich nun anschaut, was in Tiermodellen während des Alterns geschieht, dann sieht man genau das: Zusammenbruch und Verfall auf allen Ebenen. Ich bin jetzt selbst fast fünfzig, die Haut an meinen Händen wird faltig, was ein Zeichen des Alterns ist. Man könnte sagen: »Schön und gut, aber das ist doch keine Krankheit. Es tut ja nicht weh.« Tatsache ist aber, dass diese Veränderung Teil eines größeren Prozesses ist, der mich anfälliger für Krebs und viele andere Krankheiten macht, die schließlich zu meinem Tod führen werden. Das Altern ist die Ursache von Alterskrankheiten, was man ganz eindeutig dadurch nachweisen konnte, dass die Verzögerung des Alterungsprozesses bei Mäusen auch zu einem späteren Ausbruch der Alterskrankheiten geführt hat. Und wie gesagt: Das Altern dient keinem Zweck, es trägt in keiner Weise zur Fitness unserer Spezies bei. Es ist einfach ein schreckliches Missgeschick der Evolution.

Brinzanik: Glauben Sie angesichts des aktuellen beschleunigten Fortschritts der Biowissenschaften und ihrer Methoden, dass der Alterungsprozess beim Menschen eines Tages verstanden wird und radikal verlangsamt werden kann?

Ehrlich gesagt, das weiß ich nicht ... aber es würde mich wundern, wenn wir nicht in den nächsten Jahrzehnten zu einem fundierten Verständnis zumindest der Grundlagen des Alterns kämen. Ob das zu Heilverfahren gegen das Altern führen wird, hängt sehr davon ab, als was sich das Altern entpuppt. Gemessen daran, wie einfach es ist, das Altern von Labortieren zu verlangsamen, scheint es sehr wahrscheinlich, dass dasselbe eines Tages auch beim Menschen möglich sein wird, zumindest ansatzweise.

Brinzanik: Wann könnte es so weit sein?

Es würde mich nicht überraschen, wenn uns das in den nächsten zwanzig oder dreißig Jahren gelingen würde. Ob das Altern allerdings jemals ganz geheilt werden kann, darüber lässt sich meines Erachtens einfach keine Aussage treffen. Als Biogerontologe weiß ich von nichts, was mich an diese Möglichkeit glauben ließe – aber vielleicht bin ich auch einfach nur ignorant.


Ethik, Macht, Gesellschaft

Hülswitt: Einmal angenommen, der von Ihnen erwähnte Wirkstoff Metformin würde beim Menschen funktionieren. Was bereitet Ihnen an der Aussicht, die Lebensspanne des Menschen drastisch zu steigern, am meisten Sorgen?

Was mich vor allen Dingen beschäftigt, ist zunächst die Frage, ob das überhaupt funktionieren könnte. Wenn ja, würde ich mich weiter fragen, ob wir genug unternehmen, damit die Heilbehandlung auch möglichst viele Patienten erreicht. Stellen Sie sich eine Situation in vierzig Jahren vor, in der es uns gelungen ist, durch medikamentöse Einwirkung auf die Nährstoff-Signalwege eine Reihe altersbedingter Krankheiten um bis zu fünfzig Prozent zu reduzieren. Die Menschen würden dann anfangen zu fragen: »Warum zum Teufel hat es diese Medikamente nicht schon früher gegeben? Meine Frau hat die Geburt ihrer ersten Enkeltochter nicht mehr miterlebt, meine Schwester dämmert schwer alzheimerkrank in einem Heim vor sich hin, und ich habe tödlichen Lungenkrebs. Was habt ihr so lange getrieben?« Wir werden ihnen dann erklären müssen, dass wir eine Reihe von Problemen hatten, da viele Leute dieser Art von Forschung damals mit Skepsis begegnet sind. Wir würden jedoch eine Mitschuld daran tragen, nicht früher gehandelt zu haben, zumal wir ja wussten, welche Vorteile es haben könnte. Die Menge an Leid, die gelindert werden könnte, ist so groß, dass es schon fast das Vorstellungsvermögen übersteigt. Aus moralischer Sicht kann einen das schier überwältigen.

Hülswitt: Vielleicht waren die Probleme, die sich aufgrund der längeren Lebenserwartung des Menschen in der Vergangenheit ergaben und mit denen wir einigermaßen zurechtkommen, schwerwiegender als die Schwierigkeiten, die in diesem Zusammenhang noch auf uns zukommen. Trotzdem denken Sie in Ihren Essays viel über die möglichen Auswirkungen einer immer höheren Lebenserwartung nach.

Eine Sache, die mich beschäftigt, ist die Überlegung, wo denn das Ende der Forschung, die sich mit der Verlangsamung des Alterns beschäftigt, sein soll. Zurzeit besteht ein Ziel darin, Medikamente zu entwickeln, die das Altern verzögern und die Gesundheit verbessern. Wäre das aber wirklich ein Endpunkt der Alternsforschung? Das Problem ist hier, dass man zwar die Häufigkeit, mit der bestimmte Krankheiten im jeweiligen Alter auftauchen, reduziert, diese aber, wie gesagt, zu einem späteren Zeitpunkt ähnlich häufig wieder ausbrechen. Man heilt den Menschen also nicht, sondern verschiebt die Alterskrankheiten nur auf später. Eine spätere Alzheimererkrankung ist jedoch genauso schrecklich wie eine frühere. Der moralische und ethische Auftrag, nach Mitteln zu suchen, die die Häufigkeit des Auftretens von Alzheimer senken, bleibt daher bestehen. Da das wirksamste Mittel dazu die Verlangsamung des Alterns ist, müsste man also versuchen, das Altern weiter hinauszuzögern. Unter Biogerontologen stellt dies ein ethisches Problem dar, da ein Ende der Alternsforschung nicht in Sicht ist. Insofern unterscheidet sie sich von der Suche nach Heilmitteln gegen, sagen wir, Pocken, die zum Ziel hatte, die Krankheit auszulöschen, was schließlich auch gelang, und danach konnte dann jeder nach Hause gehen.

Brinzanik: Heißt das also, dass eine Verlangsamung des Alterns zur Bekämpfung von Alterskrankheiten keinen Sinn macht?
Das glaube ich eben nicht. Ich kann auch dies am Beispiel der Pocken erläutern. Schauen Sie sich an, welche Konsequenzen die Ausmerzung dieser Krankheit hatte, an der zuvor so viele Menschen gestorben waren. Viele, die früher an Pocken gestorben wären, werden nun so alt, dass sie Gefahr laufen, Krebs oder Alzheimer zu bekommen. Eine Konsequenz der Heilung von Pocken ist, dass zum Beispiel die Zahl der Alzheimerkranken gestiegen ist. Man kann also als generelle Beobachtung festhalten, dass jede Krankheit, die geheilt wird, einfach durch eine zu einem späteren Zeitpunkt auftretende Krankheit ersetzt wird. Letzten Endes stirbt jeder irgendwann an einer Krankheit. Die Frage ist somit nur, ob jetzt oder später. Mit anderen Worten, der Fortschritt in der Medizin mag zwar zur Heilung einer tödlichen Krankheit führen, insgesamt aber verschiebt man die tödliche Krankheit nur auf später. Aber das ist genau das, was man auch durch eine Verlangsamung des Alterns erreichen könnte, und zwar in großem Stil. Es wäre also ganz und gar nicht sinnlos, sondern vielmehr eine große Errungenschaft.
Hülswitt: Was ist mit der Überbevölkerung?
Ich habe keine Klagen über Überbevölkerung gehört, als die Antibiotika erfunden wurden. Leute äußern immer wieder verschiedene Bedenken hinsichtlich der Alternsforschung: Überbevölkerung, das Leben werde langweilig, all solche Dinge. Das sind alles potenzielle Probleme, aber keine, die es wert wären, dafür eine Forschungsrichtung aufzugeben, die segensreiche Folgen für die Gesundheit älterer Menschen haben könnte. Junge Menschen unterschätzen womöglich, wie unangenehm Krankheiten im Alter sein können. Ich glaube, es überrascht viele, die im Alter krank werden, dass diese Krankheiten nicht das kleinste bisschen

angenehmer sind als diejenigen, die sie früher im Leben gehabt haben, und dass sie sich eben nicht wie ein natürlicher Teil des Lebenszyklus anfühlen, die das Alter eben so mit sich bringt. Viele werden erstaunt bemerken, dass sie tatsächlich überhaupt nicht daran denken, dass es für sie an der Zeit sein könnte, sondern dass sie noch genauso viel Lebenslust empfinden wie früher. Und dass sie nicht für den Abschied bereit sind.

Hülswitt: Ein weiteres Problem könnte sein, dass Menschen, die länger leben, immer mehr Macht und Machtwissen anhäufen. Das passiert ja heute schon, wenn man Entwicklungsländer und Industriestaaten vergleicht. Die Macht liegt in Letzteren, und hier finden wir auch die höhere Lebenserwartung.

Man könnte nun anführen, dass wohlhabende Menschen schon immer größere Überlebenschancen hatten. Aber Sie haben recht, eine Schreckensvorstellung, die mich immer wieder beschäftigt, ist das Bild des nicht alternden Tyrannen. Wenn es je ein Beispiel für den Segen des Alterns gegeben hat, dann doch wohl, dass es Josef Stalin und Mao Tse-tung getötet hat, finden Sie nicht? Stellen Sie sich vor, wir könnten durch Behandlung am Menschen das erreichen, was wir bei unseren Tiermodellen erreicht haben, dann wäre Mao Tse-tung heute womöglich noch am Leben! Mao Tse-tung ist für den Tod von etwa siebzig Millionen Chinesen verantwortlich. Hier könnte man es fast umkehren und sagen, Altern ist etwas Gutes, denn es hat Mao umgebracht. Es gibt diesen schönen Satz in Orwells 1984, in dem ein Parteimitglied zu Winston Smith sagt: »Wenn Sie ein Bild von der Zukunft haben wollen, so stellen Sie sich einen Stiefel vor, der auf ein Gesicht tritt. Für immer.« Dieses »Für immer« ist es, was die Alternsforschung möglich machen könnte. Ich glaube nicht, dass wir unsere Forschung aufgrund dieser Sorge aufgeben sollten, aber wir müssen irgendwie sicherstellen, dass keiner so viel Macht ansammeln kann und dann ewig am Leben bleibt.

Hülswitt: Und Sie sehen keine anderen Vorteile, die Altern und Tod haben könnten?

Besonders in den westlichen Kulturen gibt es eine lange Tradition, die an der Vorstellung festhält, dass der Tod etwas Gutes sei. Ich glaube auch, dass dieser stoische Versuch, das Gute im Schrecklichen zu sehen, einmal seine Daseinsberechtigung hatte. Diese Einstellung hat bestimmt unzähligen Menschen dabei geholfen, mit den Folgen des Alterns zurechtzukommen. Aber im Hinblick auf die reelle Chance, dass es uns eines Tages möglich sein könnte, das Altern zu bekämpfen, wird eine solche biokonservative Haltung zum Hindernis. Meiner Meinung nach müssen wir heute gegen diese Überzeugung argumentieren. Sie ist eine fest verwurzelte, konservative Weltanschauung und stellt ein Hindernis dar für das Wohlergehen einer riesigen Zahl älterer Menschen.

Brinzanik: Manche Leute finden, es sei wichtiger, ein gutes und sinnvolles Leben zu führen, was immer das auch sein mag, als ein langes Leben oder ein Leben ohne Leid.

Die Erfahrung des Alterns kann extrem schmerzhaft und von Verlust und Vernachlässigung geprägt sein. Ich glaube, dass der Umgang mit dem eigenen Alter eine Erfahrung ist, die sehr viel Mut und Widerstandsfähigkeit erfordert. Dieser Mut älterer Leute ist absolut bewundernswert. Aber man kann daraus nicht folgern, dass das Leiden etwas Gutes sei. Sonst könnte man das Argument auf die gesamte Medizin ausweiten: Warum dann Krebs bekämpfen? Die Erfahrung kann die Menschen doch schließlich reicher machen, und sie können eine ganz neue Sicht und Lust auf das Leben entfalten. Ohne den Krebs könnte das ganze Leben seinen Sinn verlieren. Ich bin guter Hoffnung, dass es auch ohne das Altern noch genügend Leid in der Welt gibt.

Brinzanik: Wir haben über den zellulären und physiologischen Verfall gesprochen, aber eine Krankheit ist auch ein kulturelles Konstrukt. So wird zum Beispiel Homosexualität in manchen Kulturen als Krankheit gesehen. Bis vor Kurzem war das auch in Europa noch der Fall, Alan Turing war hier ein trauriges Beispiel.

Da haben Sie recht. Alzheimer wäre ein weiteres gutes Beispiel. Früher hat man es als Senilität und normalen Teil des Alterns angesehen, als so etwas wie eine zweite Kindheit, in der Art: »Na ja, Oma ist halt schon ein bisschen gaga ...« Erst seit Kurzem wird Alzheimer als Krankheit anerkannt. Aber um auf Ihr Beispiel einzugehen, es stimmt, in einer Gesellschaft, in der Homosexualität als illegal und inakzeptabel gilt, kann sie für einen homosexuellen Menschen viel Leid und Unglück bedeuten. Es gibt viele aufgeklärte Länder, in denen sie kein großes Ding mehr ist und auf keinen Fall mehr als Krankheit angesehen wird. Es ist aber schwer vorstellbar, wie sich gesellschaftliche Einstellungen ändern könnten, damit Krebs oder Alzheimer erträglich oder gar angenehm werden.

## Lebensverlängerung und Enhancement

Brinzanik: Wäre eine Anti-Ageing-Therapie eine Optimierungstechnologie?

Unsere Lebenserwartung, also die durchschnittliche Lebensspanne, ist im Laufe der letzten Jahrhunderte stark gestiegen, was zum großen Teil einfach mit einem Rückgang der Kindersterblichkeit zu tun hat. Die Lebenserwartung hat sich verdoppelt, und niemand hat sich besonders darum gesorgt, welche Auswirkungen dies auf die *conditio humana* haben könnte. Ein weiterer steiler Anstieg, eine weitere Verdopplung der Lebensspanne würde die Leute aber meiner Meinung nach beunruhigen. Sie könnten denken, dass man den Menschen auf eine Art und Weise übermenschlich machen will. Enhancement-Technologien können

Menschen verändern und so in Konflikt mit der bestehenden Gesellschaft bringen. Es ist also wichtig, dass sich auch die Gesellschaft verändert. Die Probleme, die sich aus Enhancement-Technologien ergeben, sind also Probleme der Gesellschaft, sich an sie anzupassen, denn diese Technologien verstoßen gegen geltende Normen und Gepflogenheiten. Meiner Meinung nach ist es wichtig, dass die Menschen selbst entscheiden, ob sie Alternsforschung für richtig halten. Sollen wir diesen Weg weiterverfolgen? Als Wissenschafter bin ich auf öffentliche Gelder und Spenden angewiesen. Soll ich nach Mitteln gegen das Altern suchen? Wenn möglich, sollte sich die Gesellschaft darüber einig werden. Ich selbst würde den Leuten allerdings raten, die Möglichkeit, altersbedingte Krankheiten zu reduzieren, nicht einfach so wegzuwerfen. Denn die Vorteile überwiegen. Auf der Kehrseite haben wir das Enhancement-Problem und die Möglichkeit, dass Menschen um einiges länger leben. Aber ich denke, wir haben da keine andere Wahl, als das zu akzeptieren und uns anzupassen.

Brinzanik: Viele Menschen reagieren sehr emotional auf die theoretische Möglichkeit, die maximale Lebensspanne zu verlängern. Sie sind entweder sehr enthusiastisch, oder sie lehnen es strikt ab. Was glauben Sie: Woher stammt diese Ambivalenz?

Ich glaube, wie gesagt, die Abneigung folgt einer bestimmten westlichen Tradition, die Altern als etwas Gutes und Segensreiches ansieht. Diese Ansicht ist letztlich im alten Griechenland verwurzelt und wurde meines Wissens besonders dominant unter dem Einfluss der Philosophen der Stoa in Rom. Der Philosophen-Kaiser Mark Aurel ist ein gutes Beispiel für diese Art der stoischen Weltanschauung. Sie ist eine sehr praktische Haltung, weil sie einem hilft, das Altern als etwas Gutes zu betrachten. Wenn man erlebt, wie die Eltern, Großeltern oder Lebenspartner sterben, dann kann man sich aus dieser Haltung heraus sagen, dass das alles seine Richtigkeit hat, nicht wahr? Wenn wir es nun umdrehen und fragen, ob man nicht vielmehr versuchen sollte, das Altern loszuwerden und das dadurch verursachte Leid zu reduzieren, dann steht man im Widerspruch zu dieser fest verwurzelten, traditionellen Ansicht. Anderen Haltungen begegne ich seltener. Manche Leute machen sich nicht allzu viele Gedanken dazu: »Oh ja, wunderbar! Sagen Sie Bescheid, sobald Sie das Geheimnis gelöst haben, ich wüsste nur zu gern, wie das geht!« Ich glaube, die meisten dieser Leute halten das Ganze einfach für Quatsch. Es gibt aber auch eine kleine Gruppe von Leuten, die den fast fanatischen Wunsch hegen, ewig zu leben. So etwas finde ich wiederum sehr merkwürdig. Ich selbst habe diesen Wunsch überhaupt nicht – vielleicht sollte ich das aber.

Hülswitt: Ray Kurzweil spricht von den drei Brücken: Erst manipulieren wir den Stoffwechsel mit Nahrungszusätzen und einem gewissen Lebensstil, um zu Brücke zwei zu gelangen, wo die Genetik uns von allen altersbedingten Krankheiten heilen wird, was uns zu Brücke drei führt, wo Nanoroboter unsere Körper reparieren, unsere Hardware ausgetauscht wird, wir schließlich eins werden mit Künstlicher Intelligenz und nicht mehr sterben müssen.

Ach ja, das alte Fluchtgeschwindigkeitsargument. Davon kenne ich mehrere Versionen: Jede neue technologische Entwicklung, die die Lebensspanne verlängert, schenkt einem mehr Zeit, in der wiederum neue Technologien entwickelt werden, so dass sich die Lebensspanne schließlich ins Unendliche verlängern lässt.

Hülswitt: Kompletter Unsinn, Science-Fiction oder eine Art von Religion?

Ich habe vor ein paar Jahren mal an einem Treffen der World Transhumanist Association[2] in London teilgenommen. Nach der

2 Eine Organisation, die für ein Enhancement des Menschen mittels neuester Technologien eintritt, zum Beispiel für eine radikale Lebensverlänge-

Konferenz konnte ich mich des Gefühls nicht erwehren, dass dies eine Art von Religion ist, weil es völlig auf dem Prinzip Hoffnung aufgebaut ist. Es gibt ein gutes Beispiel davon in Ed Regis' wunderbarem Buch *Great Mambo Chicken and the Transhuman Condition*. Er erzählt die sehr anrührende Geschichte von Saul Kent, der 1987 seine sterbende Mutter hat einfrieren lassen in der verzweifelten Hoffnung, dass sie eines Tages wiederbelebt und geheilt werden kann. Es war damals ein großes Problem, so etwas zu machen. Ihm wurde vorgeworfen, seine Mutter ermordet zu haben, da sie noch nicht ganz tot war, als er sie hat einfrieren lassen, was natürlich die Crux des Ganzen war. Es ist aber nicht schwer zu verstehen, warum er diese verrückte Sache gemacht hat. Der Tod der eigenen Mutter, der Gedanke, dass man sie nie wieder sehen wird, ist für viele Leute schlichtweg unerträglich. Die Versprechungen der Kryonik[3] und der Alcor Life Extension Foundation[4] mögen lächerlich erscheinen, es ist aber unmöglich, sie hundertprozentig von der Hand zu weisen. Eigentlich handelt es sich um eine Version der Pascal'schen Wette. Mir persönlich scheint die Möglichkeit, dass Saul Kent seine Mutter wieder lebendig machen kann, viel wahrscheinlicher, als dass Jesus auf die Erde zurückkehrt. Gesetzt den Fall, dass ihr Körper immer noch eingefroren ist, was ich jetzt nicht so genau weiß. Das Fluchtgeschwindigkeitsargument hat eine ähnliche Qualität. Wenn man

---

rung und eine Verbesserung der kognitiven Fähigkeiten. Ihr heutiger Name lautet *Humanity+*. Auf den Transhumanismus wird im Gespräch mit dem Ethiker Bert Gordijn näher eingegangen (vgl. dazu S. 193 f.).

3 Konservierung von ganzen Organismen und Organen, vor allem des Gehirns, bei tiefen Temperaturen mit dem Ziel einer Wiederbelebung und Heilung in der Zukunft, wenn die technischen Möglichkeiten gegeben sind.

4 Heute die größte Organisation, die Kryonik am Menschen erforscht, durchführt und unterstützt.

aber an wirklichen Taten und Fortschritten interessiert ist, dann haben solche Überlegungen wenig praktischen Wert.

## 400 Jahre

Hülswitt: Letzte Frage. Wenn Sie heute zwischen einer Lebenserwartung von achtzig oder 400 Jahren wählen könnten, wie würden Sie sich entscheiden?

Hm. Schwer zu sagen. Ich glaube, ich würde gerne selbst bestimmen, wann ich sterbe. Ich vermute, dass ich bei einer Lebenserwartung von 400 Jahren irgendwann Selbstmord begehen würde. Aber wer weiß. Es hängt davon ab, wie die Dinge sich entwickeln. Es ist jedenfalls eine interessante Frage, wie Menschen auf ein solch langes Leben reagieren würden. Meiner Meinung nach würde sich die Gesellschaft sehr verändern. Unser Leben ist traditionell in fast schon standardisierte Phasen aufgeteilt: die Schulzeit und eine vielleicht wilde Zeit der Jugend, danach die Elternphase und die Zeit harter Arbeit, in der man sich intensiv der Karriere widmet. Dann haben wir jetzt ein neues »drittes Alter«, was sich manchmal wie eine zweite Jugend anfühlt, gefolgt von der Dämmerphase. Ich habe den Verdacht, wäre das Leben viel länger, dann würde sich diese Struktur stark verändern. Das Leben könnte dann mehr sein, als es zurzeit ist. Das Leben könnte in einem größeren Rahmen stattfinden, als ob man eine größere Leinwand hat, auf die man das Bild seines Lebens malen kann. Es könnte einen wirklichen Qualitätssprung in der menschlichen Existenz bedeuten, wenigstens für manche.

*Aus dem Englischen von Elsa Pavel und Roman Brinzanik*

## Der wichtigste Prozess im Universum

Im Gespräch mit dem Chemiker Jean-Marie Lehn
(Straßburg, 18. August 2009)

### Molekulare Erkennung und Selbstorganisation der Materie

Tobias Hülswitt: Woran arbeiten Sie und Ihr Team?
Jean-Marie Lehn: Unser Hauptinteresse gilt dem grundlegenden Prozess der Selbstorganisation, also der Frage, wie Materie sich entwickeln und immer komplexere Formen annehmen kann. Wenn man erst einmal weiß, wie Selbstorganisation funktioniert, dann kann man von diesem Wissen Gebrauch machen, zunächst auf dem ganz einfachen Niveau, auf dem wir gegenwärtig arbeiten. Aber auch die extrem komplexe Selbstorganisation lebender Organismen versteht man Schritt für Schritt besser. Und die Anwendungsmöglichkeiten sind, wie ich glaube, sehr wichtig für die Nanotechnologie.
Hülswitt: Was fasziniert Sie an der Selbstorganisation?
Sie betrifft uns alle! Wir sind auf der Erde selbstorganisierte Objekte, wir fallen nicht fertig vom Himmel. Der Mensch ist selbstorganisiert, besteht aus kleinen Einheiten, die sich zu immer größeren zusammenschließen. Der Grund unserer Existenz ist, dass das Universum, wie wir es kennen und worin wir leben, selbstorganisiert ist und Eigenschaften hat, die es der Materie ermöglichen, sich aus einzelnen Teilchen zu einem denkenden Wesen zusammenzusetzen, sei es menschlich oder etwas anderes. Andere Wesen auf anderen Planeten denken auch oder praktizieren eine andere Form dessen, was wir Denken nennen. Aber all dies geht aus dem Universum als Ergebnis der Selbstorganisation hervor, und daher ist sie für mich der wichtigste Prozess im Universum.

Roman Brinzanik: Sie haben zusammen mit Donald J. Cram und Charles J. Pedersen 1987 den Nobelpreis für Chemie erhalten für die »Entwicklung und Verwendung von Molekülen mit strukturspezifischer Wechselwirkung von hoher Selektivität«. Nennt man dies auch molekulare Erkennung?

Ganz genau, Erkennung ist das Wort, das heute in der Chemie verwendet wird. Ich habe es in die Chemie eingeführt, aber in der Biologie gibt es diesen Begriff schon länger. Erkennung bedeutet, dass die Verbindung zweier Moleküle stärker sein kann als die Verbindung jeweils beider Moleküle mit einem dritten; also AB ist stärker als AC oder BC. Man sagt dann, dass A und B einander erkennen. Das ist ein sehr einfaches, aber extrem wichtiges Konzept. Den Gedanken gibt bereits seit 1894. Damals hat Emil Fischer als Erster erkannt, dass zwei Moleküle, in diesem Fall waren es Enzym und Substrat, von ihrer Form her wie Schloss und Schlüssel zusammenpassen müssen. Das ist eine sehr berühmte Metapher geworden. Heute wissen wir, dass dieses Bild eine starke Vereinfachung darstellt, weil Moleküle flexibel sind und sich anpassen können. Aber die Grundidee war richtig. So gibt es beispielsweise im menschlichen Körper sogenannte Killerzellen, die als eine Art Körperpolizei funktionieren und »schlechte« Zellen, wie Krebszellen, finden und zerstören. Es muss also einen Mechanismus geben, durch den die Killerzelle die Krebszelle erkennt. Wie funktioniert das? Passende Proteine in der Membran der Killerzellen verbinden sich mit den Tumorzellen. Wenn diese molekulare Verbindung die richtige ist, wenn der Schlüssel sozusagen ins Schloss passt, dann weiß die Killerzelle, dass es sich um eine degenerierte Zelle handelt, die zerstört werden muss.

Brinzanik: Es gibt in diesem Zusammenhang auch den Begriff der molekularen Programmierung. Heißt das, dass man Schloss und Schlüssel im Labor passend anfertigen kann?

Ja, man kann das biologische Molekül bearbeiten und seine Form so verändern, dass es etwas anderes erkennt. Dies könnte man den chemischen Teil der Synthetischen Biologie nennen. Wir arbeiten hauptsächlich mit synthetischen, also künstlich hergestellten Molekülen, die wir so konzipieren, dass sie spezifische Informationen speichern. Das erreichen wir, indem wir spezielle Komponenten in dieses Molekül einbauen, die dazu führen, dass es gezielt mit einem anderen Molekül interagiert. Das Speichern der Information geschieht dadurch, dass das Molekül in einer bestimmten Art und Weise aufgebaut ist, und die Interaktion mit anderen Molekülen führt zum Lesen und Verarbeiten der Information wie in einem Computerprogramm.

Brinzanik: Wie folgen aus diesen Prinzipien supramolekulare Chemie und gezielte Selbstorganisation von Materie?

Molekulare Chemie beschäftigt sich mit der Frage, wie man aus Atomen, also aus Kohlenstoff, Wasserstoff, Stickstoff, Sauerstoff und so weiter, immer komplexere Moleküle erstellen kann. Sind die Moleküle erst einmal hergestellt, streben sie danach, mit anderen Molekülen zum Beispiel über molekulare Erkennung zu interagieren. Diese intermolekulare Wechselwirkung ist der supramolekulare Teil der Chemie. Ohne die molekulare Ebene gäbe es also keine supramolekulare Ebene, komplexere Einheiten werden durch einfache bedingt. Ein einzelner Backstein wäre ein Molekül, das fertige Haus das Supramolekül, das sich durch Selbstorganisation der Moleküle zusammensetzt. Nehmen wir das Straßburger Münster hier vor meinem Fenster. Wenn es möglich wäre, in jedem Stein die Information zu speichern, die ihm sagt, wohin er gehört, wenn jeder Stein Magneten hätte – nicht zu starke, damit sie nicht an den falschen Gegenstücken haften bleiben – und wenn die Steine beweglich wären, dann könnte das Münster sich quasi durch Selbstorganisation ihrer Bestandteile selbst zusammenbauen. Jemandem, der nicht auf diesem Gebiet arbeitet, kommt es wahrscheinlich wie Zauberei vor. Aber es ist einfach nur Chemie. Und man muss den Steinen auch die Möglichkeit geben, weiterzusuchen, falls sie einen Fehler gemacht haben. Alles muss dynamisch und umkehrbar sein. Diese Umkehrmöglichkeit ist Teil der Selbstorganisation, weil sie nicht stattfinden kann, wenn die Teile sich verbinden ohne die Möglichkeit, sich wieder zu trennen und weiterzusuchen. Das ist eine der aktuellen Entwicklungen in unserem Arbeitsfeld. Auf diese Art und Weise können wir und andere Labore beispielsweise Objekte von Nanogröße herstellen, die gewünschte Formen haben, Zylinder, Helixe, Käfige und so weiter.

Brinzanik: Sie wenden auch Darwins Konzept der Evolution auf die supramolekulare Chemie an.

Selbstorganisation kann auch in Verbindung mit einem Selektionsprozess auftreten, in dem aus einer Vielzahl von Komponenten diejenigen selektiert werden, die den Aufbau einer finalen Einheit ermöglichen. Und bevor es Leben gab, muss es auch eine Art chemischen Darwinismus, eine präbiotische Evolution gegeben haben. Es ist nicht vorstellbar, dass es vor dem Beginn des Lebens keine Prozesse gegeben hat, die die Materie immer komplexer haben werden lassen, bis schließlich auf eine Art und Weise, die wir heute noch nicht verstehen, Leben entstand. Es wird sehr schwierig sein, das herauszufinden. Momentan jedenfalls kann man nicht in der Zeit zurückreisen und einfach nachschauen – vielleicht werden wir es in der Zukunft einmal können –, deshalb müssen wir uns Prozesse vorstellen, die nachvollziehbar sind, von denen wir aber nicht beweisen können, dass sie wirklich so stattgefunden haben.

## Nanotechnologie und Nanomedizin

Brinzanik: In dem berühmten, programmatischen Vortrag »There's plenty of room at the bottom« aus dem Jahr 1959 sprach der Physiker Richard Feynman über die Möglichkeit, einzelne Atome und Moleküle gezielt zu kontrollieren. Er war sich sicher – das war sein entscheidender Punkt –, dass daraus »eine enorme Menge technischer Anwendungen« folgen würde, und initiierte das heute überaus aktive Feld der Nanotechnologie. Worum geht es da?

Ich habe einmal den Titel dieses Vortrags ergänzt: »There's plenty of room at the bottom – but there's more room at the top. Es gibt viel Spielraum nach unten – aber mehr nach oben.« Damit meine ich, dass komplexe Entitäten sehr viel mehr Funktionen entfalten können als einfache. Mit anderen Worten: Anstatt Dinge nur kleiner und immer kleiner zu machen, sollte man über höhere Komplexität nachdenken und die Fähigkeit der Materie nutzen, sich selbst zu organisieren und ein gewünschtes Objekt aus seinen Komponenten in einer spontanen, aber kontrollierten Weise entstehen zu lassen. Wir bewegen uns also fort von der Notwendigkeit der Herstellung und hin zur Selbst-Herstellung von Systemen.

Hülswitt: Wie definiert sich die Nanotechnologie genau?

Nano ist die Definition einer Größenordnung, ein Nanometer ist ein Millionstel eines Millimeters. Nanowissenschaft und Nanotechnologie beschäftigen sich mit Objekten innerhalb dieser Größenordnung, um bestimmte Apparate und Funktionen herzustellen. Zusätzlich zur Größe geht es um neuartige Eigenschaften, die im Nanobereich auftreten. Wenn Dinge immer kleiner werden, kommen irgendwann Quanteneffekte ins Spiel, die es in anderen Größenordnungen nicht gibt und die sehr interessant sind. Sie sind vielleicht das, was die Nanotechnologie ganz speziell macht. Andererseits haben viele Objekte, mit denen Biologen und Chemiker von Haus aus arbeiten, Nanogröße. Ein Protein ist naturgemäß ein Nanoobjekt. Insofern sind Molekularbiologen schon immer auch Nanotechnologen gewesen, genauso wie Polymer-Chemiker.

Brinzanik: Was wären mögliche Anwendungen?

Erst einmal kann man Dinge verkleinern. In ein gleich großes Volumen kann man dann immer mehr Komponenten packen. Auf diesem Wege können Chips, Computer und andere Apparate immer leistungsfähiger und immer weiter miniaturisiert werden. Man kann sich auch Körperimplantate, Kunststoff-Elektronik mit sehr kleinen Objekten, wirkungsvolle Bestandteile von Neuroprothesen und viele weitere Anwendungen vorstellen.

Hülswitt: Was genau versteht man unter Nanomedizin?

Die Nanomedizin arbeitet mit kleinen Teilchen, um beispielsweise ein Medikament an einen bestimmten Ort zu transportieren. Dies geschieht mithilfe sehr kleiner Behälter, die ein Medikament aufnehmen und auf ihrer Oberfläche eine Erkennungseinheit tragen, mithilfe deren sie das passende Gewebe finden, den Zielort, an den sie das Medikament liefern sollen. Dies ist eine der Perspektiven der Nanomedizin. Es gibt schon länger die Überlegung, dass man einen Antikörper zu einem bestimmten Antigen, sagen wir einer Krebszelle, mit einem Medikament verbinden könnte, so dass das Medikament nur zur Krebszelle, aber nicht zur gesunden Zelle gelangt, denn die heutzutage in der Chemotherapie verwendeten Medikamente sind nicht sehr selektiv. Insgesamt gibt es auf dem Gebiet der Nanomedizin viel Potenzial.

## Intelligenz und die Selbstorganisation von Materie

Hülswitt: Ist Intelligenz eine zwingende Folge der Evolution? Von toter Materie zum Leben hin und zur Intelligenz?

Eine interessante Frage. Ist die Intelligenz eine zwingende Folge der Evolution? In den öffentlichen Vorträgen, die ich von Zeit zu Zeit halte, spreche ich über den Weg von einzelnen Teilchen hin zu organisierter, zu lebender und schließlich zu denkender Materie. Einer meiner Kollegen, Christian de Duve, hat ein interessantes Buch mit dem Titel *Aus Staub geboren – Leben als kosmische Zwangsläufigkeit* geschrieben. Man kann dem Leben nicht entkommen. Das ist eine starke Aussage! Ist das Leben ein kosmischer Imperativ? Die Tatsache, dass wir und das Universum existieren, zeigt, dass unser Universum Naturgesetzen gehorcht und aus Elementen besteht, die unsere Existenz ermöglichen. Und die Tatsache, dass wir existieren, zeigt – da wir Wesen sind, die denken –, dass Denken existieren kann. Es ist eine Tautologie, ein Zirkelschluss. Kosmologen sprechen auch vom anthropischen Prinzip. In einem Artikel habe ich von der »Evolution der Materie unter dem Druck der Information« geschrieben. Mit solchen Aussagen muss man vorsichtig sein, da sie teleologisch erscheinen können. Andererseits kann man die Tatsache nicht unberücksichtigt lassen, dass Materie, die mehr Informationen enthält, wahrscheinlich bessere Chancen hat, Störungen zu überleben. Das könnte dann dieser Druck der Information sein. Darwin hingegen hat den Druck allein der Umgebung zugeschrieben. Es ist tatsächlich ganz einfach. Nehmen wir mal an, Sie haben drei Objekte. Wenn Objekt A das Objekt B dem Objekt C vorzieht, ist das, wie ich vorhin erläutert habe, der Anfang von Organisation. Und nun muss man seine Phantasie nur ein wenig anstrengen, um zu erkennen, dass aus diesem einfachen System immer komplexere Dinge entstehen bis hin zu hochkomplexen Entitäten. Die Neukombination von Atomen kann Abermilliarden verschiedener Moleküle hervorbringen, von denen manche besser zusammenpassen als andere, und so kann dieser Evolutionsprozess weitergehen. Natürlich muss das System irgendwann das Stadium erreichen, in dem es leben und denken kann. Nichtwissenschaftler schauen mich oft seltsam an und denken, ich sei einer dieser verrückten Forscher, die meinen, alles auf Moleküle reduzieren zu können. Den blauen Himmel, die Dichtung, die Philosophie – dann sage ich immer, dass es sich hier nicht um eine Reduktion, sondern um Emergenz handelt. Das bedeutet eben nicht, dass unser Denken nur ein Molekül ist. Ein Molekül kann nicht denken. Aber ohne Moleküle kann man nicht denken, ohne Moleküle gäbe es uns nicht einmal! Erst viele Moleküle zusammengenommen, viele komplexe Wechselwirkungen mit sehr vielen, sehr komplizierten physikalisch-chemischen Prozessen führen schließlich zu dem, was wir Denken nennen.

## Die Befreiung des Menschen von den Ketten der Evolution und der Dualismus von natürlich und unnatürlich

Brinzanik: In einem Essay mit dem Titel »Science and society – The natural-unnatural dualism« schreiben Sie, die Naturwissenschaften böten »zunehmend die Möglichkeit, Krankheiten, Altern und sogar die Evolution der Menschheit zu kontrollieren«, und sie könnten »uns von den Ketten der Evolution befreien«. Was meinen Sie damit?
Ich meine damit, dass die Evolution bisher noch kein perfektes Objekt hervorgebracht hat. Und ich bin sehr davon überzeugt, dass wir zunehmend die Fähigkeit besitzen, uns zu verändern,

wenn wir das wollen. Sie können mich jetzt natürlich fragen, was ein perfektes Objekt sein soll. Dazu kann ich Ihnen ein Beispiel nennen. Der Mensch kann nicht gleichzeitig atmen und schlucken, und insofern sind wir nicht perfekt. Nun könnten Sie weiter fragen, warum jemand gleichzeitig atmen und schlucken wollen sollte. Darauf sage ich: Warum nicht? Ein anderes Beispiel: Wir besitzen nur ein Herz. Wenn das aufhört zu schlagen, dann wäre ein zweites Herz auf der anderen Seite wünschenswert oder ein Ersatz, den man durch Stammzelltechnologie erhalten könnte. Embryologen wissen da viel besser Bescheid, so weiß beispielsweise Walter Gehring in Basel viel über die Evolution des Auges. Er hat Fliegen hergestellt, die Augen an den Beinen haben. Und diese Augen, jedenfalls einige, können anscheinend sogar sehen!

Brinzanik: Sie meinen, Menschen könnten ihre Körper optimieren und erweitern, die Lebensspanne verlängern, neue Sinne implementieren?

Davon bin ich überzeugt. Warum sollten wir keine Augen am Hinterkopf haben?

Brinzanik: Würden Sie das wollen?

Warum nicht? Ich spiele Klavier, es wäre doch phantastisch, noch zwei weitere Hände zu haben. Man würde dann nicht zwei Personen für ein vierhändiges Stück benötigen. Natürlich würde uns das um das Vergnügen bringen, mit einem Partner zu spielen … Oder Flügel, warum keine Flügel? (Lacht.)

Hülswitt: Mancher würde sagen, das sei dann kein Mensch mehr.

Aber warum denn nicht? Was ist ein Mensch? Wir sind nur ein Punkt in dem Kontinuum der Evolution. Warum sollten wir hier aufhören? Wir haben heute die Möglichkeit, die Evolution selbst in die Hand zu nehmen, und das wäre immer noch Teil des Universums, immer noch natürlich. Uns zu verändern ist nicht unnatürlich. Wir sind Teil der Natur, und die Gesetze der Natur sind die Gesetze des Universums. Es gibt also keine unnatürlichen Dinge, da alles Teil des Universums und damit natürlich ist. Ich weiß natürlich genau, was Leute mit unnatürlich meinen. Sie meinen Dinge, die von Menschenhand gemacht sind und so in der Natur nicht vorkommen. In Ordnung, das ist eine mögliche Definition. Um aber meine Sichtweise zu forcieren, sage ich, dass, wenn ein natürliches Wesen, ein Mensch, sogenannte unnatürliche Dinge produziert, dann nur, weil die Natur ihm die Möglichkeit dazu gegeben hat. In einem früheren Aufsatz habe ich geschrieben: »Die Veränderung des Menschen ist im Menschen angelegt.«

Hülswitt: Könnten wir also auch den Tod überwinden?

Wen?

Hülswitt: Den Tod.

Bestimmte Aspekte davon wahrscheinlich schon. Es kommt darauf an, was Sie mit Tod meinen, wobei das Ende natürlich klar ist! Man kann vielleicht ohne Arme und Beine leben, indem man andere Arten erfindet, sich fortzubewegen – okay, ich scherze. Können wir so bleiben, wie wir sind, und den Tod überwinden? Ich glaube, mit den Fortschritten, die in der Stammzellforschung gemacht werden, wird es immer wahrscheinlicher, dass wir irgendwann Organe regenerieren können. Ich bin ziemlich sicher, dass wir in x Jahren ein Herz herstellen und unser Herz einfach durch ein neues ersetzen werden können. Das wird ermöglicht durch Stammzellforschung und Entwicklungsbiologie, zwei der faszinierendsten und vielversprechendsten Forschungsgebiete.

Brinzanik: Sie argumentieren, es sei ein Missverständnis, Natur und Chemie gegeneinanderzusetzen, da Natur auf Chemie beruht. Sie sagen aber auch, dass Menschen die Natur aufgrund ihrer Intelligenz transzendieren, was einen Dualismus von natürlich und unnatürlich nach sich ziehe, dem wir nicht entkommen könnten. Ist das der tiefere Grund, warum wir den Fortschritt, die Aneignung neuen Wissens und neuer Technologien nicht aufhalten können und sollen?

Ja, man kann es so sehen. Am Anfang steht die Frage, wie man die Begriffe »natürlich« und »unnatürlich« definiert. Woher kommen die Naturwissenschaften? Daher, dass dieses Wesen, der große Menschenaffe, der in der Evolution entstand, sich umgesehen hat und den Fragen nachgegangen ist, was um ihn herum geschieht und warum es ihn gibt. Der französische Autor Vercors sagte, der Mensch sei ein denaturiertes Tier. Ein Tier, das aus der Natur kommt, aber diese Natur von außen betrachtet. Nun stehen wir wieder vor dieser großen philosophischen, aber eigentlich wissenschaftlichen Frage: Wie kann die Selbstorganisation des Universums ein Wesen hervorbringen, das auf diese Entwicklung zurückschauen kann, auf das Universum, das ihn gemacht hat? Das ist ein großes Problem. Ich verstehe, warum manche Leute religiös sind. Ich selbst bin es nicht, aber ich kann sie verstehen, weil sie sich genau diese Frage stellen. Religion beinhaltet aber eine Sache, die es in der Wissenschaft nicht gibt: Dogmatismus. In den Wissenschaften kann sich alles jederzeit ändern. Und als Wissenschaftler darf man nicht glauben, sondern man versucht zu denken!

## Ethik, Macht, Gesellschaft

Brinzanik: In Ihrem Essay schreiben Sie, die Naturwissenschaften müssten gesellschaftlich kontrolliert werden. Auf der anderen Seite sagen Sie, Entscheidungen sollten von Experten getroffen werden, was wiederum Wissenschaftler wären.

Wir leben in einer Gesellschaft und können natürlich nur forschen, weil es finanziert wird. Der Forschung liegt die Hoffnung der Gesellschaft zugrunde, neue Materialien zu finden, neue Medikamente, jene Art von Entdeckungen, die die Welt vollständig verändert haben. Nehmen Sie zum Beispiel eine der frühesten Erfindungen, das Rad. Das Rad hat die Welt verändert, brachte aber auch Gefahren mit sich. Ohne das Rad gäbe es keine Verkehrsunfälle. Das ist eines der Beispiele, das ich anführe, wenn Menschen sich sorgen, dass der Fortschritt Leute umbringen könnte. Ich sage dann immer: Was ist mit dem Rad? Sollen wir es wieder abschaffen? Natürlich müssen die Anwendungen unseres Wissens kontrolliert werden, nicht so sehr aus wissenschaftlichen Gründen, sondern weil sie Menschen betreffen und wir in einer Gesellschaft leben und man die Dinge nicht einfach so laufen lassen kann. Andererseits darf man das Streben nach Wahrheit nicht einschränken, wir brauchen in unserer Gesellschaft auch die Freiheit der Forschung und der Suche nach Wissen. So wie ein Dichter Freiraum braucht, um seine Gedichte zu ersinnen. So viel zur Freiheit. Nun zur Frage der Entscheidungsgewalt für Experten: Im Idealfall wäre jeder gebildet genug, selbst vernünftige Entscheidungen zu treffen. Warum also braucht die Gesellschaft Wissenschaftler dafür? Ich will es anhand einer Metapher erläutern: Sie würden doch auch wollen, dass nur kompetente Personen den Piloten des Flugzeugs, in dem Sie sitzen, auswählen. Oder sollten vielleicht die Passagiere in den Entscheidungsprozess miteinbezogen werden? Es wäre natürlich ideal, wenn jeder das Flugzeug gleich gut fliegen könnte. Aber so ist es nicht. Wir brauchen Spezialisten, Menschen, die wissen, was sie tun, und die es auch gut machen. Und man würde sich wünschen, dass dies auch außerhalb der Wissenschaften zutrifft ...

Brinzanik: Sie schreiben weiterhin, »ein Wissenschaftler trägt vor allen Dingen Verantwortung gegenüber der Wahrheit, erst dann gegenüber der Gesellschaft, denn Ethik ist abhängig von Zeit und

Ort«, das heißt kontingent. Gibt es außer der Wahrheit keine universellen Werte, die den Wissenschaftler leiten könnten? Etwa die Würde des Menschen?

Erst einmal hängen unsere Gesetze von einer Vielzahl von Dingen ab, sie sind das Ergebnis unserer Entwicklung. Nehmen Sie nur unsere Sexualmoral. Sie ist stark von den monotheistischen Religionen beeinflusst, und diese verbieten Sex vor der Ehe. Heutzutage weiß man aber, dass Sex vor der Empfängnis gut für den weiblichen Organismus ist und diesem die Möglichkeit bietet, sich anzupassen, wodurch einigen Risiken der Schwangerschaft wie Bluthochdruck und Eklampsie vorgebeugt werden kann. Einmal sollte ich einen Vortrag in einem sehr traditionellen Land halten. Als die Verantwortlichen diese Aussage in meinem Text sahen, baten sie mich, die Stelle aus dem Vortrag zu streichen. Ich habe mich dann geweigert, den Vortrag ohne die betreffende Stelle zu halten. Sehen Sie, wir müssen das, was wir entdecken und wissen, akzeptieren und Nutzen daraus ziehen, auch wenn es große Störungen verursachen kann. Ein weiteres Beispiel betrifft eine Stiftung, der ich angehöre und die versucht, Entwicklungsländer mit technischen Hilfsmitteln zu versorgen. So haben wir zum Beispiel in einem Dorf in Indien eine öffentliche Wasserpumpe angebracht. Das hat große Probleme nach sich gezogen, da zuvor die Menschen mit Zugang zum Wasser viel Macht hatten. Durch den Bau dieser Pumpe bekamen aber alle Bewohner des Dorfes Zugang zum Wasser, und die Mächtigen verloren ihren Einfluss. Es müssen gar nicht immer große Erkenntnisse sein, die zu großen sozialen Problemen führen, es reichen schon die einfachsten technischen Neuerungen. Und so ist es häufig mit der Wissenschaft. Sie eröffnet neue Möglichkeiten, und dann müssen wir als Gesellschaft entscheiden, wie wir damit umgehen wollen. Meiner Meinung nach sollte man alle Möglichkeiten nutzen, die uns die Wissenschaft zur Verfügung stellt. Natürlich müssen wir dabei sehr vorsichtig sein. Nehmen wir das Beispiel mit den zwei Herzen, das ich vorhin erwähnt habe. So etwas ist fast unmöglich, weil es im Körper keinen Platz für ein zweites Herz gibt und weil es sehr kompliziert ist. Es war aber nur ein Beispiel der Möglichkeiten, die wir eventuell haben werden. In Zukunft könnten wir die Fähigkeit besitzen, Zellen so zu manipulieren, dass sie selbst ein Ersatzherz bilden, samt Herzkranz, Gefäßen und alles an seinem Ort. Das wäre dann etwas anderes.

Brinzanik: Ist die wissenschaftliche Methode nicht auch kontingent? In der langen Menschheitsgeschichte ist sie jedenfalls ein relativ junger Blick auf die Welt.

Das ist richtig, die Naturwissenschaft mag auch kontingent sein, aber sie perfektioniert sich immer mehr. Sie ist einfach meine Art und Weise, in meiner kurzen Zeit auf Erden die Dinge zu betrachten und zu überlegen, was wir damit anstellen können. Ich bin überzeugt, dass der naturwissenschaftliche Blick auf die Menschheit, darauf, wer wir sind und woher wir kommen, der einzig mögliche ist. Für mich gibt es kein Buch, in dem geschrieben steht, wie sich die Dinge zu entwickeln haben. Und wenn man wissenschaftliche Wahrheit und ihren Wert betrachtet, was steht uns dann Besseres zur Verfügung?

Hülswitt: Empathie?

Aber was ist Empathie? Was ist Liebe? Liebe hängt auch von Molekülen ab, insbesondere von Oxytocin. Studien haben gezeigt, dass sowohl Tiere als auch Menschen ihre Nachkommen nur dann lieben, wenn zur richtigen Zeit Oxytocin ausgeschüttet wird. Wenn das nicht der Fall ist, lehnt die Mutter den Nachwuchs ab. Es beunruhigt viele Menschen, dass Oxytocin so bestimmend ist für das Gefühl einer Mutter gegenüber ihrem Nachwuchs. Oder die Tatsache, dass ein einziges Molekül wie Ethanol, Alkohol, also Wein dazu führen kann, dass man sich besser fühlt. Ein einziges, ganz einfaches Molekül: $CH_3CH_2OH$, nur wenige Atome, aber sie verändern uns. Sie machen die einen verrückt, die anderen glücklich, und in manchen rufen sie Empathie hervor. In der Weinstube gibt es eine Menge Empathie! Man sollte eine Bombe erfinden, die Oxytocin versprüht, dann gäbe es keine Kriege mehr. Wenn es Moleküle gibt, die dazu führen, dass die Menschen sich mögen, dann seien wir doch vernünftig und setzen sie ein. Das wäre doch großartig!

Hülswitt: Eine Liebesbombe.

Ganz genau, eine Liebesbombe.

Brinzanik: Werden wir dann eine Welt auf Drogen haben?

Was ist eine Droge? Ethanol ist eine Droge, Sauerstoff auch. Ich überspitze das jetzt ein bisschen. Alle Chemikalien, die in der Medizin eingesetzt werden, sind Drogen. In der Psychiatrie zum Beispiel wird bei Manisch-Depressiven Lithium eingesetzt, eines der kleinsten Elemente im Periodensystem. Lassen Sie mich etwas ausholen. Das Periodensystem wurde ursprünglich von Mendeleev aufgestellt. Es zeigt alle chemischen Elemente, die in unserem Universum vorkommen: Wasserstoff, Helium, Lithium an dritter Stelle, Beryllium, Bor, Kohlenstoff, unsere Körper enthalten eine Menge Kohlenstoff, Stickstoff, Sauerstoff. Wenn man also das Periodensystem betrachtet, sieht man alle Bausteine dieses Universums. Alle. Es kommt keine andere beobachtbare Materie in diesem Universum vor. Kosmologen sagen natürlich, es gäbe 95 Prozent dunkle Materie, von der wir nicht wissen, was sie ist. Aber die gesamte Materie, die wir beobachten können, besteht aus den Atomen des Periodensystems der Elemente. Die Niederschrift des Periodensystems ist eine der größten Errungenschaften der Menschheit!

Hülswitt: Es handelt sich also um den grundlegenden Text.

Es ist das Alphabet. Und der Text ist, was man damit schreibt.

## Naturwissenschaft, Erzählen und Kunst

Hülswitt: Der Literaturtheoretiker Harold Bloom hat die Theorie vertreten, dass ein starker Dichter mit den ihm vorausgehenden Texten umgehen muss, um der Dichter zu werden, der er sein will. Wissend, dass die vorausgehenden Texte stärker sein können als er, verspürt er eine *Einflußangst*, was auch der Titel von Blooms Buch ist.

Man ist immer von irgendetwas beeinflusst.

Hülswitt: Im Laufe unserer Gespräche habe ich das Gefühl bekommen, dass Bioingenieure die starken Dichter unserer Zeit sein könnten. Sie sind diejenigen, die sich vornehmen, den grundlegenden Text umzuschreiben, den vorausgehenden Text, der von der Evolution geschrieben wurde.

Ja, wenn Sie so tief gehen wollen. Natürlich operiert ein Dichter auf einem weitaus komplexeren Niveau. Imagination, Dichtung, all dies passiert im Gehirn. Es ist also der Text, der von unserem Gehirn geschrieben wird. Das Gehirn ist im Augenblick die letzte Frontier. Es stimmt allerdings, dass die Moleküle die Hardware bilden, aus der der menschliche Organismus besteht. Wenn man diese Moleküle nun mithilfe von Biotechnik verändert, ändert man den Organismus und damit den ganzen Rest.

Hülswitt: Biotechnisches Schreiben kann aber nicht die Schönheit besitzen, die die Dichtung besitzt, oder sehen Sie das anders?

Was ist Schönheit? Am Ende gibt es dann eine neue Dichtung. Schauen Sie, Henri Michaux hat seine Gedichte unter Drogeneinfluss geschrieben und sich auf diese Weise von den vorhergehenden Texten befreit. Verlaine schrieb unter Einfluss von Absinth. Beide benutzten also Moleküle, um sich von etwas abzukapseln. Wenn man aber auf einem grundlegenderen Niveau ansetzt und Biotechnologie anwendet, kann man nicht voraussagen, was genau dabei herauskommen wird. Jedenfalls noch nicht. Man hätte aber auf jeden Fall einen anderen Organismus und deswegen eine neue Poesie, eine neue Musik und so weiter. Aber dann gibt es auch noch die Gesellschaft: unsere Wahrnehmungen, unsere Gefühle, unser Verhalten – sie sind alle bedingt von den Interaktionen all dieser Körper und Gehirne!

Brinzanik: In dem Essay »Science and society« schreiben Sie, sowohl Chemie als auch Kunst seien »Transferprozesse durch kreative Arbeit«. Dieser Vergleich erinnert mich an Leonardo da Vinci, der zu einer Zeit lebte, als das Wort »Kunstfertigkeit«, griechisch *technē*, sich auf alles Menschengemachte bezog, sei es eine Skulptur oder ein Werkzeug, als also zwischen Kunst und Technik nicht unterschieden wurde. Sie zitieren Leonardo am Ende des Essays: »Wo die Natur aufhört, ihre eigenen Arten herzustellen, beginnt der Mensch unter Verwendung natürlicher Dinge, in Harmonie mit dieser Natur, eine Unendlichkeit an Arten zu schaffen.« Das klingt für mich wie eine Aufforderung zur Synthetischen Biologie und zur Schaffung neuer künstlicher Lebensformen.

Genau das ist es auch. Eingedenk dessen, dass beides auf Chemie gründet, auf Molekülen und molekularen Systemen, und dass die Erkenntnis es ermöglichen wird. Deshalb lautet der letzte Satz meines Essays: »Wir müssen den Weg vom Baum des Wissens zur Kontrolle des Schicksals beschreiten.«


400 Jahre

Hülswitt: Wenn Sie die Möglichkeit hätten, 400 gesunde Jahre alt zu werden, die Biowissenschaften würden es ermöglichen, würden Sie das dann tun?

Wenn ich gesund bliebe? Selbstverständlich! Es wäre auch interessant zu erfahren, wie man mit den Veränderungen, die mit der Zeit kämen, umgehen würde. Natürlich wäre keiner in dieser Situation gern allein, man würde alle seine Freunde verlieren – könnte allerdings auch neue Freundschaften schließen...

Brinzanik: Man müsste aber seine Hardware teilweise auswechseln und sich zum Beispiel ein neues Herz einsetzen lassen.

Ja, das würde mir nichts ausmachen.

Brinzanik: Glauben Sie, dass die Nanotechnologie zu solch einer Entwicklung beitragen könnte?

Natürlich, ganz klar, aber warum diese Fixierung auf Nanotechnologie? Es sind die Naturwissenschaften im Ganzen!

*Aus dem Englischen von Elsa Pavel und Roman Brinzanik*

## Der Schlüssel zur Intelligenz

Im Gespräch mit dem KI-Forscher Luc Steels
(Berlin, 22. Juni 2009)

### Künstliche Intelligenz

Roman Brinzanik: Das Streben des Menschen, künstliches Leben und künstliche Intelligenz zu erschaffen, reicht mindestens bis ins antike Griechenland zurück. Dort hören wir im Mythos von Hephaistos und seinen zwei mechanischen Dienerinnen und von Pygmalion und seiner künstlichen Frau. Beruht diese uralte Faszination auf dem Wunsch, von den Begrenzungen der Biologie unabhängig zu werden?
Luc Steels: Das mag für manche Leute so sein. Für mich und viele Wissenschaftler, die ich kenne, geht es jedoch eher darum, herauszufinden, wie das Denken funktioniert, oder genauer gesagt, das Denken im Zusammenspiel mit dem Körper. Ich vergleiche das immer mit den Gebrüdern Wright. Die versuchten, ein Flugzeug zu bauen, um eine Antwort auf die Frage zu finden, wie das Fliegen möglich sei. Im Fall der Künstlichen Intelligenz ist es genauso, nur dass die Frage hier lautet: Wie ist Intelligenz möglich? Künstliche Intelligenz, KI, ist also eine Methode, mehr über uns Menschen zu erfahren. Derselbe Wunsch steckt letztlich auch hinter den Mythen von Statuen, die zum Leben erwachen, wie in der Sage von Pygmalion. Es geht auch da um die Fragen: Was macht den Menschen besonders? Wie funktioniert Intelligenz?
Brinzanik: Dann ist die KI-Forschung eher Grundlagenforschung als anwendungsorientiert?
Gut, dass Sie das fragen, denn meiner Meinung nach gibt es hier eine Menge Missverständnisse. Das Ziel der KI-Forschung – und

meiner Meinung nach auch der Forschung über künstliches Leben, ich trenne da nicht –, ist es, durch Nachbau zu verstehen. Es ist also eine Entdeckungsmethode. So war es jedenfalls zu Beginn. Inzwischen ist das Feld aufgrund seiner Erfolge annektiert worden, um praktische Anwendungen zu realisieren. Das mag typisch für die amerikanische Wissenschaft und das Ingenieurwesen sein, weil beide generell sehr pragmatisch eingestellt sind, und KI war anfangs vor allem eine amerikanische Angelegenheit. Amerikaner sind immer auf der Suche nach Anwendungen und der Möglichkeit, Geld zu machen. Aus der Perspektive der europäischen Wissenschaft ist KI jedoch eine Forschungsmethode, und meiner Meinung nach eine sehr vielversprechende, die bisher nur noch nicht all die Ergebnisse erbracht hat, die sie erbringen könnte. Man könnte also sagen, dass KI zum Opfer ihres eigenen Erfolgs wurde.

Brinzanik: Das Forschungsgebiet der Künstlichen Intelligenz wurde 1956 auf einer berühmten Konferenz am Dartmouth College von Wissenschaftlern wie John McCarthy und Marvin Minsky initiiert. Folgen Sie der dort formulierten Auffassung, nach der sich jedes Merkmal der Intelligenz so präzise beschreiben lässt, dass eine Maschine gebaut werden kann, die es simuliert?

Wenige Leute wussten damals, wie kompliziert Intelligenz in Wirklichkeit ist. Sie dachten zum Beispiel, das Erkennen von Objekten sei zwar schwierig, aber machbar. Genauso Gehen oder Schachspielen. Man dachte auch, dass Sprachverarbeitung nachgebaut werden könne. Heute sind wir schlauer. Wir wissen, dass es aufgrund ihrer Komplexität nicht möglich ist, Intelligenz zu programmieren. Man kann sie nur wachsen lassen. Das heißt, dass ein Lernprozess stattfinden muss, eine Entwicklung und Anpassung. Ich würde sagen, die ersten Erfolge von KI beruhten auf der Erkenntnis, dass Intelligenz auf Informationsverarbeitung basiert, und daraus resultierten eine Menge grundlegender Einsichten und nützlicher Ergebnisse, vor allem auf den Gebieten der Mathematik, der Logik oder des Spiels, und ich glaube, all diese Ergebnisse sind absolut gültig. In den achtziger Jahren wurde dann aber der Körper als notwendiger Bestandteil der Intelligenz wiederentdeckt. Warum der Körper? Selbst für die Sprache ist klar, dass wir, wenn wir über die Welt reden, es mittels der Erfahrung unseres Körpers tun. So existieren zum Beispiel Worte wie »rechts« und »links« nur in Bezug zu unserem Körper. Es kam also zur verhaltensbasierten KI oder Robotik, die sich auf den Körper zurückbesann, als Ergänzung zur auf Logik beruhenden, symbolischen KI. Es wurde eher versucht, von einfachem, tierischem Verhalten auszugehen, vom Körper in Aktion, wie er sich in der Welt bewegt, ohne Intelligenz, wenn man so will. Eine weitere, meiner Meinung nach wichtige Einsicht ist der Gedanke, dass Intelligenz immer auch ein kollektives Element besitzt. Unsere Auffassungen und unsere Sprache haben immer auch damit zu tun, wie wir mit anderen Leuten interagieren. Wenn man also die Bedingungen für Lernen, Anpassung, für das Wachstum von Intelligenz schaffen will, dann muss dieser interaktive, kollektive Teil hinzutreten. Deshalb arbeiten wir an sogenannten Multiagenten-Systemen. Heutzutage versuchen wir, alle Konsequenzen abzuarbeiten, die eine Multiagenten-Perspektive und die Verkörperung mit sich bringen.

## Verhaltensbasierte Robotik

Brinzanik: Zusammen mit Rodney Brooks und anderen begründeten Sie in den achtziger Jahren das Gebiet der verhaltensbasierten Robotik, wie Sie es gerade beschrieben. Wie sah das am Anfang aus?

Das oberste Prinzip bestand darin, nicht gleich auf menschliche Intelligenz abzuzielen, sondern erst einmal mit etwas Einfachem, in unserem Fall mit Insekten, anzufangen. Man schrumpft also das Problem, damit es handhabbar wird – in Echtzeit, mit echten Robotern, in der realen Welt. Wir beschäftigten uns zum Beispiel mit dem Umgehen von Hindernissen, aber wir versuchten nicht, zuerst ein komplexes, abstraktes Modell der Realität zu erstellen und zu sagen: »Das ist ein Stuhl« und »Das ist ein Tisch«, bevor unsere Roboter diese Dinge überhaupt umgehen konnten. Wir verfolgten einen ganzheitlichen Ansatz, verwendeten minimale Repräsentationen und minimale Komplexität und nutzten die Interaktion des Körpers mit seiner Umwelt, um etwas zu erhalten, was in Echtzeit funktionierte. Die Roboter, die gemäß dieser Philosophie gebaut wurden, gingen zurück auf die Kybernetik, auf Braitenberg-Vehikel[1] mit Lichtsensoren, die zur Lichtquelle gehen, wirklich wie Tiere. Ich meine also einfache Roboter, viel einfacher als wir. Als dies zu soliden Ergebnissen führte, unternahm ich die nächsten Schritte und wandte mich wieder der Sprache und der Konzeptualisierung zu.

Der Ursprung der Sprache

Brinzanik: Sie beschäftigen sich heute mit dem Ursprung von Sprache und untersuchen diese Frage, indem Sie Ihre Roboter wittgensteinsche Sprachspiele spielen lassen. Wie funktionieren diese Experimente?

---

[1] Valentino Braitenberg ist ein Neurowissenschaftler und Kybernetiker. Die von ihm konzipierten Fahrzeuge zeigen trotz einfacher Mechanismen komplexes Verhalten. Auf Braitenberg und seine Vehikel wird im Gespräch mit dem Hirnforscher Ad Aertsen eingegangen (vgl. dazu S. 138 f.).

Wir versetzen die Roboter in eine experimentelle Umgebung mit farbigen Objekten und anderen Robotern. Wir implementieren Computerprogramme in die Roboter, damit sie ein Sprachspiel spielen können, und geben ihnen elementare kognitive Funktionen wie Kategorisierung, Perspektivenumkehr, Mengenoperationen, grammatische Verarbeitungskomponenten und so weiter. Der Kern ist dann, genau die passenden Lern-, Erfindungs- und Angleichungs-Mechanismen hinzuzufügen, so dass durch Selbstorganisation ein symbolisches Kommunikationssystem emergiert. Die Idee, die dahintersteckt, ist, wie gesagt, dass Intelligenz mit Verkörperung und Interaktion zu tun hat und dass man Intelligenz nicht einfach programmieren kann, sondern dass sie irgendwie wachsen muss. Ein Sprachspiel setzt eine gewisse Interaktion in der Welt voraus, und es geht eigentlich darum, in der Welt Ergebnisse zu erzielen.

Hülswitt: Können Sie uns ein Beispiel geben?

Gut – ich möchte, dass Sie mir Aufmerksamkeit schenken oder dass Sie mir ein Glas Wasser geben. In dieser kooperativen Interaktion kann Sprache verwendet werden, muss aber nicht. Ich könnte auch darauf zeigen. Wittgenstein brachte das Beispiel eines Sprachspiels zwischen einem Bauarbeiter und seinem Gehilfen. Um den Stein zu bekommen, den er will, kann der Bauarbeiter auf ihn deuten, oder er kann »Stein« sagen. Die erste Hypothese ist also: Sprache erwächst aus der Interaktion. Die zweite Hypothese oder vielmehr Beobachtung ist, dass Sprache eine Konzeptualisierung der Welt voraussetzt, eine gewisse Art und Weise, sie zu unterteilen und Dinge in der Welt zu kategorisieren. Das geht mit der Emergenz der Sprache einher. Es reicht nicht, zu untersuchen, wie man Dinge benennen kann, zum Beispiel mit Farbwörtern. Wir müssen auch den Ursprung der Farben selbst erklären können. Das Gleiche gilt für räumliche Relationen wie »links von« oder »rechts von«. Das Problem ist nicht nur der Ursprung dieser Wörter, sondern wo die Konzepte »links« und »rechts« herkommen, und das hat mit dem Körper zu tun. So ist beispielsweise der räumliche Bezug »zurück« im Deutschen und im Englischen tatsächlich vom Rücken abgeleitet.

Hülswitt: Wieso ist der Ursprung der Sprache denn so wichtig?

Sprache ist einer der Schlüssel zur menschlichen Intelligenz, da sie Sprecher und Hörer dazu zwingt, die Welt zu konzeptualisieren. Wir müssen sie konzeptualisieren, weil wir nicht miteinander kommunizieren könnten, wenn wir bloß unsere direkte Wahrnehmung verwenden würden. Man braucht Kategorisierung, man muss die Welt unterteilen, allerdings anders, als ein Physiker messen und unterteilen würde, denn das würde in der Kommunikation nicht funktionieren, da es zu präzise ist.

Brinzanik: Gibt es eine weitere Hypothese über die Emergenz von Sprache?

Ja. Die dritte Hypothese ist, dass es zwei Verarbeitungsebenen in den Agenten gibt. Auf der einen Ebene haben wir die Routinelösung für das Problem: Ich sage: »Wo ist das Fenster?«, und Sie sagen: »Das Fenster ist dort.« Hier passiert nichts Aufregendes. Interessanter wird es, wenn etwas nicht klappt, wenn ich das Wort nicht kenne oder wenn Sie das Wort »Fenster« auf eine Art und Weise verwenden, in der ich es normalerweise nicht verwenden würde, vielleicht als Metapher oder Analogie für etwas anderes, zum Beispiel »Sprache ist das Fenster zur Seele«, oder wenn ich eine grammatikalische Konstruktion verwende, die Sie normalerweise nicht benutzen. In solchen Fällen können wir einander immer noch verstehen. Menschliche Sprache ist also etwas anderes als eine Programmiersprache, denn wenn man beim Programmieren einen grammatikalischen Fehler macht, dann scheitert das Programm. Aber im Gebrauch der normalen Sprache verfügen wir über die Fähigkeit, Dinge auf einer Metaebene zu verarbeiten, und wenn es ein Problem gibt, dann können wir es reparieren. Beispielsweise, indem der Sinn eines Wortes erweitert wird oder indem wir sagen: »Aha, so sagst du das« oder »Das ist es also, was du meinst«. Aus der psycholinguistischen Forschung wissen wir, dass Menschen sich in einer Unterhaltung einander anpassen. Wir fangen an, ähnliche Kategorien zu benutzen, einen ähnlichen Ton zu verwenden, ähnliche Wortbedeutungen, und wir nehmen sogar die gleiche Körperhaltung ein. Es ist also ein ständiger Anpassungsprozess, und darum kann Sprache funktionieren. Ein Sprachspiel ist für mich wie die Zelle in der Biologie, die kleinste lebende Einheit, in der alles passiert, sowohl diese Metaebene von Diagnose und Reparatur als auch die Anpassung, um in zukünftigen Sprachspielen erfolgreicher zu sein.

Hülswitt: Ist das experimentelle Philosophie?

Meiner Meinung nach ist es das, was Philosophen tun sollten. Dieses Forschungsprogramm wendet sich traditionellen philosophischen Fragen auf eine neue wissenschaftliche Weise zu, in etwa so, wie Naturphilosophie zur Physik wurde oder philosophische Diskussionen über Leben sich zur Biologie gewandelt haben.

Brinzanik: Da Sprache sich an der Schnittstelle zwischen kultureller und biologischer Evolution befindet, könnten Ihre Experimente mit Robotern helfen, die weite Kluft zwischen Natur- und Geisteswissenschaften zu überbrücken.

Ich muss sagen, dass Evolutionsbiologen dafür mehr Begeisterung entwickeln als so mancher Geisteswissenschaftler, weil sie vertrauter sind mit Mechanismen wie Selektion, Selbstorganisation, Informationsverarbeitung und so weiter.

Hülswitt: Was ist notwendig, damit Grammatik entstehen kann?

Wir führen bereits viele Experimente durch, in denen Teile von Grammatik entstehen. Die kognitive Ausrüstung der Roboter muss komplexer sein als für ein Lexikon, aber die Grundprinzipien sind die gleichen: Grammatik entsteht, indem zunehmend Konstruktionen erfunden werden, damit der Kommunikationserfolg größer wird, so dass Dinge klarer ausgedrückt werden können oder eine geringere kognitive Leistung benötigt wird.

## Maschinen-Bewusstsein

Brinzanik: Können Sie erklären, was in der Robotik ein Selbst-Modell ist und wie es einen Roboter dazu bringt, intelligent zu handeln?
Ein Modell ist eine Beschreibungsweise, ein Rahmen, den man der Welt aufsetzt. Wenn man das kann, dann kann man dasselbe auch mit dem eigenen Körper machen oder mit dem Körper eines anderen. Das Vermögen, Modelle zu erstellen, ist essenziell, wenn ein Roboter intelligenter werden soll. Und was ist ein Selbst-Modell? Manche Philosophen machen etwas ganz Besonderes daraus, aber meiner Meinung nach unterscheidet es sich nur wenig von einem Modell, das man von seiner unmittelbaren Umgebung anfertigt. Es sind die gleichen Mechanismen. Man braucht natürlich Zugang zu Körpersensoren, um Informationen zu sammeln. Und man braucht einen Grund dafür, ein Selbst-Modell zu haben: Es ermöglicht seinem Träger beispielsweise, seine Aktionen in der Welt besser zu planen oder vorauszusagen, ob er eine bestimmte Bewegung ausführen kann, und verschafft ihm somit einen Vorteil.

Brinzanik: Dieser Tage wurde eine neue wissenschaftliche KI-Zeitschrift mit dem Titel *International Journal of Machine Consciousness* gegründet. Das klingt nach einem sehr ehrgeizigen Unterfangen. Könnten Maschinen eines Tages ein Bewusstsein besitzen, oder ist dies bloß eine Verwechslung von Begriffen?

Ich weiß nicht, was ich davon halten soll. Ich kenne einige dieser Leute und habe Diskussionen mit ihnen geführt. Es ist mir aber immer noch nicht klar, was sie mit Bewusstsein meinen. Manchmal sagen sie, dass es um die Komplexität des Modells geht, das von dem Agenten verwendet wird, um sein Verhalten zu steuern. Wie sieht es dann aber mit dem Airbus, dem Flugzeug aus? Ein Airbus hat ein sehr detailliertes Modell von sich selbst. Er ist ein Roboter. Er kann auf Autopilot fliegen, hat eine Menge Sensoren, eine Landkarte und »weiß«, wo er hinwill. Er stellt eine enorme Menge von Berechnungen und von Informationsverarbeitung an. Ich frage sie also: Hat ein Airbus Bewusstsein? Ist das Maschinen-Bewusstsein? Zu meiner Verwunderung antworten sie: Ja! Meiner persönlichen Intuition nach ist ein Flugzeug jedoch nicht bei Bewusstsein.

Hülswitt: Es besitzt auch nicht die Fähigkeit, sein eigenes Selbst-Modell zu beobachten, oder? Das wäre ein weiterer Schritt. Und dann Schlüsse daraus zu ziehen wie »Es geht mir gut« oder »Es geht mir nicht gut«.

Es kann definitiv »Es geht mir gut« oder »Es geht mir nicht gut« sagen. Der Airbus sendet Notsignale, wenn es ihm nicht gutgeht. Sie meinen vielleicht, dass das Flugzeug nicht die Fähigkeit zur Reflexion besitzt. Man kann aber heutzutage sogar künstliche Systeme herstellen, die die Fähigkeit zur Reflexion ihrer Berechnungen haben. Und unsere Roboter verwenden durchaus Reflexion, wenn sie Sprachspiele spielen, da sie die Verarbeitungsprozesse auf zwei Ebenen ausführen: auf der Routineebene und auf der Metaebene. Sie besitzen die Fähigkeit, ihre eigenen Sprachmodelle zu inspizieren, zu simulieren, welchen Effekt sie haben könnten, und sind in der Lage, zukünftige Probleme mit ihrem derzeitigen Wissensstand zu antizipieren.

Hülswitt: Würden Sie sagen, dass sie bei Bewusstsein sind?

Das sage ich nicht. Aber das ist, was die Roboter tun. Und nicht nur das. Wenn Dinge schieflaufen, können die Roboter, um die Situation wieder ins Lot zu bringen, ihre interne Programmierung ändern, die bestimmt, wie sie Dinge tun, und das wird sich auf ihr Verhalten in der Zukunft auswirken. Es ist also eine Art Selbstbeobachtung und Selbstreparatur. Das alles haben wir, aber heißt das, dass die Roboter bei Bewusstsein sind? Ich weiß nicht. Ich würde das so nicht sagen. Für mich hat die Bezeichnung »Bewusstsein« und insbesondere »Selbst-Bewusstsein« viel mit der Interaktion mit anderen und der Welt zu tun. Es ist ein Denkbild, das wir in unserer Sprache gebrauchen, in unseren Texten, in unseren Geschichten. Wir könnten das Wort »Bewusstsein« mit einem Wort wie »Sicherheit von Autos« vergleichen. Ein Auto kann sicherer sein als ein anderes, das hängt von einer Reihe von Faktoren ab: von der Verlässlichkeit bestimmter Komponenten, der Präzision der Steuerung, den Sichtverhältnissen, wie schnell die Bremsen reagieren, aber auch von den Fähigkeiten des Fahrers, wie abgelenkt er ist, und auch von den Straßenverhältnissen und dem Verhalten der anderen Verkehrsteilnehmer.

Hülswitt: Ich frage mich, ob menschliches Bewusstsein oder vielleicht sogar Intelligenz, da Intelligenz die Überlebenschancen verbessert, auf eine grundlegende Weise mit dem Tod in Verbindung steht. Menschliches Bewusstsein hat dieses Element von »Wir wissen, dass wir eines Tages sterben müssen«. Und Intelligenz wird angespornt von dem Wunsch, den Tod zu vermeiden oder von der Notwendigkeit, mit seiner Unvermeidlichkeit umzugehen. Wie kann also menschenähnliche Künstliche Intelligenz und wie kann Bewusstsein entstehen ohne ein Wissen um die eigene Sterblichkeit? Man müsste dem Roboter dieses Wissen implementieren, oder nicht?

Ich glaube, das hängt davon ab, welche Fragen man untersuchen will. Es gibt viele Dinge, die wir in unserem Leben tun, während deren wir nicht übers Sterben nachdenken, oder? Wenn ich ein Glas Wasser auf dem Tisch haben will, sage ich zu Ihnen »Ein Wasser, bitte«, und Sie geben es mir – das ist ein Sprachspiel. Die Frage von Leben um Tod spielt dabei keine Rolle. Vielleicht schwebt sie im Hintergrund, aber ich denke nicht, dass sie die einzige ist. Ich weiß nicht, ob dies ein so bestimmender Faktor bei der Emergenz von Sprache ist.

## Autonomie

Hülswitt: Menschen scheinen von ihren Genen programmiert zu sein und von sozialen und kulturellen Konzepten. Ist der Versuch, unsere Biologie umzubauen, ein Schritt hin zu mehr Autonomie? Der Mensch scheint ja nicht sonderlich autonom zu sein, wenn er durch so viele Faktoren programmiert ist.
Nein, ich halte Menschen für autonom. Schauen Sie sich Sprache an. Wir verwenden eine bestimmte Sprache, wir könnten aber eine andere verwenden.
Hülswitt: Es gibt aber Grenzen, die unser Programm festlegt.
Ja natürlich, es gibt klare Grenzen, aber innerhalb dieser Grenzen gibt es enorme Variation. Es gibt zahllose Gelegenheiten, Dinge anders zu machen! Es ist typisch für den Menschen, dass er seine Gewohnheiten und sein Verhalten ändern kann. Es mag viele Fehler geben, und wir müssen uns mit einem bestimmten Körper begnügen und so weiter, aber selbst mit diesen Begrenzungen haben wir die ganzen Messinstrumente gebaut, um Dinge zu sehen, die *wir* nicht sehen können, oder Dinge zu hören, die *wir* nicht hören können. Wir benutzen Computer, um unser Erinnerungsvermögen zu steigern und so weiter. Sollten

wir ein Körperteil verlieren, so können wir es durch ein künstliches ersetzen.

Hülswitt: Wir ändern also unsere Hardware, erweitern und ergänzen unseren Körper und unsere Sinne, und Biogerontologie und Gentechnik könnten eines Tages dazu führen, dass wir auch unser biologisches Programm umschreiben.

Ja, wir versuchen, unsere biologischen Grenzen auszudehnen.

Hülswitt: Ist das nicht etwas, was Sie auch über autonome Agenten gesagt haben, dass diese imstande sein sollten, sich zu ändern und ihr Programm umzuschreiben?

Ja, autonome Agenten – ich meine, das ist ja die Definition des Wortes »autonom« – autonome Agenten wie die Roboter, mit denen ich arbeite, müssen die Fähigkeit besitzen, sich selbst und die Basis ihres Verhaltens zu ändern. Sobald man anfängt, Lernprozesse einzuführen, sieht man schon etwas davon. Natürlich gibt es Abstufungen von Autonomie, und diese sind immer an die jeweilige Verkörperung gebunden, an den kulturellen Kontext, in dem man sich bewegt. Hier in Deutschland könnten Sie versuchen, sich auf Chinesisch zu unterhalten, aber es ist besser, Deutsch zu sprechen, wenn Sie verstanden werden wollen. Den kulturellen Kontext kann man nicht verändern, selbst wenn man das wollte. Genauso wenig kann man plötzlich einen dritten Arm haben. Ich glaube, das Interessante an Menschen ist, dass sie nicht nur versuchen, sich selbst und die Art und Weise, wie sie Dinge machen, zu ändern, sondern sie versuchen auch, den Grad ihrer Freiheit zu verändern oder zu steigern. Und genau das ist ein treibender Faktor hinter der Robotik, nämlich dabei zu helfen, die naturgegebenen Grenzen unseres Körpers zu überwinden.

## Humanoide Roboter

Brinzanik: Eine sogenannte starke, also menschenähnliche KI zu schaffen, ist immer noch ein ungelöstes Problem. Manche Leute glauben aber, dass aufgrund von Moores Gesetz – nach dem die Leistungsfähigkeit von Computern exponentiell wächst – Maschinen eines Tages intelligenter sein werden als der Mensch, und erwarten, dass dieser Zeitpunkt etwa in der Mitte dieses Jahrhunderts erreicht sein wird. Was halten Sie davon?

(Lacht.) Ich finde diesen totalen Optimismus von Leuten wie Hans Moravec oder Ray Kurzweil total fehl am Platz, besonders wenn man sich anschaut, was Roboter heutzutage leisten können, nicht Hollywood-Roboter, sondern echte Roboter. Ich meine, es gibt wenige Menschen, die tatsächlich mit Robotern experimentiert haben. Es gibt beispielsweise nur ganz wenige Projekte, in denen versucht wird, echte humanoide Roboter zu bauen. Das sind vielleicht drei oder vier Forschungsgruppen auf der ganzen Welt, das ist alles.

Brinzanik: Zum Beispiel Hondas ASIMO?

Ich halte die Ingenieure, die ASIMO bauen oder nutzen, für sehr tapfer, aber es gibt zwei Arten von Forschung auf dem Gebiet der Robotik. Die eine kommt von der Ingenieursseite, wie ASIMO. Sie wird von Mechanikern und Elektrikern betrieben, und sie haben tatsächlich einige Fortschritte erzielt. Sie sind aber auch auf enorme Schwierigkeiten gestoßen, zum Beispiel bei den Batterien. Wenn man einen Roboter von der Größe eines Menschen baut, was glauben Sie, wie lange der herumlaufen oder auch nur auf einem Stuhl sitzen kann beim heutigen Stand der Batterietechnik? Eine halbe Stunde vielleicht, nicht mehr. Vorführungen von Robotern, wie man sie sich im Fernsehen oder Internet anschaut, sehen tatsächlich sehr beeindruckend aus, man sieht, dass sie laufen und Dinge greifen können. Es ist aber alles überaus kontrolliert und sorgfältig inszeniert. Die Demoausschnitte zeigen nicht, dass eine Minute später zehn Leute auf den Roboter zustürzen, um ihn festzuhalten, damit er nicht umfällt. Es ist sehr problematisch, dass viele Leute diese Hollywood-Vorstellung von Robotern haben, da die Roboter, die man in diesen Filmen sieht, nichts mit echten Robotern zu tun haben. Auf der einen Seite haben wir also die Ingenieure, die sich um Mechanik und Elektronik kümmern, und dann gibt es auf der anderen Seite ein paar Leute, die wirklich über Kognition und die Intelligenz von Robotern nachdenken. Ich weiß gar nicht, wie viele Forscher es weltweit auf diesem Gebiet gibt. Zwanzig? Vielleicht fünfzig? Es ist jedenfalls eine bescheidene Anzahl.

Brinzanik: Was glauben Sie, wo die Zukunft der Künstlichen Intelligenz liegt?

Momentan ist das größte Anwendungsgebiet sicherlich das Internet. So beruhen zum Beispiel Suchmaschinen wie Google zu großen Teilen auf Technologien der KI. Ich glaube nicht, dass Robotik ein großes Anwendungsgebiet für die KI sein wird, zum Teil weil wir große Probleme mit der Batterietechnologie haben, aber auch, weil so wenige Leute derzeit an der Verbindung von KI und Robotik forschen. Ich denke nicht, dass wir in den kommenden Jahrzehnten Roboter die Straßen entlangspazieren sehen werden.

Künstliche Intelligenz und Unsterblichkeit

Hülswitt: Glauben Sie, dass Robotik und KI zu einer drastischen Verlängerung des Lebens beitragen werden?

Wenn ich solche Dinge lese, denke ich immer, dass die Unsterblichkeit nicht das Problem ist, vor dem unsere Gesellschaft heute steht. Das eigentliche Problem, das wir im Moment haben, ist die Nachhaltigkeit unserer Welt! Aufgrund der Überbevölkerung verbrauchen wir die Ressourcen, ohne sie wieder aufzufüllen. Das sind die Probleme, die die Welt beschäftigen. Wenn ich dann Aussagen lese von Menschen, die ewig leben wollen, dann frage ich mich: Auf welchem Planeten leben die eigentlich? Unsere Sorge sollte sein: Welche Technologie brauchen wir, um auf dieser Welt fortbestehen zu können? Wir als Spezies. Wenn wir nämlich so weitermachen, sind wir nicht zukunftsfähig.

Hülswitt: Da stellt sich dann die Frage nach der Intelligenz der menschlichen Intelligenz.

Ja, ganz genau! Ich halte dies für eine große Herausforderung für uns Wissenschaftler, Ingenieure und natürlich Politiker. Was können wir machen, um unsere Welt zu erhalten, damit unsere Spezies weitere hundert Jahre hier leben kann? Und dann gehen diese Leute her und reden davon, ihre Lebensspanne um mehrere hundert Jahre verlängern zu wollen! Eines ist sicher: Wenn wir die heutige Bevölkerung erhalten und auch das Bevölkerungswachstum so weitergeht, dann kriegen wir ernsthafte Probleme. Ich glaube, es gibt eine Menge, was wir machen können, KI eingeschlossen. Zum Beispiel besteht eines der Probleme darin, überhaupt wahrzunehmen, was vor sich geht. Ich meine Faktoren, die die Nachhaltigkeit unserer Welt beeinflussen und die wir nicht sehen, wie der Anstieg von $CO_2$ in der Atmosphäre, Feinstaubbelastung, Nahrungs- und Wasserressourcen, die zur Neige gehen, die schwindende Artenvielfalt. Ich glaube, wenn das deutlicher ans Tageslicht gebracht würde, könnten sich Menschen dieser Probleme bewusster werden, so dass sie anfangen würden, konkret etwas zu unternehmen. Es gibt dazu Projekte in meinem Labor, die ich neben der Arbeit mit Sprache anrege. Darunter sind Projekte über partizipative Sensorik oder die Verwendung von

Hochleistungsrechnernetzwerken zur Klima-Modellierung, wo wir KI anwenden. Ich glaube, dass es möglich ist, anhand von KI das Bewusstsein für die möglichen katastrophalen Konsequenzen des derzeitigen menschlichen Verhaltens zu steigern. Wir müssen den Menschen zeigen, was wirklich vor sich geht.

Hülswitt: Wenn ich Sie richtig verstanden habe, halten Sie Intelligenz eher für ein System, mit dem wir uns verbinden, als für etwas punktuell Verortbares?

Für mich geht es um ein lebendes System, das in ein größeres, lebendes System aus Informationen eingebettet ist. Ich vergleiche das Gehirn gern mit einem großen Wald wie dem Regenwald in Amazonien, mit allem drum und dran, Tieren, Pflanzen, und alles verändert sich ständig, Bäume stürzen um und so weiter. Und dann ist der Regenwald natürlich Teil eines größeren Ökosystems, mit Wetter, Sonne, und auch das alles ist ständigen Veränderungen unterworfen. Es ist möglich, dass wir diese Systeme bis zu einem gewissen Grad verstehen können. Das heißt aber nicht, dass wir sie komplett nachbauen oder simulieren können. Das sind zwei verschiedene Dinge. In der KI-Forschung bauen wir Dinge nach und erwecken möglicherweise den Eindruck, dass diese den Grad menschlicher Intelligenz erreichen, tatsächlich aber machen wir Experimente, um uns Einsichten über die Intelligenz zu verschaffen. Aber auch wenn wir diese Einsichten haben, bin ich immer noch nicht sicher, ob wir auch menschliche Intelligenz wirklich nachbauen können, denn das wäre, als würde man sich vornehmen, den Regenwald nachzubauen.

## Macht, Ethik, Gesellschaft

Hülswitt: Wird die Welt besser werden, das heißt mitfühlender und demokratischer, wenn Gehirne mithilfe von KI verbunden werden?

Ich führe eine heftige Diskussion mit einigen Kollegen, die kein Problem damit haben, Robotik zur Kriegsführung zu benutzen. Ich persönlich habe ein großes Problem damit und verstehe nicht, warum wir unsere Ressourcen darauf verwenden sollten. Wir sollten das Geld genau für das Gegenteil ausgeben und darüber nachdenken, wie man die Welt mithilfe dieser Technologien verbessern könnte. Das klingt jetzt ein wenig langweilig, aber man könnte sie im Konfliktmanagement oder für ein besseres Verständnis dafür einsetzen, warum Menschen überhaupt in Konflikte geraten, warum es oft nicht gelingt, diese Konflikte beizulegen. Man sollte über besseres Umweltmanagement nachdenken. Diese Dinge sind kompliziert, und wir können sie oft nicht ganz durchschauen. Wir bauen etwas, weil wir denken, dass es gut für die Umwelt ist, wir können aber die Konsequenzen nicht abschätzen, und am Ende hat es sogar noch katastrophalere Folgen. Wenn wir also unsere Technik und Wissenschaft darauf ausrichten, könnten wir die Welt verbessern. Wenn wir die Technologie aber an dieser Art Wachstumswirtschaft orientieren und nicht versuchen, Konflikte mit Intelligenz, sondern mit Gewalt, unterstützt durch Künstliche Intelligenz, zu lösen, dann halte ich das für dumm. Wir sollten sie zur Vermeidung der Konflikte verwenden.

Brinzanik: Sehen Sie eine Gefahr der Entwertung menschlichen Lebens und menschlicher Intelligenz durch KI?

Nein, überhaupt nicht! Jedenfalls meiner Erfahrung nach nicht. Man kann Dinge auf zweierlei Art wertschätzen. Man kann etwas wertschätzen, weil es mysteriös ist. Das ist auch in Ordnung.

Man kann etwas aber auch schätzen, weil man es versteht. Oder man versteht einen kleinen Teil davon und sagt: »Wow! Das ist ja noch toller, als ich dachte!« Das ist beim Kosmos so und auch beim Leben. Leben basiert auf chemischen Prozessen, manche Leute finden es aber abwertend, das so wissenschaftlich auszudrücken. Es stimmt, Leben ist nicht Chemie, aber je besser man die enorme Komplexität in einem einfachen biochemischen Pfad in einer Zelle oder die Komplexität der DNA versteht und die ganze Genetik, desto mehr kann dafür auch Bewunderung aufkommen! Das Gleiche gilt für Intelligenz. Oder zum Beispiel: Ich finde es absolut verblüffend, dass wir einfach so aufstehen können – gerade weil ich weiß, wie schwierig es ist, das mit Robotern nachzuahmen!

## Storytelling

Hülswitt: Vor ein paar Jahren fing ich an, mich für die Strukturen des Geschichtenerzählens zu interessieren. Heute glaube ich, dass es eher die grundlegenden, größtenteils teleofunktionalen Strukturen der Geschichten sind als ihr Inhalt, die uns ein bestimmtes Bild unserer selbst und der Welt vermitteln. Da wir Geschichten sind, die Geschichten erzählen, wie Fernando Pessoa es ausdrückte, ist es sehr wahrscheinlich, dass wir unsere Selbst-Modelle gemäß der Strukturen der Erzählungen konstruieren, die wir erzählen und erzählt bekommen. In letzter Zeit habe ich mich umgeschaut und konnte – vielleicht habe ich etwas übersehen? – weder in der Hirnforschung noch in der KI Untersuchungen dazu finden. Würde sich dieses Gebiet nicht lohnen?

Ich stimme Ihnen voll und ganz zu. Ich habe danach gesucht, ich habe Doktoranden daran gesetzt, und ich glaube in der Tat, dass

Narration – ich meine Erzählung, Dialoge, all diese Dinge – viel ernster genommen werden sollten als eine Möglichkeit, über die Entstehung von Selbst-Modellen nachzudenken. Ich halte dies für einen sehr vielversprechenden Weg in der Zukunft. Wir machen das noch nicht, weil sich unsere Roboter noch im Stadium »Rot!«, also des Benennens von Farben befinden.

Hülswitt: Könnten Sie, basierend auf ihrer Forschung über Sprachentstehung, über die Entstehung des Geschichtenerzählens spekulieren?

Das müsste man einfach versuchen – ich werde mal ein paar Roboter um ein Feuer setzen! (Alle lachen.)


## 400 Jahre

Brinzanik: Letzte Frage: Wenn Sie die Möglichkeit hätten, mithilfe von Technologie 400 Jahre alt zu werden, Sie müssten allerdings einige Teile ihrer Hardware dafür austauschen, würden Sie es tun?

Das ist eine schwierige Frage, da ich nicht besessen bin von dem Gedanken, länger zu leben, als meine Biologie es zulässt. Schon jetzt reizen wir die Biologie bis zu einem Punkt aus, an dem viele Menschen in den letzten Jahren ihres Lebens enorm leiden. Ich würde mir eher wünschen, möglichst ohne Schmerzen zu sterben, auch wenn das schon bald wäre, anstatt länger zu leben und zu riskieren, dass ich meine Lebensqualität und Menschenwürde drangebe, nur um mein Leben über das natürliche Maß hinaus zu verlängern.

*Aus dem Englischen von Elsa Pavel und Roman Brinzanik*

# »Wenn beide versuchen, sich anzupassen« – Von Mensch-Maschine-Schnittstellen, Cyborgs und dem Nachbau des Gehirns

Im Gespräch mit dem Hirnforscher Ad Aertsen
(Freiburg, 19. August 2009)

## Computational Neuroscience

Tobias Hülswitt: Was fasziniert Sie an dem Feld, in dem Sie arbeiten, persönlich am meisten?

Ad Aertsen: Das Gehirn ist das komplexeste Organ, das es überhaupt gibt. Und das möchte ich verstehen. Wie kann es sein, dass sich so etwas entwickelt hat? Und insbesondere: Wie funktioniert es? Wäre ich in der Lage, es mit unseren minimalistischen Ansätzen nachzubauen? Das ist sozusagen die letzte große Entdeckungsreise, die wir als Menschen noch machen können. Ich denke zwar nicht, dass es in meiner Zeit dazu kommen wird, dass wir es komplett begreifen können, aber ich würde gerne sehen, wie weit wir es voranbringen.

Hülswitt: Aber es heißt ja, die Entwicklung der Technologie, die man vermutlich dafür braucht, also die der Computertechnologie, verlaufe exponentiell. Vielleicht erleben Sie es doch noch?

Tatsächlich sieht man die Technik heute nicht als das große Hindernis an. Wir können schon jetzt Netzwerke von mehreren 100 000 Nervenzellen simulieren. In einem Kubikmillimeter Gehirn befinden sich etwa 100 000. Das können wir jetzt fast in Echtzeit machen. Eine Maus hat insgesamt gar nicht mal so viel mehr Nervenzellen, vielleicht zehnmal, hundertmal mehr, das heißt, wir sind fast dran. Die Grenze, an die wir jetzt allerdings stoßen, ist eine ganz andere: Wir verstehen zu wenig. Das heißt, um die Simulation wirklich so hinzubekommen, dass man mit Recht behaupten könnte, das ist eine Maus, dafür gibt es zu viele Unbekannte, was die Anatomie, die Physiologie angeht. Da ist unser Wissen in all den Jahren viel zu wenig vorangekommen.

Hülswitt: Das Wissen über die Interaktion der Zellen?

Genau. Was für Verbindungen werden hergestellt, sind sie eher spezifisch oder zufällig? Wie entwickelt sich das? Wie ist Lernen implementiert in so einer Maschine? Wir verstehen noch zu wenig davon, um es gut nachbauen zu können.

Roman Brinzanik: Sie sind Physiker und waren wissenschaftlicher Mitarbeiter des Kybernetikers Valentino Braitenberg. Was hat Kybernetik mit Hirnforschung zu tun?

Kybernetik ist ein Terminus, der auf den Mathematiker Norbert Wiener zurückgeht, der sehr stark beigetragen hat zur Entwicklung der Systemtheorie. Da ging es zunächst um technische Probleme. Wie kann ich Maschinen bauen, denen man ein Ziel vorgibt und die dann sozusagen mehr oder weniger autonom dorthin kommen? Aber dann kam die Idee auf, dass man biologische Organismen, Tiere, Menschen, auf die gleiche Art und Weise als Systeme betrachten könnte, die letztlich so etwas wie autonome Thermostate sind, die sich selbst regulieren. Und Braitenberg hat ein Buch verfasst mit dem Titel *Vehikel*, der Untertitel der englischen Ausgabe, *Vehicles*, lautet: *Experiments in Synthetic Psychology*. In dem Buch beschreibt er, was man im Gehirn an Zellen und Drähten alles vorfindet und was das leistet. Dann fragt er: Was kann ich nachbauen? Und als Nächstes: Wenn man einmal bewusst vergisst, was man als Techniker eingebaut hat, und nun als Beobachter von außen betrachtet, was dieses System alles kann, was wird man dann in das System hineininterpretieren? Und das ist Synthetische Psychologie. In jedem Kapitel fügt er dem System neue Elemente hinzu, zum Beispiel Speicher, und sieht dann von außen, dass das Ding auf einmal mehr kann als zuvor. Und so kommt dann der Psychologe aufgrund seiner Verhaltensversuche dazu, dieser Maschine immer mehr Intelligenz anzudichten, bis er letztlich sagen muss, sie verfüge über freien Willen. Aber andererseits weiß er, diese »höheren« Sachen wie der freie Wille sind nie eingebaut worden, die Maschine ist nur immer komplexer geworden. Und von außen gesehen leistet sie dann Dinge, aufgrund deren man sagen muss, ja, jetzt ist sie wirklich intelligent. Braitenbergs Büchlein illustriert auf wunderschöne Weise, was eine auf Konzepte hin orientierte Hirntheorie leisten sollte: komplexes Verhalten »entzaubern« und auf minimale Erklärungsprinzipien zurückführen – alles weitere ist Barock.

Brinzanik: Der Computational Neuroscientist Henry Markram vom Blue Brain Project in Lausanne schreibt 2006 in der Fachzeitschrift *Nature Reviews Neuroscience*: »Alan Turings Ziel war es, das Gehirn nachzubauen, und er erfand den Computer. Aber womöglich stellte uns Turing damit das Mittel zur Verfügung, mit dem sich das Gehirn nachbauen lässt.« Ist das eine gute Beschreibung Ihres Forschungsgebietes?

Der Begriff »Computational Neuroscience« enthält zwei Definitionen in einem. Die eine: Wir möchten verstehen, welche Rechenoperationen im Gehirn ablaufen. Wie funktioniert das Gehirn im Sinne von Informationsweiterleitung, von Informationsverarbeitung? Wie wird die Information, die über die Sensoren, über die Augen, die Ohren und so weiter, reingeht, intern verarbeitet, wie wird das konfrontiert mit Plänen, die diese Maschine entwickelt, und wie führt das dann letztlich zu vernünftigem Verhalten? Die andere Definition ist: Wir setzen Computer ein, um das Gehirn nachzubauen, aber auch um die Messdaten, die in immer größeren Fluten auf uns zukommen, in endlicher Zeit zu analysieren. Computational Neuroscience bedeutet nicht, dass man den Computer als Gehirn betrachtet, denn er ist eigentlich eine schlechte Metapher für das Gehirn. Wenn man sich anschaut, wie die momentanen Computer aufgebaut sind, dann sind sie meilenweit entfernt von den Prinzipien des Gehirns.

Brinzanik: Wo liegen die größten Unterschiede?

Wie ich schon sagte, in einem Kubikmillimeter Gehirn gibt es etwa 100 000 Zellen, und diese Zellen haben Drähte. Es gibt zwei Sorten von Drähten. Die einen heißen Dendriten, das sind die Drähte, die die Informationen zu den Zellen hinführen, und es gibt die Axone, die Drähte, die wieder von der Zelle wegführen und Informationen an andere Zellen weiterleiten. Und wo zwei solcher Drähte sich treffen, entsteht ein Kontaktpunkt, den man Synapse nennt, und an dieser Lötstelle, könnte man sagen, wird Information von der einen Zelle an die andere übergeben. Es gibt nun in diesem Kubikmillimeter Gehirn neben den 100 000 Zellen 400 Meter Dendriten, 4 Kilometer Axone und 10 000 Synapsen pro Zelle! Das heißt, jede Nervenzelle in der Maus erhält Eingänge von 10 000 Zellen und gibt selbst Informationen an 10 000, nicht unbedingt dieselben. Bei uns Menschen sind es gewöhnlich etwa 20 000 Verbindungen pro Zelle. Dies sind alles Zahlen, die wir dem vorhin genannten Neuroanatomen und Kybernetiker Valentino Braitenberg und seiner Kollegin Almut Schütz verdanken. Wenn man nun eine ähnliche Anatomie von Computern betreiben würde, käme man auf Verbindungszahlen zwischen einer und fünf pro Elementarkomponente, also pro »künstlicher Zelle«. So kann man sehen, wie groß der Unterschied zwischen Computern und dem Gehirn ist. Auch die Topologie des neuronalen Netzwerkes, also die Art der Verdrahtung, ist im Hirn völlig anders als im Computer. Ich kann im Gehirn in etwa drei bis vier Schritten von jeder Zelle zu jeder beliebigen anderen Zelle kommen – das ist ein sogenanntes »Kleine-Welt-Netzwerk«. Dies wird ermöglicht durch *hubs*, Drehkreuze, wie bei Fluglinien. Die KLM hat sehr dichte Vernetzungen in Amsterdam, die Lufthansa in Frankfurt, und es gibt direkte und indirekte Verbindungen. Und das, was möglich ist in einem Netz, wird sehr stark von seiner Topologie bestimmt. Es ist also sehr wichtig zu wissen, was uns die Anatomie über das Gehirn sagt. Wie sind die einen Hirnteile aufgebaut im Vergleich zu anderen? Oftmals ist die Art der Verdrahtung anders, und das muss etwas bedeuten für die Funktion, die darin untergebracht ist.

Brinzanik: Um eine Computersimulation des Gehirns durchzuführen, braucht man mathematische Modelle der physikalisch-chemischen Vorgänge. Und dazu muss man vereinfachen, denn selbst mit den besten Computern der Welt kann man derzeit noch nicht einmal die Faltung eines einzelnen Proteins auf der atomaren Ebene berechnen, geschweige denn die gesamten Vorgänge in auch nur einer einzigen Zelle.

Stimmt, und da gibt es tatsächlich Unterschiede in den strategischen Ansätzen. Markram zum Beispiel, den Sie vorhin erwähnten, würde gerne ein sogenanntes Replika-Modell bauen, also die Zelle und alle ihre Verbindungen so detailliert wie nur möglich nachbauen, um dann letztlich eine Kolumne aus dem Cortex nachbauen zu können. Unser Ansatz ist sehr viel vereinfachender. Jede einzelne Zelle mit ihren Verbindungen wird auf zwei bis vier mathematische Gleichungen reduziert. Das heißt, wenn ich ein Netzwerk aus 100 000 Neuronen baue, dann muss ich hunderttausend mal zwei, drei oder vier solcher Gleichungen auf dem Computer implementieren, und die werden dann durchgerechnet. Und die Frage ist immer, welche Vereinfachungen lasse ich noch zu und welche lasse ich nicht mehr zu? Unser Ansatz ist: So einfach wie möglich, so komplex wie nötig – anstatt umgekehrt. Wenn ich dann eine zusätzliche Komplexität brauche, baue ich sie später ein, denn wenn ich zu komplex anfange, weiß ich später nicht, was ich wirklich benötige und was nicht. Das heißt, unser Ansatz ist, weil wir aus der Physik kommen, minimalistischer als der von manch anderen.

Brinzanik: Was ist denn das Fernziel der Computational Neuroscience?

Es gibt mehrere Ziele, die parallel angestrebt werden. Das Endziel ist noch ganz weit weg, aber in Japan wird schon in diese Richtung gedacht, nämlich einfach das ganze Gehirn nachzubauen. Ob das dann eine Software- oder eine Hardware-Realisation ist, zum Beispiel durch Nanotechnologie, das ist letztlich egal. Es geht um die Prinzipien, die man einbaut. Dabei möchte man zum Beispiel herausfinden, ob man einen nachgebauten Kubikmillimeter Gehirn als künstliche Physiologie nutzen kann. Kann man da eine Elektrode hineinstecken, und könnte uns das helfen zu verstehen, was passiert, wenn ich eine echte Elektrode in ein echtes Gehirn einführe? Da sind wir, denke ich, schon weitergekommen. Eine andere Frage, die uns beschäftigt, ist: Wie lernt das Gehirn? Auf der Ebene einzelner Synapsen ist das sehr gut verstanden. Die Funktion einer Synapse ist es, das Signal, das da über das Axon zugeführt wird, an das nachgeschaltete Neuron weiterzugeben. Wenn man sagt, eine Synapse ist plastisch, dann heißt das, dass eine Synapse, die häufiger erfolgreich benutzt wurde bei der Weiterleitung von Information, stärker wird, so dass die Weiterleitung beim nächsten Mal noch besser funktioniert. Und es gibt andere Synapsen, die weniger erfolgreich benutzt wurden und schwächer werden. Beides ändert dann die Verdrahtung. Aber nun geht man einen Schritt weiter und schaut sich das ganze neuronale Netzwerk an, wo jede Zelle 10 000 solcher Synapsen hat. Wenn die Synapsen diese Art von Plastizität besitzen, wie lernt dann das Netz? Nicht die einzelne Zelle, sondern das gesamte Netz. Das müssen wir wissen, um zu verstehen, wie das Gehirn schlauer wird und wie es funktioniert, dass man durch die Veränderung Abertausender Synapsen sehen lernt oder durch Üben eine Bewegung besser ausführt und ich nachher Fahrrad fahren kann, was ich vorher nicht konnte.

## Intelligenz und ewiges Leben im Silizium

Brinzanik: Angenommen, man hätte eines Tages komplette physikalische Modelle der Vorgänge im Gehirn bis runter zur Ebene der Elementarteilchen und die Nanotechnologie würde uns hochparallele, atomare Supercomputer mit ausreichender Rechenleistung zur Verfügung stellen, um das menschliche Gehirn in all diesen Details zu simulieren: Was würde man dann über die menschliche Intelligenz lernen?

Man würde garantiert viele interessante Sachen entdecken, aber ich befürchte, am Ende hätte man das Problem nur verdoppelt: Man hätte das biologische Gehirn immer noch nicht verstanden, und müsste nun auch noch das nachgebaute verstehen. Deswegen ist für mich Hirntheorie etwas anderes als nur das Organ in allen Einzelheiten nachzubauen. Wirkliches Verstehen hieße, dass man eine Theorie entwickelt und dann das nachbaut, was man in dieser Theorie als notwendige Prinzipien erkannt und worauf man das Ganze reduziert hat. Und wenn sich das Gebaute so benimmt wie der Gegenstand der Untersuchung, dann hat man ihn tatsächlich verstanden. Wenn es dies nicht tut, hat man wohl die falsche Theorie. Außerdem müssen wir, wenn wir das Gehirn verstehen wollen, tatsächlich auch verstehen, wie Verhalten zustande kommt, also der Versuch, mit der Außenwelt in Verbindung zu treten, denn das ist nun mal eine der Funktionen des

Gehirns. Das Gehirn ist nicht dazu da, um in sich selbst hinein zu blicken und da eine Welt zu entwerfen, die mit der echten Welt nichts zu tun hat. Sondern das Gehirn ist essenziell dazu da, dass wir auf sinnvolle Art und Weise mit der Welt um uns herum in Interaktion treten können.

Brinzanik: Wird es Ihrer Meinung nach eines Tages möglich sein, menschliche Intelligenz und Bewusstsein nachzubauen?

Da ich selbst solche Ziele nicht habe und eher pragmatisch und von unten aufbauend denke, wüsste ich jetzt nicht, ob ich das für realistisch halte oder nicht. Die Frage ist auch: Was meint man? Bewusstsein, freier Wille – ich weiß nicht einmal, wie sich das in wissenschaftliche Termini übersetzen ließe. Was meint man eigentlich mit Intelligenz, oder anders gesagt, wann würde man nun wirklich sagen, dass eine intelligente Leistung vorliegt? Oder erfüllt die Maschine, die man gerade betrachtet, einfach nur ihre Funktion? Wenn man die Spezifikation nicht kennt, und man kuckt es sich von außen an, dann sieht das ganz intelligent aus. Aber wenn man weiß, wie die Maschine gebaut wurde, dann löst sich die Frage irgendwie auf.

Brinzanik: Der Neurowissenschaftler David Eagleman spekuliert 2009 in einem Beitrag für die Internetzeitschrift *Edge*, dass man eines Tages in der Lage sein wird, eine perfekte digitale Kopie eines menschlichen Gehirns anzufertigen und dass man dann das Bewusstsein auf einen Computer hochladen könne, wo es dann quasi unsterblich wird. Was halten Sie von dieser extremen Zukunftsvision, und welche Probleme müsste man gelöst haben, damit das überhaupt möglich wäre?

Ich denke, die wichtigsten Probleme sind konzeptioneller Art. Abgesehen von der ganzen Anatomie und Physiologie, die man erst einmal erfassen und dann genügend reduzieren können müsste, um sie nachzubauen, wird sich, wie gesagt, die Frage als sehr wichtig herausstellen, wie man Lernen beschreiben kann. Also wie ein Netzwerk schlauer wird durch Erfahrung. Ich sehe noch nicht, dass wir dazu in der Lage sind. Was auch sehr wichtig sein wird, ist, dass man erfassen können müsste, wie Hirnzustände definiert sind. Also was ist zum Beispiel das neuronale Korrelat von »auf der Suche sein«, »motiviert sein«, »etwas wissen wollen«? Wie ist das intern repräsentiert? Oder noch eine Stufe weiter: Was passiert, wenn ich mit anderen Leuten in Verbindung trete, mit denen diskutiere oder womöglich tanze, was spielt sich dann in meinem und in deren Gehirn ab? Also, wie sind Kommunikation, Sprache, gemeinsames Handeln im Gehirn realisiert? Solche Sachen. Das müsste alles verstanden sein, bevor man so hehre Ziele wie das Bewusstsein in Angriff nehmen kann. Und ich sehe nicht, dass wir in absehbarer Zeit so weit sein werden.

Brinzanik: Setzt eine solche Vision nicht auch erkenntnistheoretisch voraus, dass ein Computermodell, das immer eine mathematische Abstraktion ist, überhaupt exakt die gleichen Eigenschaften haben kann wie ein reales Gehirn?

Hülswitt: Und wir haben hier ja auch ein logisches Problem. Wenn ich mein Bewusstsein auf die Festplatte übertrage, dann habe ich nur eine Kopie erstellt, aber mein Bewusstsein ist immer noch hier, bei mir. Die Kopie lebt vielleicht ewig in dieser Hardware, aber nicht ich.

Ja, und deswegen ist die Interaktion wichtig. Wenn man mit dem nicht in Interaktion treten kann, dann lässt sich zwar sagen, da ist etwas drin, aber wenn man nichts von ihm mitkriegt, weil sich dieses Etwas nicht mitteilen kann, dann hätte es genauso gut auch nicht da sein können. Aber ich glaube, das alles ist kein akutes Problem.

Brinzanik: Emergiert die menschliche Intelligenz durch Selbstorganisation aus der Biochemie im Gehirn?

Also, die wird sicher nicht auf dieser Ebene allein emergieren. Über und unter der Ebene der einzelnen Zellen gibt es ja weitere Ebenen. Es gibt die Ebene der Populationsaktivität, darüber wäre dann die Ebene der EEG-Aktivität, die ich dann großflächig abgreifen kann. Darunter gibt es Aktivität auf der Ebene der Proteine. Unter dieser wiederum Aktivität auf der Ebene der Moleküle und Atome. Und das Verständnis der Intelligenz wird sich nicht auf einer einzelnen dieser Ebenen finden lassen, sondern es wird letztendlich darum gehen, dass man Brücken schlagen kann von der einen Ebene zur nächsten. Und deswegen ist eine Aussage wie »Irgendwann werden wir das ganze Gehirn auf der biochemischen Ebene verstehen« nicht haltbar. Und die Tatsache, dass irgendetwas sich selbst organisiert, mag ja wahr sein, genauso wie ich sagen kann, dass sich der Verkehr in Beijing selbst organisiert, aber das heißt noch nicht, dass ich verstanden habe, wie er das macht.

Hülswitt: Könnte man das intelligent nennen, wenn der Verkehr sich selbst organisiert?

Ja, ich denke schon. Es hängt eben davon ab, wie man Intelligenz definiert. Wenn das, was da abläuft, auf eine vernünftige Art und Weise dazu führt, dass alle, die morgens irgendwo losfahren, da ankommen, wo sie hinwollen, dann ist das für das Gesamtsystem als solches schon eine intelligente Leistung – ich habe kein Problem damit, das so zu bezeichnen.

Hülswitt: Und wo ist die verortet, diese Intelligenz?

Überall. Die ist überall. Die ist dann in sich. Genauso wie bei uns im Kopf. Da sind all diese Zellen und Verbindungen und Aktivitäten, und etwas anderes gibt es nicht. Wenn wir annehmen, dass da mehr als diese Verbindungen und Aktivitäten ist, landen wir bei dieser alten Kino-Metapher, dass im Gehirn jemand sitzt und sich einen Film ankuckt, der sich auf der Leinwand abspielt. Da frage ich immer: Ja und wer ist das? Es ist niemand da. Keiner daheim. Das ist genauso, als ob bei einer Präsidentenstichwahl ein Kandidat eine Stimme mehr bekommt als der andere. Dann kann man auch nicht fragen: Wer hat jetzt entschieden? Wer war dieser eine?

Hülswitt: Das klingt ja, als sei Intelligenz etwas Ätherisches, das sich Träger sucht.

Nein, Intelligenz ist ein Label, das man gewählt hat, das man einer Maschine oder wem auch immer zuordnet, weil sie eine bestimmte Leistung erfüllt. Und wenn wir das dann Intelligenz nennen, dann hat diese Maschine damit dieses Zertifikat erworben. So etwas wie »Qualitätswein« oder »Appellation d'origine contrôlée«. Mehr ist es nicht. Es ist für mich eigentlich ein semantisches Problem.

## Gehirn-Maschine-Schnittstellen

Hülswitt: Wird Ihre Arbeit irgendwie zu einem verlangsamten Altern oder einer radikalen Lebensverlängerung beitragen?

Sie könnte vor allem zu einer Verbesserung der Lebensqualität von Patienten mit bestimmten Krankheiten beitragen, zum Beispiel Patienten mit ALS, Amytrophe Lateralsklerose, auch Motor Neuron Disease genannt, bei der eine Degeneration der Nervenzellen stattfindet, die für die Muskelbewegung zuständig sind. Oder auch zur Verbesserung der Lebensqualität von Schlaganfallpatienten. Das ist zumindest meine Hoffnung. Ich glaube aber eher nicht, dass jemand durch die Ergebnisse unserer Arbeit auch drastisch länger leben wird. Ich wäre nicht so vermessen zu sagen, dass wir Krankheiten wie die genannten heilen könnten.

Brinzanik: In der Computational Neuroscience wird auch an biomedizinischen Anwendungen geforscht. Man arbeitet an Neuroprothesen, die sensorische, motorische und kognitive Fähigkeiten des Nervensystems ersetzen können. Wie funktioniert das?

Im Grunde ist es eine Frechheit von Hirnforschern, jetzt auch in Richtung Anwendung zu gehen. Eine Voraussetzung dafür ist ein Verständnis des neuronalen Codes. Wenn ich in der Lage bin, die Aktivität von Nervenzellen zu messen, könnte ich dann daraus rekonstruieren, was der Inhaber dieser Zellen gerade sieht, hört oder plant? Nehmen wir zum Beispiel das motorische System, den Teil des Gehirns, der dafür sorgt, dass wir unseren Arm bewegen, oder auch, dass wir etwas greifen können. Wenn ich verstanden habe, wie eine Aktivität von Nervenzellen dazu führt, dass sich irgendwelche Muskeln anspannen, dann müsste ich auch in der Lage sein, wenn ich jetzt solche Aktivität bei einer Person beobachte, vorherzusagen, was diese Person gleich tun wird. Dann habe ich seinen motorischen Code verstanden. Und dann wäre es interessant, auch über potenzielle Anwendungen nachzudenken. Zum Beispiel, wenn im Gehirn alles noch funktioniert, aber das Rückenmark, das dafür sorgt, dass die Signale zu den Muskeln kommen, wegen Unfall oder Krankheit unterbrochen ist. Dann wäre es doch wunderbar, wenn ich dieser Person helfen könnte, indem ich sage: Ich weiß, was du willst, weil ich deine Gedanken lesen kann, zumindest die, die mit Bewegung zu tun haben, und ich kann nun dafür sorgen, dass diese Kontrollbefehle zu den Muskeln kommen. Oder wenn ich, in dem Falle, dass auch die Muskeln nicht mehr da sind, weil der Arm ab ist, die Kontrollbefehle auf einen Roboterarm leiten könnte. Ich wäre auch schon froh, wenn ich das auf den Computercursor leiten könnte, damit die Person wenigstens schreiben und wir das lesen können. Das wären Ziele einer motorischen Neuroprothetik. Als Wissenschaftler sind wir primär daran interessiert, so etwas als Test zu benutzen und zu sehen, ob das, was wir zu verstehen glauben, auch stimmt. Aber wir schließen nicht aus, dass es auch interessante klinische Anwendungen geben kann. Einiges davon funktioniert schon, das Cochlea-Implantat zum Beispiel als akustische Prothese, die Informationen – hier: Schall, inklusive Sprache und Musik – von außen nach innen leitet. Wenn die Haarsinneszellen in der Cochlea, die man braucht, um zu hören, nicht mehr funktionieren, ersetzt man sie und geht direkt an die Nervenenden, die an ihnen hängen, und reizt diese elektrisch. Von hier aus gehen die Signale ins Gehirn, so dass den Leuten ein Höreindruck vermittelt wird. Wie gesagt, das funktioniert und wird inzwischen in HNO-Kliniken eingebaut. Was zurzeit im klinischen Test ist, ist das sogenannte Retina-Implantat, mit dem man die Netzhaut im Auge ersetzen kann.

Brinzanik: Und das funktioniert? Bei Erwachsenen, die blind auf die Welt kamen und als Babys nicht gelernt haben, mit Sehsignalen umzugehen?

Das ist genau dasselbe wie mit dem Cochlea-Implantat. Es funktioniert im Prinzip auf dieselbe Art und Weise, und das ist gerade der Witz. Der Neurowissenschaftler Michael Merzenich, der maßgeblich an der Entwicklung der Cochlea-Implantate beteiligt war, sagte einmal: Wir haben lange Zeit am Verständnis des neuronalen Codes für Hören gearbeitet, weil wir meinten, das sei essenziell, um so ein Implantat bauen zu können. Und das stimmt auch. Aber was sich als noch wichtiger herausgestellt habe, sei, dass die Leute, die das Gerät implantiert bekommen, lernen, damit umzugehen. Natürlich ist der Höreindruck, den das Implantat vermittelt, völlig anders als das, was man normalerweise hört. Das Gehirn muss dann lernen, mit diesem neuen Eindruck umzugehen, ihn zu verstehen und aus ihm Verhalten zu generieren. Das heißt, sehr viel wesentlicher als das Verständnis des neuronalen Codes ist die Adaptivität des Gehirns an dieses Maschinenteil. Und genauso, würde ich sagen, wird es bei der Retina sein. Das Gehirn wird in Interaktion treten mit dieser künstlichen Retina, mit dieser Kamera meinetwegen, und wird lernen, damit umzugehen. Es wird langsam das Ding kalibrieren, und der Träger wird erstmal an die Wand knallen, wo er das Fenster wähnte und umgekehrt, aber irgendwann wird er es kapieren. So wie auch das Gehirn eines Kindes lernt, mit der echten Retina umzugehen. Das heißt, das Lernen wird letztlich bestimmen, ob das Implantat funktioniert oder nicht. Die künstliche Retina darf nur nicht so schlecht sein, dass die Lernfähigkeit des Gehirns nicht ausreicht. Und genauso ist es mit den motorischen Prothesen. Irgendwann wird es dazu kommen, dass man die Hirnaktivität abgreift und einen Roboterarm ansteuert. Der wird am Anfang auch den Kaffee über den Tisch gießen. Aber das Gehirn wird sich darauf einlassen, es wird umdenken und umlernen. Und wenn wir schlau sind, bauen wir eine Decodiermaschine ein, die auch aus ihren Fehlern lernt. Und dann haben wir ein interessantes wissenschaftliches Problem: ein Gehirn, das versucht zu lernen und diese Maschine zu integrieren, während die Maschine versucht zu lernen, mit dem Gehirn umzugehen. Und es ist nicht gesagt, dass das kongruiert. Deswegen geht es in einem unserer Projekte um Koadaptivität, also um die Frage, wie ein biologisches Gehirn mit einem künstlichen Gehirn umgehen kann, wenn beide versuchen, sich anzupassen.

Brinzanik: Außer an diesen sensorischen und motorischen Leistungen arbeitet man auch bereits an kognitiven Prothesen.

Ja, da gibt es zum Beispiel Ted Berger an der University of Southern California in Los Angeles, der versucht, den Hippocampus zu ersetzen. Der Hippocampus ist ein Hirnteil, das eine Rolle bei der Gedächtnisbildung spielt. Wenn es da Störungen gibt, könn-

te man versuchen, ihn über ein Gerät, das seine Funktion nachahmt, einen künstlichen Hippocampus sozusagen, zu überbrücken, so dass die Gedächtnisbildung wiederhergestellt wird.
Hülswitt: Und Sie können sich auch vorstellen, dass das langfristig klappt?
Ich wüsste keinen Grund, warum das nicht möglich sein sollte. Es kann sehr lange dauern, bis man genügend verstanden hat, aber ich sehe da keine grundsätzlichen Probleme.

Enhancement

Hülswitt: Sprache ist ja eine schöne, aber doch auch recht umständliche Übersetzungstechnologie. Kann man sich vorstellen, dass es einmal eine sprachfreie Kommunikation von Hirn zu Hirn durch direkte Übertragung von Hirnaktivität geben wird?
Das weiß ich nicht. Vielleicht könnte man Sinneseindrücke vermitteln, also dass ich sehe, was Sie sehen, indem ich Ihr Gehirn dekodiere und das bei mir auf eine künstliche Retina spiele. Das hieße aber noch nicht, dass ich auch weiß, was Sie sich dabei gedacht haben. Dazu bräuchte ich noch viele andere Informationen – wenn die überhaupt greifbar sind und wenn ich überhaupt rausfinde, wohin ich dazu die Elektroden stecken muss. Es könnte gut sein, dass sich Ihre Gedanken dabei an so vielen Orten auf einmal abspielen, dass ein Abgreifen technisch gar nicht möglich ist. Das muss geklärt werden, bevor ich sagen kann, ob es eine solche Übertragung geben wird oder nicht. Und nehmen wir einmal an, es wäre möglich, irgendwelche Farbmuster, die ich mir mit meinen geschlossenen Augen vorstelle, Ihnen zu übermitteln, dann hieße das noch nicht, dass Sie dabei dieselbe Vorstellung haben, die ich hatte. Vielleicht ginge es, indem man sich ge-

genseitig entsprechend trainiert. Dass man sich kalibriert und mitteilt: Immer, wenn ich dieses gesehen habe, habe ich das dabei gedacht, und der andere bekommt das dann irgendwann mit. Dann könnte man sich vielleicht einigen. Aber im Grunde definiert man dabei wieder eine neue Sprache.

Hülswitt: Und hätte Übersetzungsprobleme neuer Natur. Wird es irgendwann Chips geben, die man ins Gehirn implantiert und die bestimmte kognitive Fähigkeiten verbessern?

Ich glaube nicht daran. Einmal abgesehen davon, dass ich nicht weiß, wer so sehr daran interessiert sein sollte, dass er einen Großteil seines Lebens diesem Unternehmen widmen wollte. Vergessen Sie nicht, schon in so eine motorische Neuroprothese fließen mehrere Jahrzehnte Forschung. Und wir reden hier von etwas ganz Einfachem, nämlich davon, einen Computercursor bewegen zu können oder eine E-Mail zu schreiben oder eine Hand ans Steuer zu bringen. Ich rede jetzt noch nicht einmal davon, dass sie auch zugreifen kann. Und es kostet haufenweise Geld, dahin zu kommen. Wer will das finanzieren?

Brinzanik: Die Entertainment-Industrie, für noch realistischere Computerspiele.

Vielleicht die Medien. Kann sein. Aber dann muss man immer noch die Verrückten finden, die bereit sind, zwanzig oder dreißig Jahre ihres Lebens darein zu investieren.

Brinzanik: Unternehmen könnten dafür Forschungslabore einrichten.

Ich weiß. Viel von der Entwicklung Künstlicher Intelligenz in Japan wird von Nintendo oder Sony gesteuert. Es bleibt aber abzuwarten, ob dabei eine vernünftige, brauchbare motorische Neuroprothese herauskommt. Es wird vielleicht dazu führen, dass wir uns EEG-Elektroden auf den Kopf setzen und damit irgendein Spielchen ansteuern können, das gibt es ja jetzt schon zu kaufen. Aber das sind für mich keine ernst zu nehmenden Anwendungen. Das ist Spielerei am Rande.

Hülswitt: Gibt es auch militärisches Interesse?

Das gibt es. Ein Teil der Prothetikforschung in den USA wird vom Militär gestützt. Das läuft unter Enhancement, Stichwort »Universal Soldier«[1], und man kann sich natürlich vorstellen, dass es für diese Leute toll wäre, wenn ein Pilot zusätzliche Möglichkeiten hätte. Man könnte sich auch vorstellen, nicht nur die Hände, sondern auch die Augen oder andere Hirnaktivitäten dafür zu benutzen und darauf zu trainieren, zusätzliche Geräte zu kontrollieren, im Sinne von erweitertem Multitasking. Oder dass man sensibler wird oder dass man zusätzliche Fähigkeiten kreiert wie mit Infrarot-Nachtsichtgeräten.

## Cyborgisierung des Menschen

Hülswitt: Ab welchem Punkt würden Sie denn von einem Cyborg sprechen?

Da kann man sich auf jeden Moment einigen. Man kann auch sagen, dass Leute, die heute eine Prothese haben, oder Käpt'n Ahab mit seinem Holzbein, Cyborgs sind. Wenn jemand das so sieht, dann kann ich damit leben. Das ist für mich keine angsterregende Vision.

---

1 Universal Soldier ist der Titel eines Films von Roland Emmerich aus dem Jahr 1992. »Universal Soldiers« sind gentechnisch manipulierte und durch Technikapplikationen aufgerüstete Supersoldaten. In dem Streifen und seinen beiden Fortsetzungen, *Universal Soldier: The Return* und *Universal Soldier: Regeneration*, kommen alle nur denkbaren Formen des Enhancement zum Einsatz. Der »Universal Soldier« ist das fiktive Paradebeispiel der Verschmelzung von Mensch und Technologie.

Hülswitt: Ab welchem Punkt gibt es ein juristisches Problem? Wer ist verantwortlich, wenn ein Unfall passiert?

Das wäre in der Tat ein schwieriges Problem. Nehmen wir einmal an, wir wären so weit, dass wir eine motorische Neuroprothese bauen könnten, wir geben sie jemandem, und der bringt damit jemanden um. Kann derjenige sich dann hinter mir verstecken und sagen, dass ich seine Gedanken falsch gelesen habe? Und ich muss mich dann vor Gericht damit auseinandersetzen? Das wird eine wichtige Frage werden. Aber noch einmal zu den Grenzen der Natürlichkeit. Ich habe eine Brille, und ohne Brille funktioniere ich deutlich schlechter. Bin ich jetzt noch natürlich? Und wäre ich nur natürlich in dem Moment, in dem ich die Brille weglege? Ich glaube, fast alle Leute würden bei einem Brillenträger noch nicht von einem Cyborg sprechen. Und ich denke, es ist eine Frage der Akzeptanz, was man zulässt und was nicht.

## Ethik und Gesellschaft

Brinzanik: Machen Sie sich Gedanken über die gesellschaftlichen Implikationen Ihrer Arbeit? Grundlagenforschung und deren technologische Anwendung prägen ja sehr stark unsere Lebenswelt. Das Internet beispielsweise hat in den letzten zehn Jahren sehr viel verändert.

Aber dasselbe Internet hat uns gelehrt, wie schwierig es ist, richtige Vorhersagen zu treffen. Wenn man die Prognosen berühmter Futurologen von vor zwanzig Jahren liest, dann sieht man, dass das Internet bei ihnen nicht vorkommt. Vorhersagen sind also immer schwierig, vor allem, wenn es um die Zukunft geht – eine Weisheit, die vielen, vor allem aber Mark Twain zugedichtet wird. Hinterher die Zukunft vorherzusagen ist jedenfalls relativ leicht. Sicher wird das Konsequenzen haben. Ich mache mir schon manchmal Gedanken, aber nicht im Sinne von: Das, was ich jetzt vorhabe, werde ich das wirklich weitermachen? Weil ich überhaupt nicht vorhersagen kann, was daraus resultiert. Ich denke, viel wichtiger ist, dass wir uns dauernd bemühen, den Leuten klarzumachen, was wir gerade treiben, warum wir das treiben und was die Implikationen sind, die wir sehen. Damit man eine vernünftige Diskussion darüber führen kann, anstatt Diskussionen, die eher von Angstvisionen und vor allen Dingen von Nichtwissen geprägt sind.

Brinzanik: Ergeben sich auch ethische Fragen aus Ihrer Forschung?

Schon. Also zum Beispiel die Frage, macht man Tierversuche? Dann: Welche Versuche will man zulassen, welche will man eher nicht zulassen? Ab wann sind wir so weit, dass man uns ohne Gefahr auf Patienten loslassen möchte? Und für welche Sachen? Das sind alles Fragen, die geklärt werden müssen. Und ich diskutiere gerne mit Leuten, die darüber auf andere Art und Weise nachgedacht haben, denn ich würde das ungern alleine entscheiden müssen, und nur so kommen wir zu einem Konsens. Solange wir den nicht haben, muss man die Probleme weiter durchdenken, und eventuell lässt man sein Vorhaben eben sein. Und obwohl es aus meiner Sicht vernünftig ist, die Neuroprothetik voranzubringen, kann es durchaus sein, dass man an bestimmten Anwendungen persönlich nicht arbeiten will. Und ich bin auch dagegen, dass in so einem Fall Gemeinschaftsgeld fließt. Zum Beispiel in den »Universal Soldier«. Das Geld kann besser verwendet werden als für solche Entwicklungen.

Brinzanik: Sollte die Wissenschaft gesellschaftlich kontrolliert werden?

Das wird sie. Alle unsere Anträge werden von Gutachtergremien gelesen, die sorgfältig prüfen, ob das eine vernünftige Frage ist, die wir stellen, und ob unsere Methoden zum Ziel führen. Und ob diejenigen, die den Antrag stellen, auch die Qualitäten haben, das Vorhaben durchzuziehen. Außerdem muss jeder Tierversuch genehmigt werden durch das Regierungspräsidium, das sehr genaue Auflagen gibt. Und vor jedem Versuch, den wir in der Klinik mit Menschen machen wollen, wird erst eine Ethikkommission eingeschaltet, die ebenfalls beurteilt, ob das zulässig ist, was wir wollen, ob es vernünftige Fragen sind und ob unsere Herangehensweise zum Ziel führt. Also diese Art von Kontrollen, was Geld und Genehmigungen angeht, greifen sehr stark. Ich mache mir keine Sorgen, dass wir unkontrollierte Verrückte wären, die tun können, was sie wollen. Ich glaube, das ist gut geregelt.

## 400 Jahre

Hülswitt: Wenn Sie die Möglichkeit hätten, durch Enhancements gesunde 400 Jahre alt zu werden, würden Sie das machen? Sie müssten allerdings Ihren Körper umrüsten lassen, Teile der Hardware müssten ersetzt werden durch haltbarere Materialien.
Das ist ja jetzt schon so. Ich war gerade beim Zahnarzt, da wird einiges ausgebaut und ersetzt. Aber 400 Jahre – ich weiß es nicht. Es wird natürlich auch immer voller, wenn die Alten nicht mehr gehen, es kommen ja immer mehr Neue dazu. Ich weiß nicht, ob die Lebensqualität dann bleiben kann, wie sie ist. Wenn ich mir vorstelle, dass ich dann leben muss wie in New York oder in Tokio, dann weiß ich nicht, ob ich das möchte.
Brinzanik: Sie könnten den Todeszeitpunkt immer noch selbst bestimmen.
Das würde ich lieber die Biologie für mich bestimmen lassen. Nein, ich glaube nicht, dass ich 400 Jahre alt werden möchte.

Hülswitt: Es könnte ein gewisser Druck entstehen, wenn andere Leute sich dafür entscheiden und man sieht, wie sie jung und gesund bleiben und man selber nicht.

Und es könnte zum Beispiel die Krankenkasse sein oder die Regierung, die entscheidet, wie viel in wen investiert wird. Das ganze Spektrum all dieser Technologien bekommt man natürlich nicht umsonst. Und die Frage ist, ob jeder zu ihnen Zugang haben wird oder nur bestimmte Kategorien von Leuten, die irgendwelche Tests bestehen und wichtig für die Gesellschaft sind. Das sind Fragen der Ethik, die dann kommen werden. Ich möchte nicht gerne auf dem Stuhl desjenigen sitzen, der das zu entscheiden hat. Aber ich weiß auch nicht, ob ich Leute kenne, denen ich es gerne in die Hand geben möchte. Dann entscheide ich doch lieber selbst.

## Auf der Suche nach der Verbindung zwischen Materie und Geist

Im Gespräch mit dem Hirnforscher Wolf Singer
(Berlin, 10. September 2009)

### Hirnforschung

Roman Brinzanik: Was ist Ihre Motivation als Hirnforscher?
Wolf Singer: Ich habe Medizin studiert, im Grunde mehr als Studium generale, weil ich dachte, da lernt man die normalen Lebensprozesse kennen, aber auch ihr Versagen. Und ein kompletteres Bild vom Menschen und seinen Bedingungen kann man eigentlich nicht bekommen. Das ursprüngliche Motiv, das mich dann in die Hirnforschung gebracht hat, war die Hoffnung, man könne auf diesem Feld die Dichotomie zwischen Materiellem und Geistigem überwinden. Und wenn es möglich ist, zwischen Materie und Geistigem Verbindungen herzustellen, dann gibt es wahrscheinlich nichts Spannenderes.
Brinzanik: Wo liegen die Schwerpunkte Ihrer Forschung?
Zunächst arbeitete ich viele Jahre über die entwicklungsbiologische Frage, wie sich das Gehirn unter dem Einfluss der Umwelt strukturiert. Vor rund zwanzig Jahren bin ich bei der Suche nach einem vermeintlichen Fehler in der Versuchsanordnung auf Synchronisationsphänomene in der Großhirnrinde gestoßen. Diese Phänomene schienen sofort äußerst interessant, weil sie eine Antwort auf die Frage nahelegten, wie die vielen, weitverteilten, parallelen Hirnprozesse koordiniert werden können.
Brinzanik: Könnten Sie das etwas genauer erläutern?
Soweit wir wissen, ist das Gehirn ein sogenanntes Kleine-Welt-Netzwerk von miteinander kommunizierenden Nervenzellen. Das

bedeutet, dass man in drei, vier Schritten von einem zu jedem anderen Ort kommen kann. In einem so stark vernetzten System entsteht eine Fülle von Organisationsproblemen. Es muss sichergestellt werden, dass Aktivität selektiv von einem Ort zum andern gelangen kann und nicht im gesamten Netzwerk herumirrt. Es muss in Abhängigkeit der zu bewältigenden Aufgaben von Mal zu Mal festgelegt werden, welche Neuronen miteinander kommunizieren sollen, um gemeinsam einen distributiven Code zu erzeugen.

Brinzanik: Die ausgeklügelte Verdrahtung der Nervenzellen reicht für diese Festlegung nicht aus?

Richtig, die ausgeklügelte Topologie der Verbindungen, die anatomische Architektur reicht nicht aus, um die erforderliche Flexibilität des Systems zu gewährleisten. Diese Architektur unterstützt zwar schon recht komplexe Operationen – dazu gehören zum Beispiel die Verarbeitung und Erkennung von gut eingelernten Wahrnehmungsobjekten, von Mustern, die sehr häufig vorkommen oder eine hohe Verhaltensrelevanz haben – aber dabei handelt es sich um Spezialfälle. Sobald neue Inhalte kodiert werden müssen, für die es noch keine fest geformten Gefäße, keine speziellen Verbindungsarchitekturen gibt, bietet die Topologie keine hinlängliche Erklärung. Wenn Sie etwa ein neues Kunstwerk vor sich haben, dann können Sie es zwar vielleicht noch nicht benennen, aber Sie können es wahrnehmen, Sie können es beschreiben, und Sie können es wiedererkennen. Aber es kann dafür keine *a priori* festgelegten Architekturen geben. Es muss also möglich sein, auf das Gerippe der anatomisch fixierten Architektur des neuronalen Netzwerks Aktivitätsmuster zu legen, die in ihrer raumzeitlichen Spezifität das Korrelat von Wahrnehmungen, Gedanken, Plänen, Entscheidungen und motorischen Programmen sind. Es wird ein Mechanismus benötigt, der es erlaubt, die effektive Kopplung von miteinander in Verbindung stehenden Nervenzellen dynamisch zu ändern.

**Brinzanik: Wie wird diese flexible Kommunikation zwischen den Nervenzellen bewerkstelligt?**

Da gibt es mehrere Möglichkeiten. Die Verbindungen können über synaptische Plastizität kurzfristig verstärkt oder abgeschwächt werden. Das erfordert aber meist zu viel Zeit. Eine schnellere und flexiblere Option ist die zeitliche Strukturierung der Aktivitätsmuster. Lokale Netze lassen sich so konstruieren, dass sie wie Oszillatoren schwingen. Koppelt man Oszillatoren – und daran arbeiten wir gegenwärtig –, lassen sich durch Modulation der Schwingungsfrequenz und der Phasenbeziehungen Gruppen von Nervenzellen sehr schnell miteinander funktionell verbinden oder voneinander trennen. Angenommen, Sie wollen ein komplexes, zusammengesetztes Objekt im Kontext definieren: Das Blatt am Zweig am Ast vom Baum in der grünen Au, wie es im Kinderlied heißt. Hier müssen ineinander verschachtelte Relationen neuronal kodiert und repräsentiert werden. Durch die zeitliche Strukturierung der Aktivitätsmuster ließe sich dies auf sehr elegante Weise erreichen, etwa durch die Bildung synchron schwingender Ensembles von Zellen, die jedes für sich die Teile der Szene repräsentieren. Die hierarchischen Beziehungen zwischen den Teilen – dem Blatt, dem Zweig, dem Ast – ließen sich dann über partielle Synchronisation der respektiven Ensembles zu einem Gesamtensemble, quasi einem Metaensemble, realisieren, das als Ganzes langsamer schwingt als seine Komponenten. Es tut sich also ein Universum von Kodierungsmöglichkeiten auf, sobald man das Gehirn als dynamisches, sich selbst organisierendes, komplexes System betrachtet, das nichtlineare Eigenschaften aufweist.

**Brinzanik: Für welche Organismen kann man denn bereits das Ver-**

halten lückenlos aus den Vorgängen im neuronalen System herleiten?

Nur für wenige. Man kann jedoch Komponenten des Verhaltens, bestimmte Teilleistungen, sehr gut verstehen. Dies gilt zum Beispiel für Invertebraten, den Hummer oder die Schnecke etwa. Diese Tiere besitzen ein relativ einfaches Nervensystem, das aus vernetzten Ganglien, also aus Anhäufungen von Nervenzellkörpern, besteht. Hier kennt man alle Zellen, die zum Beispiel für Kau-, Schluck- und Verdauungsbewegungen oder Abwehrreflexe zuständig sind. Diese Zellen sind raffiniert miteinander verkoppelt und erzeugen oszillierende Aktivitätsmuster. Wir finden dort schöne Beispiele für die dynamische Koordination, von der ich eben gesprochen habe. Ein weiteres Beispiel sind die Schwimmbewegungen vom Lamprey, einem fischähnlichen, primitiven Wirbeltier, das von Sten Grillner in Stockholm seit vielen Jahren gründlich erforscht wird. Anders Lansner hat auf der Basis dieser Ergebnisse Computersimulationen erstellt, die sehr realistisch sind. Was jedoch die höheren kognitiven Leistungen angeht, haben wir längst nicht alles verstanden. Wie es unser Gehirn anstellt, dieses Glas als Glas zu erkennen und es abzutrennen von der Flasche, die davor steht, beides transparente, sich durchdringende Konturen, das haben wir erst im Ansatz begriffen.

Brinzanik: Das große Ziel der Hirnforschung in den kommenden Jahrzehnten ist es also, die motorischen, perzeptiven und kognitiven Leistungen des Menschen aus neuronalen Prozessen vorhersagen zu können?

Ja. Aber hier stehen wir noch ganz am Anfang. Das sieht man auch daran, wie hilflos wir gegenüber einer scheinbar so simplen Veränderung der Stimmung bei depressiven oder zyklothymen Patienten sind. Man will meinen, es könne doch nicht so schwer sein, herauszufinden, warum diese Menschen heute traurig sind und morgen plötzlich so euphorisch. Oder warum schizophrene Patienten ihre typischen Denkstörungen haben, die Wirklichkeit anders sehen als gesunde Menschen und Wahnsysteme konstruieren. Das sind alles massive Veränderungen des Verhaltens und der Wahrnehmung, die ihr Korrelat in neuronalen Fehlfunktionen haben müssen, die erkennbar sein sollten. Wir wissen jetzt zwar, dass bei schizophrenen Patienten die koordinativen Leistungen, die auf der Synchronisation von Oszillationen beruhen, gestört sind. Die Oszillationen sind weniger regelmäßig und können vor allen Dingen nicht über größere Entfernungen hin synchronisiert werden. Das heißt, die verschiedenen Hirnareale arbeiten isolierter und weniger gut gekoppelt als bei Gesunden. Aber auch hier stehen wir ganz am Anfang. Das gilt leider noch für viele weitere Leistungen, selbst solche, die uns scheinbar so mühelos gelingen wie das Segmentieren einer komplexen Szene. Beim Blick auf einen gedeckten Tisch herauszufinden, welches Objekt welches ist, ist alles andere als trivial. Es muss gruppiert, getrennt, identifiziert und kategorisiert werden. Es sind dies Leistungen, die kein Computersystem auch nur annähernd erbringen kann, weil die konventionellen Rechenmaschinen nach gänzlich anderen Prinzipien funktionieren. Wüssten wir besser, wie Gehirne diese Leistungen vollbringen, könnten wir technische Systeme nach der Natur ausrichten. Da es im Prinzip möglich sein sollte, die Vorgänge im Gehirn zu begreifen, weil sie auf bekannten Naturgesetzen beruhen, werden wir irgendwann Antworten auf die eben angesprochenen Fragen finden. Weil sich Fortschritte in der Grundlagenforschung allerdings schwer prognostizieren lassen, ist es kaum möglich, anzugeben, wann welches Problem gelöst sein wird.

## Bewusstsein

Brinzanik: Francis Crick, der 1953 zusammen mit James D. Watson die Struktur der DNA entdeckte und damit eine der Grundlagen für die Entschlüsselung des genetischen Codes schuf, hat im hohen Alter am neuronalen Code für Bewusstsein und Geist geforscht, weil er dies für die spannendste ungelöste wissenschaftliche Frage hielt. Wie weit ist man hier inzwischen gekommen?

Woran sich alle die Zähne ausbeißen, ist das sogenannte schwierige Problem des Bewusstseins – »the hard problem of consciousness«. Wie ist es möglich, dass materielle Prozesse, nämlich neuronale Vorgänge, zu Qualia führen, also zu subjektiven Empfindungen? Dafür haben wir keine neurobiologische Erklärung. Da, glaube ich, muss man, wenn man weiterkommen will, mitberücksichtigen, dass Gehirne, die ein Konzept von Bewusstsein entwickeln und sprachlich fassen können, sich natürlich nicht isoliert irgendwo entwickelt haben, sondern erst durch Prägung in einem komplexen soziokulturellen Umfeld all die Eigenschaften erworben haben, die sie befähigen, sich ihrer Leistungen »bewusst« zu werden. Dazu gehört, dass sich Gehirne mit hochentwickelten kognitiven Eigenschaften gegenseitig abbilden, die beobachteten Leistungen thematisieren, konzeptualisieren und in Sprache fassen. Ich bin überzeugt, dass die sogenannten geistigen Phänomene, zu denen wir auch die Qualia zählen, über diesen Prozess in die Welt gekommen sind. Sie sind Produkte der kulturellen Evolution, sie sind soziale, konkret erfahrbare Realitäten, ähnlich wie die Gegenstände von Verabredungen oder Glaubensinhalten.

Brinzanik: Also durch sprachliche und soziale Interaktion mit anderen Gehirnen?

Zunächst gab es nur die biologische Evolution. Natürlich haben höhere Tiere auch Bewusstsein. Aber sie haben kein Konzept davon. Sie reden nicht darüber. Sie nehmen etwas wahr, belegen es vielleicht mit Aufmerksamkeit und reagieren darauf. Sie verfügen wie wir über ein episodisches Gedächtnis, können sich also an den Kontext des einmal Wahrgenommenen erinnern und Schlussfolgerungen daraus ziehen. All das erstaunt uns nicht und scheint im Prinzip durch neuronale Prozesse erklärbar. Was uns zu so gespaltenen Wesen macht, ist das Thematisieren, das gegenseitige Abbilden, das Finden von Begriffen für Phänomene, die erst in der Interaktion auftauchen, wie Empathie, Liebe, Wertesysteme, all das, was nur entstehen kann, wenn sich mindestens zwei gegenseitig reflektieren. Und nur so kann auch das Bewusstsein eines Selbst entstehen. Ein Rabe kann zwar, wenn man ihm einen Farbfleck aufs Gefieder malt und einen Spiegel hinhält, erkennen, dass er es ist, dessen Gefieder bemalt ist – woraufhin er beginnt, sich zu putzen. Aber er läuft nicht wie wir mit dem Konzept eines Selbst umher. Uns ist dieses auch nicht mitgegeben. Es ist uns mühsam in der frühen Entwicklung antrainiert worden. Durch Gesten und Hinweise bringen wir unsere Babys dazu, sich klarzumachen, dass sie verschieden von der Mama und auch verschieden von der Welt sind, dass sie autonome, selbstbestimmte Wesen sind. Das sind ja alles Konzepte, die uns durch Erziehung übergestülpt und durch Beobachtung bestätigt werden. Ich glaube, dass wir diese Ebene des interpersonellen Diskurses mit einbeziehen müssen, wenn wir geistige auf neuronale Prozesse beziehen wollen. Natürlich kann man die Qualia im Gehirn nicht finden, man kann bestenfalls die neuronalen Korrelate einer bestimmten Wahrnehmung oder eines Gedankens analysieren und beschreiben.

Brinzanik: Wie gehen Hirnforscher das schwierige Problem des Bewusstseins konkret an?

Die Bewusstseinsforschung untersucht zum Beispiel, wie sich

Verarbeitungsprozesse, von denen die Person berichten kann, sie sei sich dieser Prozesse bewusst oder gewahr gewesen, von solchen unterscheiden, bei denen das Gehirn zwar etwas verarbeitet, erkennt und danach eine motorische Reaktion auslöst, die Person jedoch angibt, sie habe nichts gesehen. Man kann dann Hirnströme ableiten oder eine funktionelle Kernspintomografie vornehmen und schauen, wie sich die Aktivierungsmuster in den beiden Fällen voneinander unterscheiden. Man sieht dann zum Beispiel, dass sich im Fall der bewussten Wahrnehmung hochkohärente, hochfrequente Oszillationsmuster über weitverteilten Hirnrinden-Arealen ausbilden, während die unbewusste Verarbeitung lediglich mit einer Sequenz lokaler Oszillationen einhergeht. Wenn die globale Synchronisation eintritt, dann kann man voraussagen: Der Reiz wird jetzt mit großer Wahrscheinlichkeit bewusst wahrgenommen werden, was sich durch Befragung oder durch motorische Aktionen des Probanden leicht bestätigen lässt. Und wenn das nicht passiert, wenn man nur lokale Verarbeitungsprozesse sehen kann, die sich nicht global vereint haben, dann haben die Probanden zwar meist den Reiz dennoch verarbeitet – was sich durch Messung von Reaktionszeiten beweisen lässt –, aber es ist ihnen nicht bewusst geworden.

## Biologische und kulturelle Evolution

Tobias Hülswitt: Könnte man sich denn vorstellen, dass sich das Gehirn heute noch physisch verändert durch Interaktion mit Technologien wie beispielsweise dem Internet?

Da muss man zwei Aspekte auseinanderhalten. Zum einen ist die genetische Anlage unserer Gehirne kaum verschieden von der früherer Höhlenbewohner, weil in den dazwischenliegenden dreißig-, vierzigtausend Jahren keine wesentlichen Veränderungen im Genom stattgefunden haben können. Die generelle Auslegung der Architektur und alle Langstreckenverbindungen sind genetisch festgelegt. Deshalb ähneln sich unsere Gehirne. Zum anderen müssen wir davon ausgehen, dass sich die Gehirne erwachsener Menschen unserer Zeit deutlich von denen der Höhlenmenschen unterscheiden, was die Feinauslegung der Kurzstreckenverbindungen anbelangt. Vor allem in der Großhirnrinde finden wir ein ungeheuer dichtes Geflecht von kurzen Verbindungen, die meist erst nach der Geburt in engem Wechselspiel mit den Einflüssen aus der jeweiligen Umgebung ausreifen. Biologische Entwicklung ist immer ein Dialog zwischen Genom und Umgebung. Erst mit etwa zwanzig Jahren ist die anatomische Feinstruktur des Gehirns fertig entwickelt, auskristallisiert und fixiert. Bis dahin vollzieht sich ein gewaltiger Wachstumsprozess, während dessen Myriaden von Verbindungen geknüpft werden. Und zwar werden zunächst viel mehr Verbindungen ausgebildet, als letztlich übrig bleiben, denn circa dreißig bis vierzig Prozent werden wieder eingeschmolzen. Hirnentwicklung beruht auf einem ständigen Umbauprozess, der von neuronaler Aktivität gesteuert wird. Da diese wiederum von Sinnessignalen beeinflusst wird, folgt, dass sich die Mikroverschaltung unserer Gehirne an unsere komplexe soziokulturelle Welt anpasst und sich deshalb von der des Höhlenmenschen unterscheidet. Sonst könnten wir nämlich nicht Auto fahren, Differenzialgleichungen lösen, Sinfonien komponieren und so behände sprechen, wie wir es tun. Unsere genetisch spezifizierte Anlage erlaubt offenbar diesen Verfeinerungsprozess. Wir leben also von einem Vorschuss, den uns die biologische Evolution gewährt, und profitieren von der enorm verzögerten Entwicklung des Gehirns. Diese macht es möglich, die Errungenschaften der kulturellen Evolution zur Verfeinerung von Hirnstrukturen zu nutzen, also Kulturwissen über epigenetische Mechanismen in unserem Gehirn zu installieren.

Hülswitt: Nehmen wir einmal als Beispiel die sogenannten Digital Natives, die mit dem Internet aufwachsen. Da geht es um Gleichzeitigkeit, Multitasking, komplexeres Denken, das weniger linear, sondern vernetzter funktioniert, während man über sehr viele Informationen verfügt und sich ständig Informationen aussetzt, pausenlos mit anderen Leuten in Verbindung steht und eine potenzielle Multiidentität entwickelt, da man sich im virtuellen Raum anders bewegen kann als in der Realität. Dadurch wächst das Bewusstsein von der Konstruiertheit der eigenen Identität. Könnte all das dazu führen, dass weniger Verbindungen wieder eingeschmolzen werden als die dreißig bis vierzig Prozent, von denen Sie sprachen? Könnte es sein, dass die Verzweigung zunimmt?

Zu wenig Komplexität ist genauso schlecht wie zu viel. Es gibt ein Optimum. Der Umstand, dass die Entwicklung normaler Gehirne mit dem Einschmelzen von Verbindungen einhergeht, muss einen schon nachdenklich stimmen. Es ist offenbar nicht nur gut, viele Verbindungen zu haben, sondern man muss auch die richtigen haben. Natürlich werden die modernen Technologien, wird die Benutzung von Medien, die ein hohes Maß an Multitasking erfordern, die Hirnstrukturen dahingehend optimieren, dass dies leichter wird. In welche Richtung das allerdings die Evolution beeinflusst, ist völlig unklar. Evolution ist nicht gerichtet. Es lässt sich nicht voraussagen, wohin sie führen wird. Jedenfalls darf das Gehirn nicht viel größer werden, weil sonst der Geburtsvorgang nicht mehr ablaufen kann. Entweder, wir kommen dann noch unreifer zur Welt, oder es müsste eine Ko-Evolution geben, es müssten sich die Geburtskanäle der Frauen entsprechend erweitern, oder das Wachstum zu größeren Köpfen muss auf die Zeit nach der Geburt verlegt werden.

Brinzanik: Verabschiedet sich der Mensch nicht immer mehr von der darwinschen Evolution? Denn durch Gentechnologie könnten wir Mutationen steuern, durch den medizinischen Fortschritt und die Reproduktionsmedizin gibt es keinen biologischen Selektionsdruck mehr ...

Sicher greifen wir massiv in die darwinschen Prozesse ein, indem wir künstlich befruchten und Menschen am Leben erhalten können, die früher das Reproduktionsalter kaum erreicht hätten. Dies bewirkt vermutlich eine Zunahme erblicher Erkrankungen, die dann wieder durch medizinischen Fortschritt kompensiert werden müssen. Wir bewegen die Evolution handelnd, sowohl die darwinsche, biologische, als auch die soziokulturelle. Aber wohin das führt, das, glaube ich, kann niemand sagen.

Hülswitt: Wenn der Mensch nun das Gefühl hätte, mit der biologischen Evolution gehe es nicht weiter voran, aber er wollte weiter, er wollte besser und mehr denken, besser kommunizieren, die komplexen Folgen seiner Handlungen besser absehen können und Ähnliches mehr, wäre es dann nicht die logische Konsequenz, die Evolution des Gehirns selbst in die Hand zu nehmen? Durch Enhancement, durch Psychopharmaka, durch Neurotechnologie?

Gut, das kann man dann kulturelle Evolution nennen.

Brinzanik: Man kann ja bereits mittels gentechnischer Verfahren sogenannte smarte Mäuse erzeugen, die verbesserte kognitive Fähigkeiten besitzen, etwa ein verbessertes Lernverhalten, oder weniger Angst haben. Das erreicht man zum Beispiel durch den Einbau des menschlichen FOXP2-Gens, das wichtig für Sprache zu sein scheint, oder durch ständige Aktivierung des NR2B-Gens. Mit solchen gezielten Manipulationen wird experimentiert, um Krankheiten wie Dyslexie und Demenz besser verstehen zu können. Aber zeigen sie nicht auch Wege auf, wie man eines Tages das menschliche Gehirn über das von der biologischen Evolution erreichte Maß hinaus optimieren könnte?

Ich glaube, davon sind wir noch sehr, sehr weit entfernt. Die Verhaltensgenetik bemüht sich, ganz bestimmte Verhaltensmerkmale oder komplexe kognitive Leistungen auf die Gene zurückzuführen. Und was man dabei lernt, ist, dass es in aller Regel nicht ein einzelnes Gen ist, das irgendeine Eigenschaft bestimmt. Es ist meist ein ganzes Konzert, ein Zusammenwirken von vielen, vielen Genen im Genom, das ganz bestimmte Charaktereigenschaften, Persönlichkeitsmerkmale oder kognitive Leistungen begünstigt oder behindert. Und das ist auch der Grund, warum sich die Suche nach den genetischen Ursachen der vererblichen Geisteskrankheiten so schwierig gestaltet. Sicher lassen sich bestimmte Hirnleistungen gezielt verändern. Die wirksamsten Verfahren sind hier Erziehung, Lernen und Üben. Auch pharmakologisch kann man eingreifen, aber das hat meist seinen Preis, genauso wie andere Doping-Strategien. Auf die kurzfristig erzielbare Leistungssteigerung folgt die Phase der Nebenwirkungen: Erschöpfung, toxische Nebenwirkungen, Abhängigkeit und so weiter. Vermutlich arbeitet die Evolution nahe am Optimum. Aber ganz unabhängig von diesen Bedenken: Bislang fehlen uns die Wunderdrogen, und es sieht nicht so aus, als würden wir sie in absehbarer Zeit in die Hand bekommen.

## Die Singularität

Hülswitt: Reden wir einmal über Ray Kurzweil und seine steilen Thesen. Er sagt beispielsweise für das Jahr 2045 ein Ereignis voraus, das er Singularität nennt. Damit meint er den Moment, in dem Künstliche Intelligenz die menschliche auf allen Gebieten überholen werde und über den hinaus man nicht weiter in die Zukunft schauen könne, weil die Entwicklungen danach mit unserer heutigen Intelligenz nicht kalkulierbar seien.

Ich halte das einfach für aus der Luft gegriffene, provokative Hypothesen, für die es überhaupt keine überzeugende Begründung gibt. Natürlich werden die künstlichen Systeme zu Einzelleistungen fähig sein, die wir nicht erbringen können, so wie sie uns heute schon im Schach besiegen. Auch Flugzeuge fliegen anders als Vögel, und in manchen Bereichen sind sie sogar effizienter als Vögel, aber bei nicht wenigen Übungen schneiden sie viel schlechter ab. Und mit der Künstlichen Intelligenz ist es dasselbe. Bis 2045 ist es nicht mehr sonderlich lange hin, und wir werden auch bis dahin erst im Ansatz verstanden haben, wie Gehirne funktionieren. Und ich glaube nicht, dass man mit der bisherigen Rechnerarchitektur, die auf von Neumann zurückgeht und serielle Prozesse abarbeitet, auch nur annähernd dahin kommen wird, Leistungen zu erbringen, die wir Menschen als menschliche bezeichnen. Wobei ich jetzt keine Spezialfunktionen meine, sondern die generelle Fähigkeit, zu kategorisieren, zu bewerten, Prinzipien zu entdecken, Kunstwerke zu schaffen, wissenschaftliche Theorien zu entwickeln, zu lieben, zu trauern und so vieles mehr.

Hülswitt: Und wenn die Rechenleistung der Computer weiterhin nach dem Moore'schen Gesetz exponentiell steigt?

Zunächst ist fraglich, ob das wirklich der Fall sein wird, da die Fortschreibung der bisherigen Strategie zur Beschleunigung – die Verkürzung der Wege und der Schaltzeiten – an prinzipielle physikalische Grenzen stößt. Das Moore'sche Gesetz kann nur gerettet werden, wenn sich die neuen Technologien wie Quantencomputer oder optische Rechner oder von biologischen Systemen inspirierte Maschinen bewähren sollten. Und selbst dann stellte sich die Frage, was wir gewännen, wenn die Computer noch schneller und kleiner würden. Intelligenz beruht nicht nur darauf, Spezialprobleme schnell lösen zu können, sondern erfordert eben genau die Fähigkeiten, die wir Menschen haben. Und über diese verfügen wir nicht nur, weil wir die am höchsten entwickelten Gehirne haben, sondern auch, weil wir in einem differenzierten soziokulturellen Umfeld aufwachsen, das unsere Hirnentwicklung prägt. Durch diese epigenetischen Einflüsse konnten sich Hirnleistungen entwickeln, die aus den genetischen Vorgaben allein nicht erklärbar wären. Man müsste also lernfähige Systeme konzipieren, die in unser soziokulturelles Umfeld eingebettet und darin erzogen werden. Ich halte es für völlig ausgeschlossen, dass unser Wissen, von dem ein Großteil zudem implizites Wissen ist, das nur schwer formalisiert werden kann, in diese Elektronengehirne transferiert werden kann. Das müssten sich diese dann schon selber aneignen. Und damit sie das tun können, brauchen sie Motivationssysteme. Man weiß, wie enorm wichtig beim Menschen die emotionale Beziehung zwischen Lehrer und Lernendem ist. All das müsste man also implementieren, damit diese elektronischen Knechte mit der Zeit einigermaßen schlau werden. Und ich befürchte, dass man ihnen dann auch ein Fell anziehen müsste, damit sie possierlich ausschauen, damit man eine emotionale Bindung zu ihnen aufbauen, ihnen empathisch begegnen und sie tröstend streicheln kann, wenn sie Fehler machen und so weiter. Also, ich glaube, hier wird versucht, einen Optimierungsprozess, den die Evolution über Jahrmillionen auf mitunter sehr verlustreiche Weise hinter sich gebracht hat, durch schnöde Computertechnologie schnell nachzuvollziehen. Und das wird nicht gehen.

Hülswitt: Was halten Sie denn von Visionen wie der des Hirnforschers David Eagleman, der sagt, wir werden ewig leben im Silizium. Wir werden das Bewusstsein hochladen können auf Festplatten und ...

Ja, und wer sind wir dann? Man kann sich ja auf den Standpunkt zurückziehen, alles, was uns ausmacht, das ganze Fleisch und Blut und die Pumpe, das ist alles nur Energieversorgung, und das Gehirn kann man, hätte man es verstanden, auch in Silikon implementieren, und dann bekäme man im Wesentlichen das, was uns interessiert, nämlich eine Person mit einem Charakter, Intelligenz, Geschichte und Erfahrung. Das Gedankenexperiment kann man anstellen, auch wenn dessen Realisierung noch den Status von Utopien hat. Aber was wären diese Silikongebilde dann, welcher ontologische Status käme ihnen zu? Und, wie eben schon gesagt, die uns bekannten Rechnerarchitekturen haben mit dem, was in Gehirnen vor sich geht, so gut wie nichts zu tun. Nun kann man natürlich versuchen, mit einem Rechner Prozesse zu simulieren, von denen wir vermuten, dass sie im Gehirn ablaufen. Das wird auch schon gemacht. Aber allein das, was eine einzelne Nervenzelle leistet, lässt sich bisher nur in Annäherung und grober Vereinfachung auf einem Großrechner simulieren. Und diese benötigen dann nicht selten Stunden, um eine Sekunde Echtzeitaktivität zu reproduzieren. Das alles zusammengenommen macht einen schon ein wenig skeptisch.

Brinzanik: Wie Sie eben sagten, haben Gehirne und Computer jeweils ihre Stärken und Schwächen beim Lösen von Problemen. Nun wird schon an Hybrid-Rechnern geforscht, die aus biologischen und elektronischen Teilen zusammengesetzt sind. Es werden auch passende Schnittstellen zwischen Nervenzellen und künstlichen Nanostrukturen entworfen. Wie weit könnte man mit solchen Ansätzen kommen?

Ich kann mir schon vorstellen, dass es möglich wäre, einfache neuronale Netze, die man in der Kulturschale entwickeln kann, über Konditionierung von Eingangs- und Ausgangsfunktionen dahin zu bringen, gewisse Speichervorgänge oder assoziative Funktionen zu erfüllen. Wenn man dann so ein adaptives Netzwerk mit einem Rechner kombiniert, lassen sich vielleicht manche Probleme der Informationsverarbeitung elegant lösen. Was mir völlig absurd erscheint, ist der Versuch, interpretierbare Informationen direkt ins Gehirn zu spielen. Das funktioniert zurzeit allenfalls auf sehr peripheren Verarbeitungsstufen, wie etwa der Cochlea, weil dort noch stereotype Ordnungsprinzipien dominieren. Reizt man elektrisch einen vorausbestimmten Ort, hört der Patient einen bestimmten Ton. Das ist zu erwarten, da der elektrische Reiz genau die Sinneszellen erregt, die auch durch den entsprechenden Ton erregt würden. Hingegen gelingt es noch nicht einmal annähernd, Videobilder durch elektrische Reizung so auf die Retina zu übertragen, dass bildhafte Eindrücke entstehen. Und wenn man die Großhirnrinde direkt reizt, wird es gänzlich unübersichtlich. Reizt man irgendeinen Punkt in der primären Sehrinde, wo es noch relativ ordentlich zugeht, dann sieht der Proband bestenfalls einen oder mehrere Lichtblitze oder wandernde Leuchtspuren. Alle Versuche, durch strukturierte Reizung der Sehrinde geordnete Seheindrücke zu erzeugen, sind bis jetzt total fehlgeschlagen, weil wir den neuronalen Code nicht kennen. Nun kann man hoffen, dass das Gehirn lernt, auch aus völlig abnormen Erregungsmustern gewisse Informationen zu extrahieren. Aber etwas wie einen Gedächtnisinhalt »hochladen«? Mein biografisches Gedächtnis irgendwohin kopieren? Das sind naive Mutmaßungen, die offensichtlich auf zu einfachen Annahmen über die Organisation von Gehirnen basieren. Wir wissen ja noch nicht einmal, wo und wie Gedächtnisengramme konfiguriert sind.

## Religion, Ethik, Gesellschaft

Hülswitt: Sie sind Mitglied in der Akademie des Vatikans. Kommt es da im Dialog mit den Kirchenvertretern manchmal dazu, dass die sagen: Moment, es gibt eine Echtheit der menschlichen Natur, und die ist intendiert von einem Schöpfer, von Gott, und ihr sollt nicht an ihr herumdoktern?

Die Kirche hat nichts gegen das, was Wissenschaftler tun. Die Manipulationen des Lebendigen, die wir vornehmen, um Leid zu verringern, sind ihr kein Problem. Die Kirchenvertreter sind auch liberaler als manche Mitglieder von Umweltbewegungen. Der Entwickler des gentechnisch manipulierten sogenannten goldenen Reises ist ein Mitglied der Akademie. Dieser Reis könnte Abermillionen Menschen vor Blindheit retten, und das befürwortet der Vatikan natürlich. Nichtsdestotrotz liegen die Naturwissenschaften mit religiösen Systemen in vielen Bereichen potenziell im Konflikt. Aber da ist die Übereinkunft: Phänomene, die von der Wissenschaft begriffen und erklärt werden, sollen von der Religion nicht thematisiert werden, und es sollte auch keine Versuche geben, für Erklärtes metaphysische Interpretationen zu geben. Es gibt jedoch jenseits dieser kenn- und erklärbaren Bereiche riesige Räume für Metaphysik, in denen sich Religion und Glaube aufhalten können, ohne sich wissenschaftlicher Kritik stellen zu müssen. Wenn diese Grenzen von beiden Systemen respektiert und eingehalten werden, kann es eine ganz friedliche Koexistenz zwischen Religion und Wissenschaft geben.

Brinzanik: Angenommen, die Hirnforschung erreichte ihre langfristigen Ziele, wie wir sie oben formuliert haben. In diesem Fall würde sicherlich auf das Verständnis der Vorgänge die Möglichkeit zu gezielten Eingriffen in unsere Intelligenz, unser Bewusstsein und die Persönlichkeit folgen. Sehen Sie dann auch neuartige ethische Fragen auf uns zukommen?

Natürlich, die Psychopharmakologie wirft jetzt bereits ethische Probleme auf. Sollte sich erweisen, dass bestimmte *cognitive enhancers*[1] tatsächlich ohne Nebenwirkungen einsetzbar sind, sollte es also tatsächlich einmal etwas geben, was aus einem Zweierschüler einen Einserschüler macht, dann ist natürlich die Frage: Wie gehen wir damit um? Müssen wir vor Prüfungen Dopingkontrollen einführen, oder soll man die Drogen allen zur Verfügung stellen? Und was wären die Folgen, wenn sie nur den schwachen, unkonzentrierten, aber nicht den guten Schülern Leistungssteigerung bringen? Das Gleiche gilt für die jetzt sehr stark im Zunehmen begriffene Tiefenhirnstimulation, die es erlaubt, über implantierte Elektroden umschriebene Hirnregionen elektrisch zu aktivieren. Man kann damit gewisse Bewegungsstörungen bei der Parkinson'schen Erkrankung in den Griff bekommen. Auch lassen sich durch Stimulation von Schaltkernen des limbischen Systems Gestimmtheiten verändern. Diese Option wird genutzt, um Depressionen zu behandeln, die pharmakotherapeutisch nicht mehr zugänglich sind. Ähnliche Strategien werden auch bei bestimmten Zwangserkrankungen verfolgt. Man muss jetzt sorgfältig prüfen, wie weit man da gehen darf. Ob es unerwünschte Nebenwirkungen gibt, ob die Langzeitstimulation über Lernvorgänge die Gehirne dauerhaft verändert, ob man aus einem zögerlichen, zurückhaltenden und depressiven Menschen einen wagemutigen, risikofreudigen und euphorischen Drauf-

---

1 Als *cognitive enhancers*, auch *memory enhancers* oder *smart drugs*, werden Medikamente, Nahrungsergänzungsmittel und Stimulanzien bezeichnet, durch deren Einnahme mentale Funktionen wie Gedächtnis, Kombinationsfähigkeit, Motivation, Aufmerksamkeit und Konzentration vermeintlich oder tatsächlich gesteigert werden.

gänger machen darf, ob man einen Patienten mit einem Apparat ausstatten darf, mit dessen Hilfe er durch Knopfdruck seine Charaktermerkmale verändern kann. Aber das gilt auch schon für viele der routinemäßig vorgenommenen medizinischen Eingriffe. Viele der Psychopharmaka mildern nicht nur pathologische Symptome, sondern die gesamte psychische Verfasstheit. Schwierige ethische Probleme gibt es auch außerhalb der Hirnforschung, etwa bei der In-vitro-Fertilisation und Präimplantationsdiagnostik. Je mehr machbar wird, umso größer werden die ethischen Probleme und umso dringlicher die Notwendigkeit, zu hinterfragen. Ich sehe allerdings die Manipulierbarkeit von Gehirnen durch technische Systeme als weit weniger gefährlich an als die Beeinflussbarkeit durch Demagogie. Wenn man bedenkt, dass es einem Regime wie den Nazis gelungen ist, innerhalb von drei, vier Jahren kultivierte Menschen, die aus ganz normalen Familien kamen, zum Sonntagsgottesdienst die Orgel spielten und scheinbar liebende Väter waren, dazu zu bringen, in Auschwitz auf der Rampe zu stehen und ohne Schuldbewusstsein Menschen in den Tod zu schicken, dann halte ich das für so viel gefährlicher als das, was man durch ein paar Elektroden im Gehirn anstellen kann – zumal es wohl kaum möglich sein dürfte, die erforderlichen Eingriffe unbemerkt und ohne Zustimmung vorzunehmen.

Hülswitt: Ist womöglich diese neuronale Fähigkeit zur Synchronisation eine biologische Grundlage unseres gesellschaftlichen Verhaltens? Also ist die Synchronisation ein physiologisches Prinzip, das sich auf der sozialen Ebene wiederholt? Als Fluch und Segen zugleich? Weil ich sie zum Leben brauche, sie aber zugleich meine Potenz zum Gleichgeschaltetwerden darstellt?

Wenn im Gehirn alles synchron wäre, wäre das furchtbar. Bei epileptischen Anfällen kommt so etwas vor. Das Gehirn würde dann nicht arbeiten können, denn ein vollsynchroner Zustand ist arm an Information und taugt nicht zur Informationsverarbeitung. Wenn aber alles asynchron und unkoordiniert abläuft, ist es auch nicht gut. Es gibt auch hier ein Optimum zwischen Vielfalt und Ordnung. Die Bewertung dieses Verhältnisses liegt vermutlich auch unseren ästhetischen Urteilen zugrunde, und vermutlich gilt das für alle Ebenen, auch für Gesellschaften. Wenn alle gleichgeschaltet werden und im Gleichschritt marschieren, wie in totalitären Regimen oder fundamentalistischen Religionen, dann sind die Folgen krasse Verarmung an Information und Instabilität. Da kann kein Selektionsmechanismus optimierend wirken, weil es keine Pluralität und Variabilität gibt. Es ist also kein erstrebenswerter Zustand für komplexe Systeme. Aber genauso wenig erstrebenswert ist es, wenn alles ungekoppelt ist und jeder für sich irgendetwas macht. Zwischen diesen Extremen liegt irgendwo das Optimum. So ist das halt mit dem Lebensweltlichen, man hat dauernd mit Kompromissen zu tun. Man hätte so gerne die sauberen, klaren, schwarzweißen Lösungen, in denen alles aufgeht. Aber so ist es nicht. Leben ist offenbar das Eingehen von Kompromissen, im biologischen Bereich genauso wie im individualpsychologischen und sozialen.

## Kunst und Narration

Brinzanik: Mit interdisziplinären Fragestellungen dieser Art beschäftigt sich auch der neue Forschungsbereich der Neuroästhetik.

Ja, es ist hochinteressant zu fragen: Warum gefällt uns etwas? Und warum konvergiert so vieles immer wieder auf die gleichen Formen, die als schön empfunden werden? Das wird schon seine

Gründe haben, und diese werden wohl im Gehirn liegen. Es gibt das schöne Beispiel, warum Moll-Tonarten transkulturell als traurig, gedämpft, melancholisch wahrgenommen werden. Früher dachte man, das sei ein spezifisch westliches Phänomen. Jetzt zeigt sich, dass auch Menschen, die mit westlicher Musik nie etwas zu tun hatten, ein in Moll gesetztes Stück als traurig empfinden. Und der Grund dafür ist wahrscheinlich die Prosodie der Sprache. Wenn man einen Schauspieler einen heiteren Text lesen lässt, verfällt auch seine Sprache in einen heiteren Tonfall. Und das Umgekehrte geschieht bei einem traurigen Text. Eine Spektralanalyse der Prosodie ergab – der Wortsinn ist da völlig gleichgültig –, dass beim Sprechen von traurigen Texten das Verhältnis von kleinen zu großen Terzen genau dasselbe ist wie bei Molltonkompositionen, und bei fröhlicher Sprechweise ähnelt es Durkompositionen. Die kleinen Terzen führen offenbar zu traurigen Gefühlen, weil sie die traurige Stimme widerspiegeln.

Hülswitt: Eine Nervenzelle im menschlichen Gehirn kommuniziert mit zehn- bis zwanzigtausend anderen Nervenzellen. Das ist höchst komplex. Im täglichen Leben aber suchen wir nach Einfachheiten, Monokausalitäten und klaren, schlichten Verbindungen und genauso in der Erzählung. Ein klassischer Hollywood-Plot arbeitet mit einer Vielzahl von Verkürzungen und simplifizierenden Behauptungen. Ist nicht auch das recht informationsarm? Das Gehirn hat doch viel mehr Möglichkeiten.

Schon, aber es ist nun einmal so, dass die Plattform des Bewusstseins eine enorm begrenzte Speicherkapazität hat. Entsprechend einfach sind die Konstrukte, die wir uns vorstellen und über die wir sprechen können. Hierfür gibt es mechanistische Gründe, die zu diskutieren hier zu weit führen würde. Es kann außerdem sein, dass es einfach nicht notwendig war für das Überleben in dieser Welt, mehr auf einmal zu können und logische Verknüpfungen höherer Ordnung besser durchschauen zu können. Unser Gehirn nutzt die Option, nichtlineare und damit ziemlich komplexe Operationen anzuwenden, um kognitive oder exekutive Aufgaben schnell, elegant und sicher zu bewältigen. Wir spüren von dieser Komplexität so gut wie nichts, wir nehmen nur die scheinbar einfachen Lösungen wahr. Und für diese reicht die Kapazität des Bewusstseins. Das impliziert aber nicht, dass wir nicht mehr erfassen können als lineare Hollywood-Plots. Unsere rationalen Fähigkeiten, logische Konstrukte höherer Ordnung zu erfassen, sind zwar begrenzt – deshalb haben wir ja die Mathematik entwickelt –, aber unsere unbewussten Fähigkeiten zur Verknüpfung von Inhalten scheinen doch sehr entwickelt. Künstler spüren das natürlich und nutzen es aus. Durch Appositionen von Assoziationen, die sich jeder logischen Verknüpfung verweigern, werden neue Wirklichkeiten erzeugt. Weder Produzent noch Rezipient können diese sprachlich fassen, dennoch kann Konsens hergestellt werden: »Ja, ich verstehe das.«

**Hülswitt: Sie haben einmal in einem Interview gesagt, es wären eventuell andere Schlussformen als die der Logik möglich.**

Das war die Überlegung, dass möglicherweise für das logische Schließen dasselbe gilt wie für die Wahrnehmung, dass sich das Regelwerk, nach dem wir Schlussfolgerungen ziehen, ebenfalls an die Bedingungen der mesoskopischen Welt angepasst hat, in der sich Leben entwickelte, und hierbei wiederum nur an solche, die für das Überleben wichtig sind. Dies sind vorwiegend lineare Abläufe, die mit den Gesetzen der klassischen Physik gut beschreibbar sind. Für unser logisches Schließen spielt das Kausalgesetz eine äußerst große Rolle. Nun aber sehen wir: In der Quantenwelt gibt es offenbar Phänomene, die zusätzliche Annahmen erfordern. Vielleicht ist die Logik, die uns so evident erscheint, ein Spezialfall. Ich denke, man sollte diese Möglichkeit zumindest im Kopf behalten. Denn wenn sich herausstellt, dass die von unserem Gehirn angewandte Strategie zur Herstellung von Ordnung nicht die einzig mögliche oder absolut »wahre« sein sollte, dann haben wir alle – auch die Philosophen – ein großes Problem.

## Philosophie

Brinzanik: Sie sagten auch einmal, dass es so etwas wie eine objektive Realität nicht gäbe. Man könnte aber der Meinung sein, Naturwissenschaftler versuchten schon, so etwas wie eine objektive Realität festzustellen.

Wir einigen uns in der Wissenschaft auf einen operationalisierbaren Objektivitätsbegriff, indem wir sagen: Wenn man dieselbe Messvorschrift anwendet, dann wird man auch dasselbe finden. Wobei natürlich alle Vorgaben den Status von Verabredungen haben, die Konstruktion der Messgeräte, die Vorschrift ihrer Anwendung und die Konvention zur Bewertung der Daten. Diese Prämissen legen unsere Gehirne, unsere kognitiven Werkzeuge fest, und diese sind nun einmal Produkte der evolutionären Anpassung an diese mesoskopische Welt. Ihre Aufgabe ist es, uns am Leben zu halten, nicht, absolute Wahrheiten zu erfassen. Die Regeln, nach denen wir Wissenschaft betreiben, haben wir aus dieser Welt extrahiert. Und, wie gesagt, auch die Art, wie wir logisch folgern, ist wahrscheinlich an diese Welt und an die Notwendigkeit, in ihr zu bestehen, angepasst. Wir erleben derzeit, was passiert, wenn wir von diesem Spezialfall auf die kosmischen oder subatomaren Dimensionen extrapolieren. Denn dort beobachten wir Phänomene, die unserem intuitiven Verständnis völlig verschlossen sind und für deren Erklärung wir nicht selten Theorien verwenden müssen, die sich nicht einer alles umfassenden Metatheorie unterordnen lassen. Die verschränkten Quantenzustände – wer kann sich diese wirklich vorstellen! Und in welche Unendlichkeit hinein dehnt sich denn der Kosmos aus, falls dies überhaupt eine sinnvolle Beschreibung ist, und was sagt uns die Rede von einer gekrümmten Raum-Zeit? Grenzen also, wohin man schaut. Und deshalb denke ich, dass wir von Objektivität nur im Rahmen von genau definierten Verabredungen sprechen sollten.

Brinzanik: Müssten Philosophen wie Immanuel Kant, der sich in seiner Transzendentalphilosophie Gedanken machte über die Bedingungen der Möglichkeit von Erkenntnis, oder wie Edmund Husserl, dessen phänomenologischer Ansatz auf der Intentionalität des Bewusstseins aufbaute, heutzutage eigentlich Neuro- oder Kognitionswissenschaftler sein?

Sie wären auf jeden Fall gut beraten, die Literatur der Hirnforschung zu lesen. Das erwarte ich auch von den Philosophen, die sich heute mit Erkenntnistheorie befassen und mit Fragen des freien Willens. Kant hat genau das getan, was ein verantwortungsbewusster Philosoph tun muss: Das Wissbare zu wissen trachten und dann zu versuchen, seine Interpretationen mit so großer logischer Stringenz wie möglich zu entwickeln. Ich glaube, das Dilemma heutzutage ist, dass die Disziplinen so weit auseinandergedriftet sind. Philosophen wissen nicht immer, was alles schon gewusst wird. In der Debatte über den freien Willen, Determinismus und Intentionalität hatte ich oft den Eindruck, dass Hirnmodelle zugrunde gelegt werden, die an Uhrwerke und die Mechanik des 19. Jahrhunderts erinnern. Hier kam es zu Missverständnissen, die vermeidbar gewesen wären, wenn die neueren Einsichten über die Selbstorganisationsmöglichkeiten komplexer, nichtlinearer Systeme zugrunde gelegt worden wären. Und umgekehrt wissen wir Naturwissenschaftler natürlich zu wenig über die kanonischen Begriffe der philosophischen Sprache. Ich werde immer wieder mit dem Argument in die Schranken gewiesen, ich würde Kategorienfehler begehen. Das mag so sein, weil wir Wissenschaftler anders sozialisiert sind und unseren Laborjargon benutzen. Wir haben ein Sprachproblem, aber irgendwie müssen diese beiden Welten zusammenkommen, wenn wir daran glauben, dass die materielle und die geistige Welt zusammenhängen, dass die kulturelle Evolution sich kontinuierlich aus der vorangehenden biologischen entwickelt hat.

400 Jahre

Hülswitt: Herr Kurzweil behauptet, dass wir im Prinzip alle nicht mehr sterben müssen.

Wenn wir so ausgestattet wären, dass alle Reparaturvorgänge, die uns in der Jugend am Leben erhalten und dann durch das Leben bringen, unvermindert anhielten, wenn wir Therapien hätten, um die Schlackenanhäufung in den Nervenzellen zu verhindern, also alle degenerativen Prozesse und Verschleißvorgänge zu kurieren, wenn es gelänge, durch *genetic engineering*, durch Stammzellentherapie etc. diese Reparaturmechanismen alle am Laufen zu halten, dann müsste man im Prinzip nie sterben. Aber was dann? Irgendwann gäbe es wohl Speicherprobleme im Gehirn. Wir müssten Teile unserer Biografie nicht nur überschreiben, wie wir es ohnehin tun, sondern ganz vergessen, damit Platz frei wird für das Abspeichern des Gegenwärtigen. Da frage ich mich, was es nutzt, wenn ich mich ständig vergessen muss, um immer weiterzumachen. Wer würde ich dann sein, welches wäre meine Beziehung zu meinen Nächsten und zum Rest der Welt? Und was soll mit unseren Kindern passieren? Wir werden ja viel zu viele, wenn keiner mehr geht.

Hülswitt: Und persönlich? Wenn diese Reparaturmechanismen am Laufen gehalten werden könnten? Wir nennen immer die Zahl von 400 Jahren, als Kompromiss zwischen der Unendlichkeit und dem, was wir heute haben. Die Voraussetzungen wären alle erfüllt, und Sie müssten sich jetzt entscheiden, ob Sie dabei sein wollen oder nicht. Wie würden Sie wählen?

Ich wäre ja immer noch frei, meinem Leben selbst ein Ende zu setzen, wenn es mir nicht gefällt, oder? Wie würde ich mich denn somatisch verändern?

Hülswitt: Eventuell müsste man Ihren Körper teilweise umrüsten und Organe durch Materialien ersetzen, die weniger dem Alterungsprozess unterliegen.

Ich meine die Haut, wie wäre das? Würde ich sehr schrumpelig werden?

Hülswitt: Nein! Sie würden gut aussehen und auch sonst ganz gesund bleiben. Manche reden ja sogar davon, dass man sich in der Zukunft aussuchen könne, auf welchem biologischen Alter man stehenbleiben möchte.

Und ich könnte mir auch aussuchen, was mit denen, die ich mag, passieren soll? Dass die mich begleiten?

Brinzanik: Die Liebsten wären dabei.

Gut, also die, die ich wirklich mag, die würden da mitziehen.

Hülswitt: Wenn sie genug Geld haben, um das zu finanzieren.

Also, ich wüsste schon gerne, wie sich die Welt weiterentwickelt. Ich bin neugierig. Ich würde es eigentlich nur machen, um meine Neugierde zu befriedigen, nicht um meine Lebenslust *ad aeternitatem* zu verlängern. Ernst Jandl hat übrigens bei seiner Poetikvorlesung in Frankfurt auf den seltsamen Umstand hingewiesen, dass wir offenbar wenig darüber trauern, dass wir die Zeit vor unserer Geburt nicht erlebt haben, aber sehr ungehalten darüber sind, dass wir die Zeit nach unserem Tod nicht miterleben, obgleich wir über diese noch weniger wissen als um die vor der Geburt. Aber jedenfalls – die Lebensdauer an sich hat für mich keinen Wert. Ich glaube, es ist das gelebte Leben, das einen Wert hat. Aber was mich verführen würde, ist, dass ich doch ganz gerne wüsste, was zum Beispiel in hundert Jahren aus den Konzepten geworden ist, die wir jetzt gerade entwickeln. Ansonsten würde mich an der Aussicht nichts motivieren. Und in einer Welt, die sich so aufführt wie die derzeitige, wenn alle Fundamentalisten auch 400 Jahre alt werden und nichts dazulernen – oder meinen Sie, nur ich selbst mit meinen Liebsten? Da würden wir wahrscheinlich nach kurzer Zeit recht einsam werden.

Hülswitt: Es gäbe wahrscheinlich eine ganze Elite, die sich das leisten kann. Wir haben ja heute schon Medizin, die sich nicht jeder leisten kann. Es gäbe die Langlebigen und die Kurzlebigen.

Die Erstgenannten wären die Herrschaftsklasse, weil sie natürlich auch über Herrschaftswissen verfügen. Sie haben einfach mehr gesehen.

Hülswitt: Genau. Die können immer mehr Macht akkumulieren. Und sie werden die anderen Menschen, die davon ausgeschlossen sind, deren Lebensspanne vielleicht sogar wieder kürzer werden würde als die heutige ...

Da bekommen wir wieder Sklaverei.

Hülswitt: Möglicherweise. Aber auf der anderen Seite könnte es passieren, dass der Mensch durch die Interaktion mit Technologien klüger wird, empathiefähiger und vernetzter denken kann.

Gerade Empathiefähigkeit ist, glaube ich, der limitierende Faktor. Denn das ist ja das große Problem, dass wir nicht Empathie entwickeln können zu Leuten, mit denen wir keine persönliche Beziehung haben. 100 000 Flutopfer, ja, das ist schlimm irgendwie, aber Sie empfinden mehr Empathie, wenn Ihre Hauskatze, die Sie fünf Jahre lang gepflegt haben, überfahren wird. Wir sind da eindeutig begrenzt. Und zwar sind wir es, weil wir immer nur in kleinen Biotopen aufgewachsen sind. Niemand von uns hat jemals Empathie entwickeln müssen für den Rest der Welt.

Hülswitt: Sie sehen also keine Chance für das, was der Philosoph Thomas Metzinger »globalisierte Fernstenliebe« nennt?

Vielleicht kann man sie sich durch noch zu entwickelnde Erziehungsmethoden antrainieren. Ich weiß es nicht. Bislang scheint es noch nicht zu gelingen. Wenn ich in einem Kindergarten experimentieren sollte, dann würde ich zunächst versuchen, den Kleinen beizubringen, nichtlineare Prozesse zu verstehen. Ich glaube, dass es für die Bewältigung zukünftiger Probleme enorm wichtig sein wird, solche Interaktionsdynamiken intuitiv erfassen zu können. Denn wenn man sie nur rational erfasst, werden sie nicht handlungsrelevant. Das würde ich versuchen, weil es mir notwendig und machbar erscheint. Und dann, in der Tat, die Fähigkeit zur friedlichen Koexistenz über Distanz. Das hat mit Empathie zu tun oder mit dem Leitsatz: Ich will nicht, dass dir passiert, was ich für mich nicht möchte. Und das nicht nur zwischen zwei intimen Partnern oder zwischen zwei Familienmitgliedern, sondern auf Distanz. Wünschenswert wäre es, es fiele dann viel leichter, Verantwortung für eine globalisierte Welt zu übernehmen. Ob wir neben der vergleichsweise einfachen Vermittlung von Einsichten auch die Grundhaltungen von Menschen, die sich meist bewusster Kontrolle entziehen und tief in unseren Anlagen verwurzelt sind, durch Erziehung nachhaltig verändern können – ich weiß es nicht, ich hoffe es. Einfach wird es jedenfalls nicht sein, unsere so stark vorgeprägten Gehirne, die sich an ein Leben in überschaubaren Clanstrukturen angepasst haben, allein durch Erziehung zu verändern. Und in maschinelle oder pharmakologische Umprogrammierung setze ich keine Hoffnung. Vielleicht vollzieht sich ein Prozess der Ko-Evolution. Könnte es nicht sein, dass die veränderten soziokulturellen Bedingungen, die sich der kulturellen Evolution verdanken, ihrerseits die Selektionskriterien der biologischen Evolution verändern, so dass mit der Zeit mehr Menschen geboren werden, deren Grundausstattung besser an die veränderten Bedingungen angepasst ist? Beispiele für solche Wechselwirkungen kennen wir. Wie es weitergeht, können wir nicht wissen, denn evolutionäre Prozesse lassen sich wegen ihrer komplexen, nichtlinearen Dynamik grundsätzlich nicht prognostizieren.

## Das gute Leben

Im Gespräch mit dem Ethiker Bert Gordijn
(Dublin, 5. Oktober 2009)

### Zwei Traditionen der Ethik

Tobias Hülswitt: Woran arbeiten Sie zurzeit?
Bert Gordijn: Ich baue hier in Irland ein Institut für Ethik auf, das erste seiner Art. Langfristig wollen wir ethische Fragen aus einer ganzen Reihe von Bereichen bearbeiten: Wirtschaft, Gesundheitswesen, Medien, Politik, Wissenschaft und Technologie. Kurz- und mittelfristig werden wir uns hauptsächlich auf Bio-, Wirtschafts- und Technikethik konzentrieren. Wir beschäftigen uns mit Problemen, wie sie in der Realität auftreten. Mein Kollege Diego Gracia unterscheidet zwischen zwei großen Traditionen der Ethik. Die eine beginnt mit Platon und versucht, Ethik wie ein geometrisches System zu entwickeln, fast wie Mathematik, in der bestimmte, universelle und unveränderliche ethische Aussagen abgeleitet werden. Ein ausgezeichnetes Beispiel dieser Tradition ist Baruch Spinozas *Ethica ordine geometrico demonstrata*, das 1677 posthum erschien. Und dann gibt es die andere Tradition, die bei Aristoteles beginnt. Hier versucht man, Formen der Deliberation, der Debatte, der Diskussion zu entwickeln und gesteht sich ein, dass der Gegenstand der Ethik in sich vage und nicht sehr präzise ist. Aristoteles war der Meinung, es sei nicht sinnvoll, in einer intellektuellen Disziplin präziser zu werden, als der Gegenstand es erlaubt. Man versucht also nicht, unangreifbare ethische Wahrheiten aufzustellen, sondern die beste oder weiseste Entscheidung zu treffen oder eine Entscheidung, die unter den gegebenen Beschränkungen von Zeit und Informa-

tion gerechtfertigt werden kann. Das ist die Tradition der Beratschlagung. Im 20. Jahrhundert, insbesondere nach dem Zweiten Weltkrieg, erlebte diese Tradition ein großes Comeback, und sie entwickelt sich auch heute noch weiter. In ihr wurzelt meine Arbeit. Im Augenblick interessiere ich mich besonders für Technikethik.

## Ein neues Zeitalter?

Hülswitt: Befindet sich die Menschheit an der Schwelle eines neuen Zeitalters, in dem Wissenschaft und Technik einige der ältesten Träume der Menschheit erfüllen werden?

Es ist sicherlich richtig, dass sich der technische Fortschritt beschleunigt. Unser Vorfahre *Homo habilis* begann vor zweieinhalb Millionen Jahren, Steinwerkzeuge herzustellen. Diese blieben über Millionen von Jahren recht einfach, während wir Kupfer-, Bronze- und Eisentechnologien erst etwa in den letzten 10 000 Jahren entwickelten. Wenn man sich daher den technischen Fortschritt anschaut, so ist dieser zu 99 Prozent der Zeit eine flache Linie, um dann plötzlich fast vertikal anzusteigen. Aktuell sehen wir eine immense und sehr schnelle technologische Entwicklung, so rasant, dass es geradezu atemberaubend ist. Ich denke, dass wir mit unserer Fähigkeit, sowohl die materielle Welt um uns als auch uns selbst zu verändern, neue Horizonte und Gefilde erreichen, die neue ethische Fragen aufwerfen.

Hülswitt: Auf welche Entwicklungen beziehen Sie sich hier im Einzelnen?

Mit welchen Technologien lässt sich die Welt um uns verändern? Da ist zum einen die Nanotechnologie, die Technologie der sehr kleinen Dinge, die wirklich neu ist. Wir sind zunehmend in der Lage, einzelne Atome und Moleküle umherzuschieben und die grundlegenden Eigenschaften der Materie zu kontrollieren. Gleichzeitig entwickelt sich eine Technologie sehr großer Dinge: *Geo-engineering*, bei dem es um technische Reparaturen im größten Maßstab geht, um Eingriffe in die Umwelt mit dem Ziel, den Klimawandel zu beeinflussen. Eine Art planetarisches *engineering*, angewendet auf die Erde. Seriöse Wissenschaftler diskutieren hier konkrete Vorschläge. Wenn es darum geht, uns selbst zu verändern, haben wir die Enhancement-Technologien, die sich sehr schnell entwickeln. Wir heilen nicht nur Patienten, sondern wir erweitern auch die Eigenschaften völlig gesunder Menschen durch medizinische Mittel. Wir sind zunehmend in der Lage, uns selbst über die Therapie hinaus zu verbessern. Beispiele sind kosmetische Chirurgie, Doping im Sport, *smart drugs* und Stimmungsaufheller. Diese Entwicklungen stellen uns vor schwierige regulative Probleme und politische Fragen.

Roman Brinzanik: Welche wären das?

Die hohe Geschwindigkeit der Entwicklungen macht die ethische Reflexion komplizierter. Forschung, Entwicklung und Anwendung von Technik ist ein globaler Prozess, der rund um die Uhr abläuft und in den eine Vielzahl von Institutionen involviert ist, zum Beispiel Universitäten, Unternehmen, Forschungsförderung, Verbraucherverbände. Die ethische Reflexion konzentriert sich aber zumeist noch auf Individuen und ihre Handlungen. Es müssen daher Konzepte institutioneller Verantwortung weiterentwickelt werden. Außerdem sind wir sehr gut darin, Technologien zu entwickeln, aber nicht gut darin, ihre Auswirkungen vorherzusagen und die sozialen Effekte einer Technologie oder ihren Einfluss auf moralische Muster abzuschätzen. Daher sind wir immer noch damit beschäftigt, bessere Methoden der Technikentwicklung und der Entscheidungsfindung zu erarbeiten.

## Ethische Bewertung

Hülswitt: Wie kann man zu ethischen Bewertungen und zu Orientierung finden?

Bei der Einschätzung technischer Entwicklungen gibt es drei wichtige Fragen. Erstens: Sind die Ziele, die man mit der Entwicklung und Anwendung einer bestimmten Technologie erreichen will, wirklich wertvoll? Wenn nicht, hat es keinen Sinn, diese Technologie zu entwickeln, es wäre Verschwendung von Ressourcen. Wenn die Ziele tatsächlich wertvoll sind, dann sollte die zweite Frage sein: Wie groß ist die Chance, dass ein bestimmtes technologisches Projekt seine Ziele auch erreichen wird? Manchmal ist es sehr wahrscheinlich, manchmal ziemlich spekulativ. Dies ist ein großes Problem, weil es nicht immer leicht ist, Hypes von realistischen Versprechen zu unterscheiden.

Brinzanik: Insbesondere für Nichtwissenschaftler, denn ob ein Ansatz erfolgreich sein kann oder nicht, ist eine wissenschaftliche Frage.

Richtig, aber es ist eine Menge Hype im Spiel. Und Wissenschaftler sind mehr oder weniger gezwungen, ein gutes Licht auf ihre Forschung zu werfen, da ein großer Wettbewerb um Forschungsgelder herrscht. Wir haben inzwischen einige Erfahrung damit. Die Gentherapie zum Beispiel stellte sich als viel schwieriger heraus als anfangs gedacht. Mit der Nanomedizin könnte es einen ähnlichen Verlauf nehmen. Daher denke ich, dass die Beweislast bei den Wissenschaftlern liegt und es die Aufgabe von Journalisten und informierten Bürgern und Politikern ist, kritische Fragen zu stellen.

Hülswitt: Und die dritte ethische Frage?

Die dritte Frage schließlich berührt die ethischen Probleme, die vermutlich mit der Entwicklung einer Technologie auftreten werden. Kann man diese Probleme umgehen? Können wir mit ihnen zurechtkommen? Es ist nicht immer einfach, solche Dinge zu antizipieren. Es gab beispielsweise eine große Diskussion um embryonale Stammzellen und den Status des Embryos, denn die ursprüngliche Methode zur Gewinnung pluripotenter Stammzellen beinhaltete die Zerstörung des Embryos. Jetzt gibt es aber eine neue Technik, mit der wir dieses Problem offenbar umgehen können: die induzierten pluripotenten Stammzellen, iPS-Zellen, die durch Reprogrammierung von Körperzellen gewonnen werden. Vorhersagen sind also schwierig. Dennoch kann nur die vorausschauende ethische Reflexion eine Basis bieten, auf der wir Regularien schaffen können, um technische Entwicklungen in eine wirklich wünschenswerte Richtung zu steuern. Und mein Ansatz wäre es, diese Entwicklungen mithilfe der erwähnten drei Fragen abzuklopfen. Zugleich glaube ich, dass die entstehenden Technologien wie Stammzelltechnologie, Sensortechnologie, Nanotechnologie, *geo-engineering* so komplex sind, dass wir diese Fragen nur in einer interdisziplinären, öffentlichen, wissenschaftlichen und politischen Debatte abschätzen und angehen können. Und selbst dann – diese Technologien neigen dazu, sich schneller zu entwickeln, als wir über sie ethisch reflektieren können.

Medizinische Utopie

Brinzanik: Sie haben sich in einem Buch mit medizinischen Utopien auseinandergesetzt.[1] Was sind medizinische Utopien und ihre Geschichte?

Der Gedanke, dass wir Wissenschaft und Technologie verwen-

---

[1] Bert Gordijn, *Medizinische Utopien. Eine ethische Betrachtung*, Göttingen: Vandenhoeck & Ruprecht 2004.

den können, um unser Leben zu verbessern und unsere Lebenswelt tatsächlich gemäß unserer Zwecke zu verändern, ist noch sehr jung. In der griechischen Antike gab es sie zum Beispiel nicht. Im fünften Jahrhundert vor Christus ist in Athen eine Explosion des Genius zu beobachten: Geschichtsschreibung, Dichtung, Philosophie, Wissenschaften und Künste entfalteten sich – aber der genannte Gedanke kam nicht auf. Meines Wissens wurde er erstmals im 17. Jahrhundert von René Descartes und Francis Bacon entwickelt. Beide waren Wissenschaftsmethodologen und dachten darüber nach, was der beste Weg sei, Wissenschaft zu betreiben. Francis Bacon begründete die empirische Tradition, während René Descartes mehr einen von der Mathematik inspirierten rationalistischen Ansatz verfolgte. Beide dachten: Wenn wir die Wissenschaft nur auf die richtige Weise betreiben und gewissenhaft forschen, dann werden wir in der Lage sein, eine bessere Welt zu schaffen, länger zu leben, Krankheiten zu heilen, aber auch, unseren Organismus zu optimieren und bestimmte unserer normalen Fähigkeiten und Gaben zu erweitern. Diese Idee wurde im 18. Jahrhundert von Marquis de Condorcet weiterentwickelt, im Zeitalter der Aufklärung, als man sich sehr intensiv mit wissenschaftlichem Denken und dem menschlichen Verstand beschäftigte und sehr positive Perspektiven mit ihnen verband. Man glaubte, die Gesellschaft und die menschliche Spezies seien perfektionierbar. Interessant daran ist, dass beispielsweise die Medizin im 18. Jahrhundert noch gar nicht in der Lage war, viel zu tun im Hinblick auf Vorsorge und Therapie, von Enhancement gar nicht zu reden. Die Medizin entwickelte sich erst im 19. Jahrhundert weiter, als Anästhesie und Desinfektion die Entwicklung neuer invasiver Operationstechniken möglich machten. Beispiele wären etwa die Entdeckung des Penicillins sowie die Einführung der Sulfonamide, die die ersten Erfolge im Kampf gegen bakterielle Krankheiten brachten. Eine Vielzahl neuer medizinischer Disziplinen kam auf, Gehirn-, Herz- und Lungenchirurgie, Transplantation, Psychiatrie, Arbeitsmedizin, Sportmedizin, Reproduktionsmedizin, Geriatrie und Humangenetik, um nur einige wenige zu nennen. Heute können wir eine ganze Menge. Aber dieser Anstieg medizinischer Aktivitäten mündete auch darin, dass die Medizinerschaft heute in der westlichen Welt den Menschen auf das Engste begleitet – vom Augenblick seiner Geburt bis zum Tod.

Hülswitt: In welche Tradition kann man die Ideen der Überwindung des Todes, wie Ray Kurzweil oder Aubrey de Grey sie vertreten, einordnen?

Ich denke, man kann sie dem Transhumanismus zurechnen, einer Bewegung, die für die Entwicklung von Technologien zur Ausdehnung der menschlichen Lebensspanne eintritt und zur Verbesserung der kognitiven, psychischen und physischen Eigenschaften des Menschen. Die Transhumanisten selber sehen sich, vermute ich, in der Tradition des Humanismus. Dieser entwickelte sich in der Renaissance mit einem Schwerpunkt auf individueller Freiheit und Kreativität. Einige Stränge innerhalb des Humanismus schafften das Konzept der Existenz Gottes ab. Diese Humanisten glaubten, der Mensch sei das Alpha und Omega aller Dinge, die von Bedeutung seien. Das Interessante ist, dass man nun sagen könnte, mit dem Transhumanismus sei das Konzept Gottes durch die Hintertür wieder eingeführt worden. Denn man fokussiert dort sehr auf Transzendenz. Dahinter steckt der Gedanke, dass wir uns sogar so weit verbessern können, dass wir unsere menschlichen Begrenztheiten transzendieren. Man glaubt an eine grenzenlose Perfektionierbarkeit unserer sensorischen Erfahrung, unserer motorischen Möglichkeiten, unserer Stimmungen, vegetativen Funktionen und kognitiven Fähigkeiten. Und manchmal überkommen einen religiöse Gefühle, wenn man die Bücher transhumanistischer Denker liest, weil man ihren Drang spürt, alles Menschliche zu transzendieren und die gesamte *conditio humana* zurückzulassen mitsamt aller Probleme, die mit ihr verbunden sind. Indem wir transhuman werden, werden wir Götter. Auch die Vorstellung der Singularität gehört hier her. Sie ist eine Art moderner Vorstellung von einem apokalyptischen Moment in der Zukunft; alles bewegt sich auf diesen Punkt zu, und nach ihm wird alles anders sein. Eine Idee, die sich ähnlich in vielen Religionen findet: Ein sehr wichtiger Moment in der Zukunft, nach dem alles anders sein wird, und der Glaube, dass unser Leben nur eine Art befristete Realität ist. Man könnte also sagen, der Humanismus hat Gott abgeschafft, und der Transhumanismus führt ihn wieder ein, aber diesmal müssen wir selber Götter werden. Was wiederum in sich selbst ein sehr religiöser Gedanke ist, die Apotheose der griechischen Antike. So gesehen ist der Transhumanismus tief in der westlichen Tradition verankert, aber nun mit Blick auf die Technologie als unserem Heiland. Das ist neu. Wir hatten nie zuvor eine Ideologie mit so starken religiösen Anteilen, die einzig auf Technologie fokussierte.

## Enhancement-Definitionen

Brinzanik: Gibt es eine klare Unterscheidung zwischen dem Kampf gegen Krankheiten und Enhancement?
Das ist sehr schwierig. Es ist eine breite Debatte im Gange über das Konzept des Enhancement, und es ist schwierig, das Wort ins Deutsche zu übersetzen. Denn wenn man es »Verbesserung« oder »Optimierung« nennt, entscheidet man sich bereits für eine spezielle Bedeutung. Eine Kollegin von mir, Ruth Chadwick, unter-

scheidet vier wichtige Interpretationen des Enhancement-Begriffs. Erstens das Begriffsverständnis des President's Council for Bioethics unter der Bush-Regierung. Dieser Rat veröffentlichte 2003 einen Bericht, *Beyond Therapy*. In diesem Bericht geht es darum, dass viele Technologien, die für therapeutische Zwecke entwickelt werden, wie beispielsweise *smart drugs*, später auch jenseits der Therapie eingesetzt werden. Man entwickelt ein Medikament gegen Gedächtnisprobleme bei Alzheimerpatienten, und das gleiche Medikament verbessert möglicherweise auch die Gedächtnisleistung eines Gesunden. Zweitens die Idee einer rein quantitativen Veränderung, beispielsweise wenn jemand durch Wachstumshormone wächst. Drittens die qualitative Veränderung, etwas wird verbessert. Ein Beispiel ist der Gebrauch von Enhancement-Technologien, um Menschen moralisch besser zu machen. Und schließlich gibt es Enhancement als eine Art Dachbegriff für eine ganze Reihe verschiedener Eingriffe. Und selbst wenn man eine bestimmte Interpretation wählt, ist es nicht immer einfach, klar zwischen Enhancement und Therapie zu unterscheiden. In vielen Analysen wird man zwar unbestreitbare Beispiele für Enhancement auf der einen und Therapie auf der anderen Seite finden, aber daneben gibt es immer eine Grauzone von Eingriffen, die schwierig zu kategorisieren bleiben.

## Verlangsamtes Altern, radikale Lebensverlängerung und Unsterblichkeit

Brinzanik: Nehmen wir das Altern. Es ließe sich sagen, dass es auf molekularer und physiologischer Ebene eine Krankheit ist, eine Schädigung zellulärer Strukturen wie DNA, Proteine, Membrane und so weiter.

Nein, ich glaube nicht, dass Altern eine Krankheit ist. Das ist eine Diskussion über Begriffe. Wenn Sie das Altern als Krankheit betrachten, dann erweitern Sie den Begriff von Krankheit so weit, dass er nicht mehr informativ ist, da alle Menschen, alle Organismen altern. Und dann wäre kein Organismus jemals mehr gesund. Was bringt also ein so weitgefasster Begriff von Krankheit? Für die meisten praktischen Zwecke ist es dienlich, zwischen gesunden und kranken Organismen zu unterscheiden.

Brinzanik: Aber der mit dem Altern verbundene Verfallsprozess führt zu tödlichen Krankheiten wie Krebs, Neuro-Degeneration oder Herz-Kreislauf-Erkrankungen. Ihn zu verlangsamen, könnte die Gesundheit alter Menschen verbessern und das Leid und den Tod, den diese Krankheiten verursachen, aufschieben. Die Verlängerung der maximalen Lebensspanne, die zurzeit etwa 120 Jahre beträgt, wäre natürlich ein Nebeneffekt solcher Anti-Ageing-Therapien.

Ich würde dennoch zwischen dem Kampf gegen Krankheiten und dem Kampf gegen das Altern unterscheiden. Das sind zwei verschiedene Prozesse. Natürlich müssen Krankheiten bekämpft werden, weil sie viel Leid mit sich bringen. Daher ist jede Verbesserung in der Behandlung von Krankheiten, auch der altersbedingten Krankheiten, grundsätzlich wünschenswert. Und den Gedanken, dass die Befreiung und Linderung von Leid erstrebenswert ist, halte ich für ein Grundprinzip der Ethik. Allerdings wissen wir noch immer nicht, ob durch einen direkten Eingriff in den biologischen Prozess des Alterns Krankheiten vermieden, geheilt oder wenigstens symptomatisch behandelt werden können. Wenn als Resultat solcher Eingriffe nur die Lebenserwartung eines Patienten verlängert, aber nicht der Verlauf seiner Krankheit verbessert würde, dann verlängerte das womöglich bloß sein Leiden. Das wäre nicht erstrebenswert. Es wäre zwar schön, wenn gewisse Eingriffe in den biologischen Alterungsprozess eine bestimmte altersbedingte Krankheit verhindern würden und so das damit verbundene Leiden im Keim ersticken. Das würde zu Gesundheit und Wohlbefinden beitragen. Aber trotzdem: Was will man am Ende erreichen? Ich befürchte, dass sich das Bestreben, all diese Krankheiten abzuschaffen, als eine Art sich selbst im Weg stehender therapeutischer Furor erweisen wird. Wenn zum Beispiel Krebs besiegt ist, dann leben die Leute vielleicht durchschnittlich ein paar Jahre länger, aber dann werden sie von einer anderen Krankheit hinweggerafft. Unsere Struktur, unser Bauplan als Produkt der Evolution beinhaltet nämlich, dass wir nach unserer reproduktiven Phase degenerieren. Und ich glaube nicht, dass wir in der Lage sein werden, unseren biologischen Bauplan so grundlegend zu verändern, dass Verfall darin nicht mehr vorkommt. Wir werden vielleicht in der Lage sein, den Prozess zu verlangsamen, aber ich bezweifle, dass der Kampf gegen alle Krankheiten letztlich wirklich erfolgreich sein kann. Wie gesagt, ich sehe eindeutig Sinn darin, Leiden zu bekämpfen. Darum sind Dinge wie die palliative Behandlung auch immens wichtig. Bei dieser versucht man nicht mehr, alles zu heilen, sondern die Symptome zu lindern und es dem Patienten so angenehm wie möglich zu machen.

Hülswitt: Es könnte doch sein, dass wir in einem Leben von achtzig Jahren zu Einsichten gelangen, die uns in einem halb so langen Leben verwehrt blieben. Das ist doch bereits ein Qualitätszuwachs.

Ja, ist es auch.

Hülswitt: Und mit 150 hätte man vielleicht noch einmal andere Einsichten, die wir nie haben werden.

Vielleicht, ja.

Hülswitt: Ist ein solches Alter dann nicht doch erstrebenswert?

Doch, wenn man sich dabei noch einigermaßen gut fühlt, natürlich.

Brinzanik: Biogerontologen arbeiten immer an einer gesunden Lebensverlängerung.

Wenn sich die Lebensspanne ein wenig verändert und man immer noch eine vernünftige Lebensqualität genießen kann, sicher, dann wäre ich dem zugeneigt. Aber ich verstehe den Drang nicht, beispielsweise der Transhumanisten, überhaupt nicht sterben zu wollen. Ich bin überzeugt, dass das Universum ein weniger attraktiver Ort wäre, wenn meine Person zu einer ewigen Entität würde. Und ich wäre ebenfalls eine kümmerliche Figur. Immer und immer weiterzuleben und keine Möglichkeit zu haben, aus dieser Existenz auszusteigen, ist mein schlimmster Albtraum. Das Leben wäre jeder Bedeutung beraubt. Ich verstehe diese Fokussierung auf die Ewigkeit nicht. Und besonders bizarr wird es, wenn man es im globalen Maßstab betrachtet. Große Teile der Welt verfügen nicht einmal über einfachste Gesundheitssysteme. Also um was, um was alles in der Welt, geht es hier? Es ist einfach ungerecht! Wenn wir es nicht einmal schaffen, Afrika mit Moskitonetzen gegen Malaria zu versorgen, dann kann das Streben nach Unsterblichkeit nicht gerechtfertigt werden. Es ist eine Obsession! Und *last but not least*: Manche alte Menschen, deren Freunde nicht mehr leben und die alles erreicht haben, was sie erreichen wollten, warten und hoffen sogar darauf, dass der Tod sie nun aus dem Leben nimmt.

Brinzanik: Aber ist das nicht traurig?

Ich finde es einfach natürlich. Okay, in gewisser Weise ist es traurig, weil solche Personen kein integraler Bestandteil eines organischen sozialen Netzes mehr sind. Und sie haben nicht länger eine ersichtliche Funktion, sie erhalten keine Anerkennung mehr und sind vermutlich sehr einsam. Es könnte also durchaus sehr traurig sein, stimmt. Aber dieses Problem wird man sicher nicht lösen, indem man ihr Leben noch weiter verlängert.

Hülswitt: Gibt es einen Zusammenhang zwischen dem Sinn des Lebens und der Sterblichkeit?

Fragen wir andersherum: Was wäre das Problem, wenn wir dazu verdammt wären, zu leben, und unfähig, zu sterben? Was wäre dann unser Antrieb? Was wären unsere Interessen? Was wären die Werte, die wir dann verwirklichen wollten? Das Leben wäre langweilig. Wir würden alle in große Depressionen verfallen, denn es gäbe keine Anreize mehr, kein Ziel, das wir erreichen wollten. Alle Werte entstehen meines Erachtens durch die Tatsache, dass die Dinge einen Anfang und ein Ende haben. Dinge sind gerade wegen ihres vorübergehenden, zeitlich begrenzten Charakters besonders. Wenn ich eine Beziehung mit einer besonderen Person habe und diese Beziehung würde in alle Ewigkeit weitergehen, dann wäre sie nicht so besonders. Oder ein schönes Musikstück wäre nicht so schön, wenn ich es *in saecula saeculorum* hören würde. Deshalb glaube ich, dass ein Zusammenhang zwischen intrinsischem Wert und Limitationen besteht, Anfängen und Enden. Und daher würde ich intuitiv sagen, ich möchte lieber, dass mein Leben zu einem bestimmten Zeitpunkt endet, als dass es ewig weitergeht.

Hülswitt: Wer wird von potenziellen Langlebigkeitstechnologien profitieren?

Wenn diese Technologien nicht für die breite Masse verfügbar sind – und das werden sie wahrscheinlich nicht sein, weil sie teuer sein werden –, dann wird eine kleine Elite älter, und jüngere Leute werden Probleme haben, in den Arbeitsmarkt zu kommen, da die Älteren auf ihren Positionen sitzenbleiben. Das könnte auch Innovation und Kreativität in der Gesellschaft hemmen. Wir haben im heutigen Europa bereits ein riesiges Rentenproblem. Wir haben sehr viele alte Leute und zu wenige Geburten, um all diese Leute ohne Probleme zu versorgen. Auch hier wäre es unter dem Gesichtspunkt globaler Gerechtigkeit schlicht verrückt, wenn wir ernsthaft beginnen würden, große Ressourcen darauf zu verwenden, unseren biologischen Bauplan unzerstörbar zu machen. Und höchst ungerecht! Wir sollten uns lieber um die Menschen kümmern, die marginalisiert sind und nicht einmal über eine minimale Gesundheitsversorgung verfügen. Diese Probleme müssen wir lösen, und sie sind nicht unbedingt technischer Natur. Es sind soziale Probleme und Probleme institutioneller Verantwortung. Die Wahrscheinlichkeit beispielsweise, dass ein Afrikaner an den Folgen des Klimawandels stirbt, ist fünfhundertmal höher als bei einem Europäer oder Amerikaner. Und es sind Europa und Amerika, die riesige Mengen an Kohlendioxid produzieren, während Afrika nahezu nichts zu diesem Problem beiträgt. Wir erleben jetzt alle möglichen verrückten Wetterphänomene. Und das wird zunehmen, weil wir hier aus dem Vollen leben. Sie fliegen durch die Welt, ich auch. Wir fahren Autos und all das. Aber die hässlichen Folgen davon spüren andere. Wenn man es also unter dem Gesichtspunkt globaler Gerechtigkeit sieht, dann werden viele dieser Probleme, dieses Strebens nach ewigem Leben, ziemlich trivial.

## Verschmelzung von Mensch und Technologie

Brinzanik: Erwarten Sie eine zunehmende Verschmelzung von Mensch und Technologie?

Das ist eine der Entwicklungen, mit denen wir werden umgehen müssen. Was im Augenblick geschieht, nenne ich eine Anthropomorphisierung der Technologie. Technische Systeme werden zunehmend nach dem Vorbild organischer Systeme entwickelt. Dies geschieht in den Bereichen der Künstlichen Intelligenz, des künstlichen Lebens und der Robotik, um nur wenige Beispiele zu nennen. Man verwendet zum Beispiel bestimmte Expertensysteme, was bedeutet, dass man versucht, die Expertise einer bestimmten Person auf einem Computer zu simulieren. Oder man analysiert Insekten und versucht, nach ihrem Vorbild fliegende Roboter zu designen. Man versucht also, organische und auch menschliche Systeme mit technischen Mitteln zu imitieren. Auf diese Weise wird uns die Technik ähnlicher. Auf der anderen Seite werden wir selber technikähnlicher, es lässt sich von einer Artefaktibilisierung des Menschen sprechen. Sie und ich arbeiten mit einem Computer. Als Wissenschaftler sind wir ohne Computer aufgeschmissen. Und irgendwann wird all diese Technologie in unsere Schädel eingebaut werden. Gegenwärtig werden Gehirn-Computer-Schnittstellen und ebenso neuronale Engineering-Technologien entwickelt. Und dabei wird es nicht bleiben. Demnächst werden wir Chips im Gehirn tragen, die uns mit dem Internet verbinden, es wird intelligente Programme geben, die als Gesprächspartner fungieren oder mit denen wir direkt per Gedankenkraft kommunizieren und die uns mit allen Informationen versorgen, die wir benötigen. Wie gesagt, was wir auf jeden Fall erleben werden, ist, dass Menschen und Technologien einander ähnlicher werden: Eine Anthropomorphisierung der Technologie und eine Artefaktibilisierung des Menschen.

Brinzanik: Was werden die Folgen einer solchen Entwicklung sein?

Es wird zu Formen beinahe existenzieller Verwirrung kommen. Wenn wir über uns nachdenken, unterscheiden wir gewöhnlich zwischen Natur und Kultur, zwischen natürlich und künstlich, bewusst und unbewusst, organisch und nichtorganisch. Diese Unterscheidungen aber werden zunehmend obsolet werden. Und doch repräsentierten diese Gegensatzpaare für sehr lange Zeit essenzielle Elemente des menschlichen Selbstverständnisses. Wir werden also zusehends Probleme haben, uns selbst zu kategorisieren und uns von technischen Systemen zu unterscheiden.

Brinzanik: Und wir befinden uns bereits auf dem Weg in eine solche Zukunft?

Sicher. Gelähmte bekommen ein Hirnimplantat, das es ihnen ermöglicht, einen Cursor zu bewegen. Das ist noch Therapie, weil die Integrität einer Person wiederhergestellt wird, aber dieselbe Technologie lässt sich auch verwenden, um bestimmte Eigenschaften zu verbessern. Und da gibt es sehr handfeste Interessen. DARPA zum Beispiel, die Defense Advanced Research Projects Agency in den USA, hat großes Interesse hieran und investiert Millionen US-Dollar in weiterführende Forschung im Bereich Hirn-Computer-Schnittstellen, um Soldaten zu befähigen, Kampfroboter aus der Entfernung zu steuern. Oder Piloten, die das Flugzeug mit der Kraft ihrer Gedanken steuern können. Auch die NASA hat hier Interesse. Honda arbeitet an Schnittstellen, die es ermöglichen sollen, Roboter per Gedanken zu steuern. Es gibt Computerspiele, die diese Technologien nutzen, und man arbeitet an *smart homes*, die mit Gedankenkraft kontrolliert werden können. All das führt zu einer wachsenden Symbiose zwischen Mensch und Technologie. Früher oder später werden wir alle Cyborgs sein.

## Enhancement: Gerechtigkeit und Identität

Hülswitt: Wäre das denn nun ethisch wünschenswert?

Der Versuch an sich, menschliche Eigenschaften zu verbessern, ist nicht falsch oder schlecht. Das lässt sich schwerlich generalisieren. Die entwickeltsten Bereiche des Enhancement sind die *smart drugs*, beispielsweise Ritalin und Modafinil, dann die kosmetische Zahnbehandlung und kosmetische Chirurgie sowie Doping im Sport. Das sind aber sehr unterschiedliche Bereiche. Denn im Sport etwa besteht die Idee des Fairplay. Und bis jetzt verlangt die vorherrschende Ideologie ein Verbot des Dopings im Sport. Die Antidoping-Agentur WADA versucht, neue Regularien einzuführen. Ich denke allerdings, dass dieser Kampf nicht gewonnen werden kann. Dagegen sind die meisten Staaten sehr liberal, wenn es um kosmetische Zahnbehandlung und Chirurgie geht. Hier herrscht noch Wilder Westen, oft fehlt jegliche Regulierung. Und schließlich sind die *smart drugs* ein offensichtliches Problem, da sie von Studenten in Prüfungen benutzt werden. Die Universitäten diskutieren jetzt, ob sie *smart drugs* verbieten sollen. Aber was dann? Soll man vor Prüfungen standardmäßig Dopingtests durchführen? Dies sind drei Bereiche, in denen sehr reale Entwicklungen stattfinden, und wir beginnen gerade erst, die ethischen, politischen und regulatorischen Fragen anzugehen. Im Augenblick besteht keine konsistente Politik in Sachen Enhancement-Technologien.

Brinzanik: Warum kann nicht jeder selbst entscheiden, ob er sie benutzen will oder nicht?

Freiheit ist sehr wichtig. Wenn also jemand über die Risiken Bescheid weiß und anderen keinen Schaden zufügt, bitte schön! Die Leute sind allerdings nicht immer gut informiert. Auch haben wir Kinder, die wir beschützen wollen. Und manche Entwicklungen sind unter Umständen sehr kompliziert, weshalb Staaten mitunter zu Paternalismus neigen, und vielleicht ist das auch berechtigt. Und gleichzeitig geschieht es selten, dass andere davon unbeeinflusst bleiben, wenn ein Mensch von einer bestimmten Technologie Gebrauch machte. Wenn ich *smart drugs* nehme und eine phantastische Reihe von Publikationen hinlege, dann haben meine Kollegen einen Wettbewerbsnachtteil. Es schafft Ungerechtigkeit im System. Und das Szenario eines gleichen Zugangs für alle ist höchst unwahrscheinlich. Man braucht sich nur die Enhancement-Technologien wie etwa Hirn-Computer-Schnittstellen und die damit verbundenen Vorteile vor Augen zu führen – besonders, wenn sie demnächst wirksamer werden –, um zu begreifen, dass bestimmte wohlhabende Eliten mehr Zugang zu ihnen haben werden. Die bereits bestehende Kluft zwischen den Reichen und den Armen, den Privilegierten und den Marginalisierten wird immer größer, vielleicht sogar bis zu einem Grad, wo sie nicht mehr überwunden werden kann. Mithin ist eines der Probleme das der Gerechtigkeit. Das Szenario eines gleichberechtigten Zugangs ist naiv. Wir haben ja schon heute keinen gleichberechtigten Zugang zu normaler Gesundheitsversorgung. Und was zu alldem noch hinzukommt, ist das Problem der Identität. Im Fall der Cochlea-Implantate findet bereits eine heftige Diskussion statt. Die Gemeinschaft der Taubstummen protestierte gegen deren Verwendung, weil diese Implantate die Identität ihrer Gemeinschaft zerstören und sie nicht möchten, dass ihr Kind eine hörende Person wird.

Hülswitt: Aber was sagt das Kind? Denkt es, »O je, ich bin nicht richtig ich, weil ich ein Cochlea-Implantat habe«?

Das Kind lebt in einer sozialen Einheit, der Familie, und diese kommuniziert mittels Zeichensprache. Es bekommt ein Implantat, hat damit die Möglichkeit, zu hören und verbale Sprache zu entwickeln, und je nach Qualität des Implantats wird es sich nun in die Gemeinschaft der Hörenden integrieren und die tiefen Bindungen in seiner alten Gemeinschaft verlieren. Anfangs argumentierte man, die Technik sei nicht in dem Maße entwickelt, dass sie eine vollständige Integration in die Gemeinschaft der Hörenden ermögliche. Die Kinder verloren sich zwischen den beiden Gemeinschaften und gehörten keiner richtig an. Insofern verändert Technologie die sozialen Rollen erheblich und wirkt sich auch auf die Identität aus. Und je größer dieser Einfluss auf Ihre Persönlichkeit, auf Ihre kognitiven Fähigkeiten, auf Ihre Stimmung und so weiter ist, desto größer wird der Einfluss auf Ihre Identität sein. Wenn es nur eine künstliche Hüfte oder ein künstlicher Zahn ist, dann stört es Sie natürlich nicht.

Hülswitt: Ich habe einen Freund, der durch Psychopharmaka so ungeheuer lustig wurde, dass ihm niemand mehr das Wasser reichen konnte. Aber ich glaube, da haben er und wir Freunde weniger darunter gelitten, als er zuvor unter seiner Paranoia. Ich habe generell das Gefühl, dass wir die heutigen Enhancements, ich will sie einmal therapeutische nennen, relativ leicht integrieren, und vielleicht wird es auch mit den kommenden nichttherapeutischen so sein?

Vielleicht. Wir können da nur spekulieren. Aber wenn Sie sich fragen: »Wer bin ich?«, dann denken Sie an die Narration Ihres Lebens, Ihre Biografie: Was habe ich getan, in welchen Beziehungen lebe ich, was habe ich erreicht, was sind meine Ziele? Und wenn dann ein Teil dessen nur durch Technologie möglich war, wie fühlt sich das an? Angenommen, ich verliebe mich in eine Person mit faszinierendem Temperament, die immer positiv und glücklich ist, und dann stellt sich heraus, dass das von Medikamenten kommt. Hört sie dann auf, diese zu nehmen, und verwandelt sie sich in ein depressives Wrack, so werde ich mich fragen: Wer ist die Person, in die ich mich verliebt habe? Das sind ganz eindeutig Identitätsfragen, und diese Fragen werden dringender, je invasiver die Enhancement-Technologien unsere Persönlichkeit, unsere Stimmung, unser vegetatives System, unsere Kognition verändern.

Hülswitt: Ich denke, im Fall der beschriebenen Person rationalisiert man das, indem man sagt, das Medikament hilft ihr, normal zu sein, und somit wird man ihren Zustand unter Medikamenten als ihren authentischen empfinden und den ohne als falschen.

Brinzanik: Und wir tragen auch im gesunden Fall, aus einem grundlegenden psychologischen Blickwinkel betrachtet, zahlreiche »Ichs« in uns. Es existiert ein Konzert von Stimmungen und Erinnerungen, von Identitäten in jeder Person.

Jetzt reden wir über das Konzept der Identität als solches. Es ist ein problematisches Konzept, sicher. Die Vorstellung, dass wir eine einheitliche, fokussierte individuelle Person sind, ist wahrscheinlich etwas naiv und vielleicht ohnehin nicht ganz wahr. Aber dennoch stehen wir angesichts der Enhancement-Technologien vor dem ethisch relevanten Thema der Authentizität und der Identität.

## Die Matrix: Gutes Leben versus Glück

Brinzanik: Viele Menschen stellen an sich und andere den Anspruch intellektueller und physischer Verbesserung. Und es scheint eine Tradition zu geben, die eine Verbesserung aus eigener Anstrengung positiv, aber das Spritzen von Steroiden zum Muskelaufbau oder ein eventuelles Herunterladen einer Fremdsprache direkt ins Gehirn negativ bewertet. Woher kommt diese Unterscheidung?

Das hat mit einer bestimmten Befriedigung zu tun, die Sie empfinden, wenn Sie aufgrund Ihrer Anstrengung und Ausdauer erfolgreich sind. Wenn ich Muskeln kaufe, statt sie mir anzutrainieren, sehe ich vielleicht genauso gut aus, aber ich kann nicht genauso stolz darauf sein. Worum es hier eigentlich geht, ist die Frage nach dem guten Leben. Die Griechen kannten die Idee der *eudaimonia*. Das ist schwer zu übersetzen. Aber man könnte es verstehen als menschliches Gedeihen, oder eben als das gute Leben. Das Konzept der *eudaimonia* dreht sich um eine Art objektiv wünschenswerten Lebens, nicht bloß um Glück, das ein eher subjektives Konzept ist. Wenn ich arbeitslos bin und meine Frau Selbstmordtendenzen hat, dann kann ich unter Heroin immer noch glücklich, happy sein. Aristoteles sagt, *eudaimonia* genieße man aufgrund von Tugenden und wenn bestimmte äußere Güter gegeben seien wie Gesundheit, Freunde und Schönheit.

Hülswitt: Und mittels Enhancement kämen wir immer nur zum Glück, aber nie zum guten Leben?

Wir müssen überlegen, was wir erreichen wollen: Wollen wir das gute Leben, oder wollen wir glücklich sein? Und dann müssen wir schauen, ob Selbstverbesserung oder Enhancement-Technologien oder Medikamente in unserem Streben eine konstruktive Rolle spielen können. Das ist meine grundlegende Frage. Wahrscheinlich sind subjektive Gefühle von Glück und Wohlbefinden nicht genug. In dem Film *Matrix* gibt es eine Szene, in der die Hauptfigur Neo die Wahl hat zwischen zwei Pillen. Wählt er die blaue, kann er in der virtuellen Realität der Matrix bleiben, wo er glücklich ist. Wählt er aber die rote, kann er die echte Realität erfahren, die eher deprimierend ist. Warum sollte man Letzteres tun, wenn Glück das einzige Ziel wäre? Weil wir Dinge erreichen wollen, die objektiv wünschenswert sind. Neo nimmt die Pille, die ihn von der Matrix befreit, und er nimmt an der Realität teil, die in dem Film ein recht unangenehmer Ort ist. Und nun noch einmal zurück zu den Enhancement-Technologien. Es stimmt, man kann Verbesserungen erzielen. Man kann den Eindruck erwecken, viel zu wissen oder sehr stark zu sein oder sehr schön. Schauen wir uns das Extremszenario an, unser Bewusstsein auf einen Computer hochzuladen. Wenn ich mich hochlade und ein intelligentes Software-Programm im Internet werde und ewig lebe, und wenn ich mich als Person in der virtuellen Welt bewegen oder mir einen nanotechnischen Körper wählen kann, dann kann ich alles Mögliche tun. Aber sind wir dann nicht am Ende Teil der Matrix? Einer Art virtuellen Realität? Wäre das wirklich eine Errungenschaft? Wäre das ein objektiv wünschenswertes Leben?

Hülswitt: Ein Gegenbeispiel: Manche Leute leiden unter Teilen ihres Äußeren. Kann Schönheitschirurgie dann nicht mitunter dabei helfen, dass sie ein neues Selbstbewusstsein entwickeln und vielleicht sogar ein neues Leben anfangen – also genau das Gleiche erreichen, was die Psychotherapie erreichen will?

Manchmal können Enhancements helfen, Dinge zu erreichen, die man wirklich erreichen will. Und insofern können sie jemandem dazu verhelfen, authentischer zu werden als zuvor. Wo jemand erst durch bestimmte Barrieren oder Probleme behindert war, ist er nun gelöst, und plötzlich ist da ein Gedeihen. Das stimmt. Aber lassen Sie uns noch einmal über virtuelle Realität und Hirn-Computer-Schnittstellen nachdenken. Diese werden möglich sein. Im Moment ist die virtuelle Realität noch immer ziemlich unterentwickelt. Wir haben Visualisierung und Akustik, ein wenig Haptik, aber die Schnittstellen sind noch sehr primitiv, Tastaturen und solche Dinge. Wenn wir aber zukünftig eine Verbindung in unserem Gehirn haben, ein Hirn-Implantat, dann wird es möglich werden, sehr reale virtuelle Umgebungen zu schaffen, in denen man alles Mögliche tun kann. Jeder Wunsch, der auftaucht, wird sofort befriedigt werden. In Larry Nivens *Ringwelt*, einem Science-Fiction-Roman aus dem Jahr 1970, existiert das Phänomen der »Drahtköpfe«. Diese tragen Implantate im Lustzentrum ihres Gehirns, und sie sind abhängig. Sie leben permanent in einer virtuellen Realität, vernachlässigen sich selbst und sterben. Genau dieses Experiment führte man übrigens tatsächlich mit Ratten durch. Die Ratten können einen Knopf drücken und damit das Lustzentrum in ihrem Gehirn stimulieren. Und was tun die Ratten?

Brinzanik: Sie drücken den Knopf.

Ganz genau, und sie sterben. Weil sie alles andere vernachlässigen. Und das wird ein Problem werden: Sucht nach virtueller Realität! Gut, fassen wir zusammen: Was ist ein wünschenswertes Leben, das wir erreichen wollen? Und spielen Enhancement-Technologien eine konstruktive Rolle in diesem Streben? Wie beeinflussen sie die Gesellschaft, und wird man frei entscheiden können? Ich habe keine Antworten auf all diese Fragen, aber wir müssen uns ihnen stellen. Zurzeit ist die Diskussion sehr polarisiert: Auf der einen Seite stehen die Biokonservativen, auf der anderen die Transhumanisten. Beide sind ziemlich ideologisch. Aber die genannten Fragen sind sehr komplex, und wir werden uns in der Analyse auf bestimmte Bereiche konzentrieren müssen, in denen Enhancement-Technologien angewandt werden, wie der Sport, der akademische Bereich oder der militärische.

Brinzanik: Wie können sich Gesellschaften auf Werte und Ziele von Wissenschaft und Technologie verständigen? Denken Sie, das ist im Augenblick gut organisiert?

Ich glaube, die Diskussionen beginnen erst. Wie gesagt, im Augenblick dreht sich die Diskussion um kosmetische Eingriffe, Doping und *smart drugs*. Und jetzt gerade kommt die Diskussion über Prothesen im Sport hinzu. Wir nähern uns nämlich dem Moment, in dem Athleten mit Prothesen plötzlich besser werden als die ohne, zum Beispiel im Sprint oder beim Klettern. Man diskutiert, ob diese Leute dann nicht bei den normalen Spielen zugelassen werden müssen statt bei den Paralympics. Wir brauchen nicht sofort ein großes gesellschaftliches Einverständnis über das gute Leben, sondern wir müssen diese Fragen in den einzelnen Bereichen betrachten. Was ist das Ziel des Sports? Wenn es nur um das beste Ergebnis, unabhängig von den Mitteln geht, dann sind Restriktionen schwer zu begründen. Viele Menschen sehen im Sport jedoch etwas anderes. Zurzeit hinkt die ethische Reflexion hinterher. Die technischen Entwicklungen verlaufen sehr schnell, und es ist schwer, ihrer habhaft zu werden, und die Politiker wissen oft nicht, was genau der Stand der Technologien ist. Das ist das eine Problem. Das andere ist, dass uns adäquate Institutionen und Strukturen fehlen, mit deren Hilfe die Dinge entschieden und geregelt werden könnten.

400 Jahre

Hülswitt: Wenn Sie 400 Jahre alt werden könnten, die technischen Mittel wären vorhanden, aber Sie müssten Ihren Lebensstil ein wenig ändern. Sie müssten Ihre Zellen pflegen und sie regelmäßig reinigen, ungefähr so, wie Sie es heute mit Ihren Zähnen tun. Und Sie müssten sich jetzt entscheiden, denn der Zug fährt ab und Sie müssen aufspringen oder es lassen. Würden Sie es tun?
Nein.
Hülswitt: Warum nicht?
Wäre ich der Einzige?
Brinzanik: Jeder, der es sich leisten kann, könnte dabei sein.
Jeder? Nein. Ich habe kein Interesse daran, 400 Jahre alt zu werden.
Hülswitt: Warum nicht?
Ich denke, dass ich die Dinge und Werte, die ich erreichen und schaffen will, in der normalen und gewohnten Lebensspanne erreichen kann. Ich finde den Gedanken, 400 Jahre alt zu werden, ehrlich gesagt, ziemlich beängstigend. Wie viel Veränderung kann man als Individuum denn tatsächlich verarbeiten? Wäre es

wirklich schön, 400 Jahre alt zu werden? Ich weiß nicht. Nein, ich habe kein Interesse.

*Aus dem Englischen von Tobias Hülswitt*

## »Statt tot zu sein, sind sie am Leben«

Roman Brinzanik im Gespräch mit dem Demografen
James W. Vaupel (Berlin, 19. Oktober 2009)

### Durchschnittliche und maximale Lebensspanne steigen

Roman Brinzanik: Wie lange werden Sie und ich leben?
James W. Vaupel: Wie lange jemand lebt, hängt sehr von seiner Gesundheit ab, und es ist außerordentlich schwierig, individuelle Vorhersagen zu treffen. Recht gute Vorhersagen können aber für die Lebenserwartung, die durchschnittliche Lebensspanne einer Geburtskohorte getroffen werden. Wir haben zum Beispiel Berechnungen darüber, wie lange heutige Neugeborene in den verschiedenen Ländern im Schnitt leben werden. Wenn man hier die bisherige Entwicklung der Sterblichkeitsrate der letzten paar hundert Jahre und vor allem der letzten fünfzig Jahre nimmt und diese in die Zukunft projiziert, findet man, dass die meisten Kinder, die seit 2000 in Europa geboren wurden, hundert Jahre alt werden.
Wie bitte? Die Mehrheit der Kinder?
Die Mehrheit der Kinder in den Ländern, die wir untersucht haben: Dänemark, Frankreich, Deutschland, Italien und Großbritannien, außerdem Kanada, die USA und Japan. Speziell für Deutschland ist unsere Prognose, dass die Mehrheit der Kinder, die 2007 geboren wurden, ihren 102. Geburtstag feiern wird. Diese Zahlen basieren auf einer sehr einfachen und transparenten Methode der Prognose: Wir erwarten keinen weiteren Fortschritt beim Absinken der Sterblichkeitsrate im Alter bis fünfzig Jahre, denn wer weiß, was passiert, und außerdem finden junge Menschen immer Wege, sich umzubringen. Wenn aber der Rückgang der Sterblichkeitsrate im Alter ab fünfzig Jahren so weiter-

geht wie in der Vergangenheit, dann erhalten wir diese Zahlen. Diese Berechnungen könnten natürlich aus vielerlei Gründen zu optimistisch sein: der Klimawandel könnte sehr ernste Auswirkungen haben, ebenso ökonomische Krisen, ein Atomkrieg – Schwerwiegendes könnte schiefgehen. Auf der anderen Seite könnte vieles besser laufen als bisher: Es ist durchaus möglich, dass der biomedizinischen Alternsforschung ein Durchbruch gelingt. Dann würden Menschen noch länger leben. Es ist also nur eine Schätzung, und meiner Überzeugung nach eine gemäßigte.

**Wie hat sich die menschliche Lebenserwartung in der Vergangenheit entwickelt?**

Wir haben keine besonders guten Daten, die weiter als 10 000 Jahre zurückreichen, aber von den letzten 10 000 Jahren wissen wir, dass die Lebenserwartung die meiste Zeit zwischen zwanzig und dreißig Jahren schwankte. In vielen Berechnungen lag sie bei zwanzig, aber in besonders wohlhabenden Bevölkerungen waren es wohl dreißig. Und selbst noch um 1600 und 1700 betrug die Lebenserwartung in England und Skandinavien nur 35 Jahre, da existieren sehr verlässliche Zahlen. In Deutschland, Frankreich und Italien lag sie bei etwa 25, sogar noch in der zweiten Hälfte des 18. Jahrhunderts. Aber ab 1800 begann die Lebenserwartung systematisch zu steigen, insbesondere in den skandinavischen Ländern und ansatzweise auch in England. Bis 1840 stieg die Lebenserwartung schwedischer Frauen auf 45. Und seit 1840 steigt sie in den Ländern, wo sie am höchsten ist, um zweieinhalb Jahre pro Jahrzehnt. Dieser Anstieg verläuft seit rund 170 Jahren erstaunlich linear! Diese Länder waren zunächst Schweden und Norwegen, dann Neuseeland, und jetzt ist es Japan. Wir gewinnen zweieinhalb Jahre pro Jahrzehnt hinzu. Das sind drei Monate pro Jahr oder sechs Stunden pro Tag.

**Was sind die Gründe für diesen Anstieg?**

Zunächst einmal wurde diese Entwicklung im 19. und frühen 20. Jahrhundert durch ein Absenken der Kindersterblichkeit und der Sterblichkeit junger Erwachsener vorangetrieben. Der Fortschritt, der im 19. Jahrhundert erzielt wurde, hatte seinen Grund in der Entwicklung der öffentlichen Gesundheitsversorgung. Die Kindersterblichkeit sank, weil Ärzte lernten, dass sie sich vor der Entbindung die Hände waschen müssen, und man lernte, wie man sich vor Infektionskrankheiten schützen und Tuberkulose eindämmen kann. Für ältere Menschen gab es damals kaum einen Fortschritt. In letzter Zeit hingegen wird vor allem für Ältere etwas erreicht. Der Rückgang der Mortalität ab einem Alter von achtzig Jahren macht nun vierzig Prozent des jüngsten Fortschritts aus. Es fand also eine Verschiebung statt. Früher war es ein Fortschritt im Bereich der Infektionskrankheiten, heute ist es ein Fortschritt im Kampf gegen chronische Todesursachen wie Krebs und besonders gegen Herzerkrankungen. Es ist bemerkenswert, dass wir trotz dieser Verschiebungen weiterhin konstant zweieinhalb Jahre pro Jahrzehnt an Lebenserwartung hinzugewinnen. Die jüngste Entwicklung, die die über Achtzigjährigen betrifft, wird vor allem erzielt, weil die Leute heute die Achtzig in einem besseren Gesundheitszustand erreichen, weil sie im Laufe ihres Lebens weniger Krankheiten hatten, weil sie sich besser ernährt und um sich gekümmert haben. Zusätzlich haben wir heute medizinische Mittel zur Verfügung, die sehr alten Menschen ab Achtzig helfen, länger am Leben zu bleiben.

Ist auch die maximale Lebensspanne gestiegen?

Ja. Soweit wir es sagen können, gab es in Schweden vor 1800 keine Hundertjährigen. Vielleicht einen oder zwei. Auch noch in der Mitte des 19. Jahrhunderts feierte in Schweden niemand seinen oder ihren hundertsten Geburtstag. Heute sind es jährlich Hunderte und Aberhunderte.

Steigt die Anzahl der Hundertjährigen exponentiell?
Sie steigt sogar hyperexponentiell.
Wird eigentlich diese letzte Phase des Lebens, der Verfall zum Tod hin, auch länger?
Nein. Die Spanne des gesunden Lebens hat sich verlängert. Die Phase der Debilität, Behinderung und der schlechten Gesundheit am Ende des Lebens wird auf immer später verschoben. Aber sie wird weder kürzer noch länger. Allerdings lassen sich Behinderung und Krankheit sehr schwer messen. Das ist auch einer der Gründe, weswegen ich mich mit dem Tod beschäftige: Er lässt sich sehr einfach messen.

### Eine natürliche Grenze der menschlichen Lebensspanne?

Gibt es so etwas wie eine natürliche Grenze der menschlichen Lebensspanne?
Lassen Sie mich noch einen Moment mit der Zunahme der Hundertjährigen fortfahren, dann sprechen wir über die natürliche Grenze. Also, Hundertjährige waren sehr, sehr selten, aber wie gesagt, fünfzig Prozent der heutigen Kinder – oder sogar noch mehr – werden die Hundert erreichen. Die wichtigste Entdeckung in der Biologie des Alterns war wahrscheinlich die, dass es möglich ist, die Vergreisung und den Alterstod aufzuschieben und ein immer höheres Alter zu erreichen. Wir verschieben den Tod einfach auf immer später. Diese Tatsache zeigte sich das erste Mal eindrücklich in einer sehr genauen Untersuchung von Hans Lundström aus Stockholm. Anfang der Neunziger sammelte er Daten zu schwedischen Todesraten bis hin zu den obersten Altersstufen. Und dann veröffentlichten wir 1994 gemeinsam einen Artikel, der den Aufschub des Alterstodes belegte. Unser Ergeb-

nis war enorm überraschend. Und zwar deshalb, weil man zu diesem Zeitpunkt dachte, dass gegen das Alter nichts auszurichten sei.

Hatte man sich zuvor die entsprechenden Daten einfach nicht angeschaut?

Es gab keine Daten! Es gab keine Daten ab einem Alter von 85, in keinem Land der Welt. Nur unzuverlässige Informationen. Deshalb wusste niemand, was vor sich ging. Nachdem ich das mit Hans Lundström erarbeitet hatte, führte es der finnische Demograf Vaino Kannisto weiter. Er untersuchte dreißig verschiedene Länder und konnte bestätigen, dass der Tod tatsächlich aufgeschoben wird. Diese Entdeckung ist wirklich fundamental. Die Gerontologen waren schockiert, da sie annahmen, dass nichts die Mortalität im Alter verhindern könne, dass der Alterstod angeboren, ja natürlich sei, eine Idee, die auf Aristoteles zurückgeht.

Wie weit lässt sich der Tod nun hinausschieben?

Wenn wir uns anschauen, wie schnell gegenwärtig die Lebenserwartung für Neugeborene wächst oder die verbleibende Lebenserwartung ab einem Alter von 65, wie schnell die Todesraten bei einem Alter von neunzig oder 95 sinken, dann gibt es keinerlei Hinweise auf eine Verlangsamung dieses Prozesses. Er bleibt mehr oder weniger linear. Wenn, dann gibt es eher eine leichte Beschleunigung. Da also keine Belege für eine Verlangsamung vorliegen, gibt es auch keine wissenschaftliche Basis, von der aus entschieden werden könnte, ob und wann diese Entwicklung endet. Aber wirklich wichtig ist die Tatsache, dass wir am Tag sechs und nicht 24 Stunden hinzugewinnen. Das bedeutet, dass es ein langsamer und langer Prozess sein wird. Wenn wir die Werte aus der Vergangenheit hochrechnen, dann werden die meisten Kinder, die heute leben, hundert Jahre alt und ihre Kinder 120, und ihre Enkel werden 140, aber nicht zwei-, drei- oder vierhundert

Jahre. Wir haben jedoch keine wissenschaftliche Grundlage, von der aus wir sagen könnten, was ab einem Alter von 120 passiert. Denn die älteste dokumentierte Person, die jemals gelebt hat, ist mit 122 Jahren und fünf Monaten gestorben.

Sie haben diese Person getroffen.

Ja, zweimal. Madame Jeanne Louise Calment.

Wie alt war sie da?

Ich habe sie das erste Mal gesehen, als sie 116 Jahre alt war. Und ein zweites Mal einen Tag nach ihrem 120. Geburtstag.

Wie alt hätten Sie sie geschätzt?

Oh, sie sah sehr alt aus. Aber sie hatte eine bemerkenswert glatte Haut für so eine alte Person. Wie alt sie aussah? Ich weiß es nicht, vielleicht neunzig, 95.

Welchen Einfluss haben Genetik, Umwelt und Verhalten beim Erreichen eines solch hohen Alters?

25 Prozent der Unterschiede der Lebensspannen von Erwachsenen können auf angeborene, genetische Faktoren zurückgeführt werden und 75 Prozent auf andere, nicht angeborene Einflüsse: Das Umfeld, in dem man sich als Kind und später als Erwachsener bewegt, Verhaltensfaktoren, Ernährung, Behandlung oder Vermeidung von Krankheiten, Pech oder einfach Glück und viele weitere Dinge, die keinen genetischen Ursprung haben. Der genetische Anteil wächst mit der Höhe des Alters, doch er bleibt unter fünfzig Prozent. Ein außergewöhnlich hohes Alter hat seine Ursachen also vor allem in nicht angeborenen Faktoren.

Ich möchte noch einmal fragen: Haben denn Biologen oder Mediziner Hinweise auf eine natürliche Grenze der Lebensdauer?

Nein, ich denke, aus wissenschaftlicher Sicht gibt es keine Hinweise für die Existenz einer solchen natürlichen Grenze. Andererseits haben wir aber auch keine Beweise für die Nichtexistenz eines Limits. Wenn man den Tod zweieinhalb Jahre pro Jahrzehnt aufschiebt, dann erhöht man die Lebenserwartung graduell. Aber wenn man es schafft, das Altern zu verlangsamen, dann kann man die Lebenserwartung sogar dramatisch erhöhen. Denn wenn man die Alterungsrate halbiert, verdoppelt man die Lebenserwartung. Deshalb besteht unter Biologen ein großes Interesse daran, herauszubekommen, wie so etwas bewerkstelligt werden kann. Es gibt einige Studien zu Hefe, Fadenwürmern und Fliegen, und einige Hungerstudien zu Nagetieren und sogar Primaten, die nahelegen, dass eine Verlangsamung des Alterungsprozesses möglich ist. Wenn es da einen Durchbruch gäbe, dann ließe sich über eine Lebenserwartung von zweihundert statt von hundert Jahren sprechen.

Es gibt Leute wie Ray Kurzweil oder Aubrey de Grey, die der Auffassung sind, der Mensch könne im Prinzip unsterblich werden. Wie denken Sie darüber?

Ich glaube, beide haben insofern recht, als es möglich sein mag, den Alterungsprozess tiefgreifend genug zu verstehen, um ihn tatsächlich verlangsamen zu können. Es ist sehr, sehr schwierig vorherzusagen, wie genau ein solcher Durchbruch erzielt werden kann: durch Genetik, Nanotechnologie, Anti-Ageing-Medizin, durch regenerative Medizin – es gibt da verschiedene Wege. Ich denke, ein Durchbruch ist möglich.

Und wie lange könnte es bis dahin noch dauern?

Das weiß ich nicht. Vielleicht ein bis zwei Jahrzehnte, vielleicht hundert Jahre oder länger? Wir wissen, dass die Alterungsrate einiger nicht menschlicher Arten bereits herabgesetzt werden kann, aber ob sich das auf den Menschen übertragen lässt? Wir sind Würmern in vielerlei Hinsicht sehr ähnlich, aber wir unterscheiden uns auch in vielerlei Hinsicht von ihnen. Es bleibt also sehr spekulativ. Und ich glaube, Kurzweils persönliche Hoffnung, ewig zu leben, ist eher unrealistisch.

## Auswirkungen eines langen Lebens

**Wenn Sie sagen, dass möglicherweise die Alterungsrate verlangsamt und die Lebenserwartung verdoppelt werden könnte, dann muss das doch drastische Auswirkungen haben auf die Art und Weise, wie wir leben und unser Leben planen.**

Ja, sogar wenn wir die Verlangsamung des Alterns einmal außer Acht lassen. Denken Sie nur an die sehr wahrscheinliche, weitere Aufschiebung des Todes. Die meisten Kinder, die heute zur Welt kommen, werden ihren hundertsten Geburtstag feiern. Angenommen, Sie wären so ein Mensch, wie würden Sie Ihr Leben verbringen, was würden Sie machen wollen? Sie müssten sich hundert Jahre lang vergnügen. Ich denke, Bildung würde sehr, sehr wichtig werden, insbesondere freie Bildung. Ein Verständnis für Kunst, Musik und Kultur, vielleicht das Erlernen eines Musikinstruments oder die Entdeckung der Liebe zu Shakespeare oder Goethe. Sie bräuchten außerdem eine Bildung, die es Ihnen ermöglicht, im Laufe Ihres Lebens sehr verschiedene Dinge zu tun. Denn vielleicht arbeiten Sie eine Zeit lang in einem Beruf und wollen dann etwas ganz anderes tun. Ein weiterer Punkt ist, dass ich, wenn ich zwanzig wäre und wüsste, dass ich wahrscheinlich noch achtzig Jahre vor mir habe, die ich größtenteils in guter Gesundheit verbringen kann, dass ich dann nicht bis sechzig hart arbeiten und danach vierzig Jahre lang Freizeit genießen will, sondern Arbeit, Bildung und Freizeit mein Leben lang mischen möchte. Ich würde also weniger Stunden in der Woche arbeiten wollen, dafür aber mehr Jahre meines Lebens. Und wenn ich Kinder oder eine Familie hätte, würde ich gerne Zeit mit ihnen verbringen, wenn sie mich brauchen, und dann, wenn sie mich nicht mehr brauchen, mehr arbeiten. Ich würde etwa wieder zur Schule gehen wollen, um noch etwas Neues zu erlernen, hätte aber auch gerne Zeit für meine Freunde. Ich würde also ein flexibleres Leben haben wollen in Bezug auf meine Arbeitszeiten. Ich glaube, das wären die größten Veränderungen aus der Sicht des Einzelnen. Und dafür braucht man nicht eine Verdopplung der Lebenserwartung. Es reicht zu wissen, dass man hundert Jahre alt wird, um auf diese Gedanken zu kommen.

Vor welche Herausforderungen wird die Gesellschaft gestellt?

Aus gesellschaftlicher Sicht wird die Rente mit Sechzig nicht haltbar sein, da es nicht mehr genug Arbeitnehmer geben wird, die all diese alten Menschen mittragen. Auch aus gesellschaftlicher Sicht wäre es also gut, wenn die Menschen ihre Arbeit auf einen längeren Zeitraum verteilen würden. Wir werden eine gewisse Menge an Arbeit im Laufe unseres Lebens leisten müssen, als ausreichenden Beitrag zur Wirtschaft oder für den eigenen Unterhalt, aber wir müssten nicht insgesamt mehr arbeiten. Ich glaube, dass es so kommen wird, und es hätte sowohl Vorteile für die Gesellschaft als auch für den Einzelnen.

Wäre eine ältere Gesellschaft womöglich weiser als die heutige?

Es gibt Hinweise darauf, dass ältere Menschen selbstloser und großzügiger sind als Jüngere. Vor allem ältere Menschen mit Kindern und Enkelkindern. Jüngere Menschen sind damit beschäftigt, Karriere zu machen, sich zu etablieren und so weiter. Aber ältere Menschen können sich zurücknehmen. Es könnte also eine weisere, freundlichere Gesellschaft werden.

## Alternde Gesellschaft oder Überbevölkerung?

Wir haben über die westlichen Länder gesprochen, wie aber sieht die Situation in den Entwicklungsländern aus?

Unterschiedlich. In manchen Teilen des subsaharischen Afrika ist die Lebenserwartung wegen AIDS dramatisch gesunken. Sie liegt hier teilweise sogar unter fünfzig Jahren. Die Lebenserwartung in der ehemaligen Sowjetunion ist ebenfalls dramatisch gesunken. Russische Männer haben zum Beispiel eine Lebenserwartung von sechzig Jahren. Gründe dafür sind Trunkenheit und Unfälle, Mord, Gewalttätigkeiten, ein schlechtes Gesundheitswesen und ganz einfach mangelnde Pflege. Die Lebenserwartung in den Entwicklungsländern, deren Wirtschaft wächst, nähert sich den westlichen Standards an. In China etwa liegt die Lebenserwartung heute bei siebzig Jahren, und sie steigt. Die ernsthafteste Bedrohung für das Leben in den Entwicklungsländern ist das Rauchen. Schätzungen ergeben, dass Hunderte von Millionen von Chinesen aufgrund des Rauchens an Herzkrankheiten und Krebs sterben werden. Auch in Westeuropa gehören sowohl Rauchen als auch Passivrauchen zu den Haupttodesursachen, ungefähr ein Viertel bis ein Drittel aller Todesfälle sind darauf zurückzuführen. Falls diese Menschen nicht an den Folgen von Herzleiden oder Krebs aufgrund von Tabakkonsum sterben, dann sterben sie natürlich an etwas anderem. Aber acht oder zehn Jahre später.

Was sind die Gründe für den sogenannten demografischen Wandel?

Sie meinen, warum Gesellschaften altern, so wie in Deutschland? Dafür gibt es drei Gründe. Erstens, die Leute leben länger. Dadurch steigt die Zahl der Menschen im hohen Alter. Statt tot zu sein, sind sie eben noch am Leben. Zweitens haben wir weniger Neugeborene. Die Geburtenrate ist zu niedrig, um die Bevölkerungszahl zu halten, was den Prozentsatz an alten Menschen erhöht. Drittens halten sich in Deutschland Zuwanderungen und Abwanderungen in etwa die Waage. Von daher spielt die Zuwanderung hier keine große Rolle, wohingegen sie in anderen Ländern wie den USA, Australien oder Kanada sehr viel höher ist als die Abwanderung. Das hält die dortigen Bevölkerungen jung, jünger als in Ländern wie Deutschland oder Japan.

Eine weitverbreitete Befürchtung ist, dass eine biomedizinische Verlangsamung des Alterungsprozesses und eine Verlängerung der Lebensspanne zu Überbevölkerung führen könnte. Ist diese Sorge berechtigt?

Nein. Bis vor Kurzem war man tatsächlich sehr, sehr besorgt über die Zunahme der Weltbevölkerung. Aber heute zeigt sich, dass die Mehrheit aller Menschen in Ländern lebt, wo die Fertilität unter zwei Kindern pro Kopf liegt, dem Niveau, das nötig wäre, um den Bestand zu halten. Aber weil wir in der Vergangenheit Babybooms hatten, gibt es heute viele junge Eltern, so dass die Zahl der Neugeborenen noch jedes Jahr steigt, obwohl die Fertilität schon so niedrig ist. Die Weltbevölkerung wird sich aber wahrscheinlich sehr bald, vielleicht 2040, 2050, bei etwa neun oder zehn Milliarden einpendeln. Heute liegt sie bei sechs oder sieben Milliarden. Die Bevölkerungszahl wird also vorerst weiter steigen, und das wird Probleme mit sich bringen. Keine Frage. Aber dann wird sie zurückgehen. Und ab etwa 2050 werden sich die Leute über diesen Rückgang Sorgen machen. Man sorgt sich bereits in Russland und Bulgarien und fängt in Deutschland gerade damit an, da große Volkswirtschaften wie Deutschland noch nie einen Bevölkerungsrückgang erlebt haben. Ich gehöre zum Beispiel der Universität Rostock an, und die schrumpft. Es ist nicht schön, für eine Organisation zu arbeiten, die schrumpft, die Leute sind dann wirklich garstig zueinander. (Lacht.) Die Steigerung der Lebenserwartung wird jedenfalls dazu beitragen, den Bevölkerungsrückgang abzufedern. Von daher könnte er helfen, Gesellschaften stabiler zu halten. Eine Verdopplung der Lebenserwartung schon morgen würde natürlich zu einem Anstieg der Bevölkerungszahlen führen. Denn wenn sich die Lebenserwartung verdoppelt und ansonsten alles andere gleich bleibt, verdoppelt sich auf lange Sicht auch die Bevölkerung. Aber das wird bei der heutigen Entwicklungsgeschwindigkeit nicht geschehen. Wir haben ausgerechnet, dass die Bevölkerungszahlen weiterhin zurückgehen werden, aber nicht so schnell, wie sie es ohne die Verlängerung der Lebenserwartung tun würden.

Macht

Wenn ich über die Zukunft nachdenke, kann ich mir vorstellen, dass es so etwas wie eine Gerontokratie geben wird.
Eine Gerontokratie ist sicherlich eine Gefahr, weil der durchschnittliche Wähler immer älter und älter wird und es einen immer größer werdenden Prozentsatz von Wählern gibt, die bereits kurz vor oder schon im Ruhestand sind. Es wird eine große Gruppe von Menschen geben, die das gegenwärtige System der Verteilung von Arbeit verteidigen wird. Die Tatsache, dass die Zahl der kinderlosen älteren Menschen wächst, führt zu einer Verschiebung in der politischen Einstellung, weg von der Hilfe für Kinder, hin zu einem »Wir helfen uns Alten«. In dieser Hinsicht ist unbedingt Aufklärung vonnöten, um älteren Menschen einen Beitrag zur Unterstützung junger Menschen abzufordern. Sonst wird die Fertilität weiter sinken, und die jungen Leute müssen immer mehr Steuern zahlen. Dann bekommen wir ein echtes Problem. Das sehe ich wirklich als große Gefahr.
Ein anderes Szenario wäre, dass es Anti-Ageing-Therapien nur für Reiche geben wird, so dass wir eine Bevölkerungsgruppe mit der bisherigen und eine andere mit einer viel höheren Lebenserwartung haben könnten. Letztere Gruppe könnte Macht und Reichtum anhäufen, weil sie viel Zeit dafür zur Verfügung hat.

Die Geschichte des medizinischen Fortschritts lehrt, dass Neuerungen zunächst stets mit extremen Kosten verbunden sind. Aber dann fallen die Preise rapide. So waren Medikamente gegen Bluthochdruck zum Beispiel anfangs sehr teuer. Nun nimmt man pro Tag eine Pille, die ein paar Cent kostet. Verhütung ist heute sehr billig. Die Behandlungsmöglichkeiten diverser Beschwerden, Cholesterin-Blocker zum Beispiel, waren früher nicht vorhanden. Heute sind sie billig. Von daher sehe ich das nicht als ein großes Problem.

Sie sind der Meinung, dass sich modernste medizinische Errungenschaften auf der ganzen Welt auf gerechte Weise verbreiten werden?

Natürlich sind in manchen Teilen der Erde die Menschen so arm, dass sie sich noch nicht einmal die sehr billigen Mittel gegen Bluthochdruck leisten können. Das ist ein großes Problem. Aber in den reichen Ländern und in den Ländern, die reicher werden, so wie China und Indien, wäre es, glaube ich, kein Problem.

## 400 Jahre

Angenommen, Sie hätten die Möglichkeit, in einem guten Gesundheitszustand 400 Jahre alt zu werden, aber mit der Auflage, teilweise Ihre Hardware austauschen zu müssen, etwa ihr natürliches Herz gegen ein künstliches. Und Sie müssten sich zum Beispiel regelmäßig nanomedizinischen Ganzkörperbehandlungen unterziehen, ungefähr mit einem Zeitaufwand, den Sie heute für Ihre Zähne aufbringen. Würden Sie das machen?

Sicher. Absolut. Ich würde nicht mein Gehirn ersetzen wollen, aber es würde mich nicht stören, mein Herz, meine Augen oder meine Ohren auszutauschen. Solange eine Kontinuität bliebe, das

Gefühl, noch dieselbe Person zu sein. Ich habe einen Herzschrittmacher, er stört mich nicht. Wegen einer Netzhautablösung trage ich Plastiklinsen, und ich fühle mich immer noch wie dieselbe Person. Ich hatte einen gebrochenen Fuß und habe nun ein paar Schrauben drin, auch die stören mich nicht.

Und Sie fürchten nicht, das Leben könnte langweilig werden?

Oh, sicher! Das, glaube ich, ist die größte Gefahr! Man muss, wie gesagt, über eine Bildung verfügen, die gut genug ist, um sich so lange amüsieren zu können. Aber Menschen, die eine sehr gute, sehr breite Bildung haben, können das. Sie zum Beispiel haben Philosophie studiert, in Physik promoviert, forschen jetzt in der Biologie und werden nun anscheinend zusätzlich noch Schriftsteller oder so etwas in der Richtung. Das ist es, was man machen muss. Man muss neue Herausforderungen annehmen. Ich habe als Statistiker angefangen, dann bin ich an eine Business School gewechselt, danach an eine Public Policy School, dann habe ich Regulation Business gelehrt, dann habe ich mich dafür interessiert, das Leben junger Leute zu retten, und arbeite nun daran, das Leben älterer Menschen zu retten. Momentan fange ich an, mich für Biologie zu interessieren. In einem Interview mit der medizinischen Fachzeitschrift *The Lancet* war ich frech genug, mich als Biologen auszugeben, obwohl ich seit der neunten Klasse keinen Kurs in Biologie belegt habe. (Lacht.) Man kann sich also ständig neu erfinden, und man muss es auch, wenn man 400 Jahre lebt.

*Aus dem Englischen von Christine Adam und Roman Brinzanik*

## Liebe in Zeiten der Langlebigkeit

Im Gespräch mit dem Philosophen Aaron Ben-Ze'ev
(Haifa, 23. August 2009)

### Die Grenzen verwischen

Tobias Hülswitt: Gerade eben, bevor wir das Mikrofon einschalteten, sagten Sie, die Zukunft würde sehr viel flexibler werden als die Gegenwart. Wie meinen Sie das?
Aaron Ben-Ze'ev: Ein Merkmal der modernen Welt ist ihre große Flexibilität. Die Grenzen verwischen in vielerlei Hinsicht. Im Internet zum Beispiel ist es offensichtlich, dass die gewohnten Grenzen und Beschränkungen oft nicht mehr adäquat sind, und das trifft dort auch auf geografische und diverse rechtliche Begrenzungen zu. In der Offline-Welt leben wir mit strikten Normen, an die wir uns zu halten versuchen. Wenn wir nicht gesehen werden oder glauben, dass wir nicht gesehen werden, testen wir diese Grenzen aus. Wir sind dabei sehr vorsichtig, übertreten eine Linie ein bisschen und machen dann wieder einen Schritt zurück. Grenzverletzungen im Cyberspace sind sehr viel einfacher, da es hier keine deutlichen Warnzeichen gibt und die Strafen weniger schnell und weniger drastisch erfolgen. Oft bemerken wir hier kaum, dass wir überhaupt eine Grenze überschritten haben. Im Offline-Leben gibt es rote Lichter und Warnschilder, die uns vor dem Überschreiten von Grenzen warnen. Aus der Philosophie kennen wir das Dammbruch-Argument: Wenn du den ersten Schritt tust, musst du da durch, ob du willst oder nicht – deshalb solltest du den Schritt erst gar nicht tun. Diverse Religionen legen großen Wert auf diese konservative Regel. In manchen Religionen sollen Frauen einen Schleier tragen, damit die Männer

nicht in Versuchung geraten, den ersten Schritt zu tun. Es werden Mauern und Zäune errichtet, damit niemand auch nur in die Nähe solcher Dämme gerät. Im Cyberspace sind solche Mauern nicht vorhanden, und ich glaube, in Zukunft wird es äußerst schwierig sein, sie zu errichten. Die Flexibilität von Grenzen bis hin zu ihrer Aufhebung ist eine wesentliche Eigenschaft zukünftiger Entwicklungen.

Hülswitt: Wie kommen die Menschen mit dem Verlust der Grenzen zurecht?

Es ist schwierig für sie, da die menschliche Psyche an Grenzen und Stabilität gewöhnt ist. Henri Bergson bemängelte, dass der Verstand die Wirklichkeit durch starre Kategorien und wohldefinierte Ränder zu erfassen versuche. Da die Wirklichkeit aber dynamisch und flexibel ist, ist der Verstand unfähig, die Essenz der Wirklichkeit zu begreifen. Die Begriffe »Berg« und »Tal«, »dumm« oder »schön« beispielsweise sind starre Begriffe – wo aber hört das Tal auf, wo fängt der Berg an? Diese Dinge haben keine scharfen Ränder. Starre Konzepte sind für uns zwar praktisch, haben aber wenig Wert für die Reflexion über die Wirklichkeit. Eine ähnliche Kritik ließe sich nun auch an der starren Vorstellung üben, die wir vom emotionalen Aspekt der menschlichen Psyche pflegen. Emotionale Vorgänge sind nicht starr und wohldefiniert. Daher sollten wir lieber ihre Komplexität und Flexibilität betrachten. Auf jeden Fall gibt es nicht zwei Geisteszustände, einen intellektuellen und einen emotionalen, sondern unser Verhalten verbindet meist die intellektuellen und die emotionalen Aspekte. Und wenn wir dem emotionalen Bereich näher sind, dann ist es sehr schwer, Grenzen zu errichten. Der Intellekt sucht nach Stabilität, um zu verstehen, während Emotionen durch Wandel hervorgerufen werden. Und deshalb gibt es auch ein Problem, wenn man eine langfristige Liebesbeziehung führen will.

## Liebesbeziehungen in Zeiten längerer Lebenserwartung

Roman Brinzanik: Werden die Schwierigkeiten für Langzeitbeziehungen zunehmen, wenn die Lebenserwartung steigt?

Ich glaube, das werden sie. Vor zweihundert Jahren wurden die Menschen durchschnittlich vierzig oder 45 Jahre alt. Wenn also jemand mit 25 heiratete und sich dann im Alter von dreißig Jahren sagte, ich langweile mich in dieser Ehe und möchte lieber eine andere Beziehung eingehen, dann war es sehr schwer für ihn, diesem Wunsch nachzugehen. Zum einen, weil die moralischen und religiösen Grenzen sehr eng waren – du musstest bis ans Ende deines Lebens verheiratet bleiben –, und zum anderen aus praktischen Gründen. Er hätte sich gesagt: »Gut, ich bin dreißig, wer weiß, wie lange ich noch lebe, ich mache so weiter, denn der Aufwand lohnt sich nicht.« Aber heute, wo die Menschen häufig über achtzig werden, in besserer Gesundheit und physisch jünger sind und auch im höheren Alter noch Sex haben können, würde diese Person zweimal darüber nachdenken, ob sie in ihrer langweiligen Beziehung bleiben oder nicht vielleicht doch nach der großen Liebe suchen soll, mit der sie die vielen restlichen Jahre ihres Lebens verbringen möchte. Das Gefühl, ein erfülltes Leben womöglich zu verpassen, wird sich noch verstärken, wenn die Menschen länger leben. Und die wachsende Flexibilität der modernen Gesellschaft lässt den Menschen immer weniger Gewissheit, nicht nur bezüglich ihrer selbst, sondern auch bezüglich ihrer Partner. Auch das ist ein Faktor, der die Langzeitbeziehung bedroht.

Brinzanik: Wie lassen sich unter diesen Umständen überhaupt lange Liebesbeziehungen führen?

In einer Langzeitbeziehung gibt es zwei konkurrierende Faktoren: der eine ist Abwechslung, der andere Vertrautheit. Abwechslung ist aufregend, und Vertrautheit schafft emotionale Nähe.

Das Hauptproblem von Langzeitbeziehungen ist der Verlust von Abwechslung und sexuellem Verlangen. Es gibt eine Studie von William W. Gaver und George Mandler aus dem Jahre 1987 mit dem Titel »Play it again Sam! On liking music«. Darin wird die Frage diskutiert, welche Art von Musik wir mögen. Es stellt sich heraus, dass der bestimmende Faktor die Komplexität der Musik ist. Wenn das Stück komplex ist, entdecken wir bei jedem Hören etwas Neues und mögen das Stück immer mehr. Ist es aber zu simpel, langweilen wir uns bald. In der Liebe, glaube ich, ist es ähnlich. Wir lieben eine Person, die unserer Idealvorstellung von einem Partner sehr nahekommt – aber innerhalb dieser Gruppe von Personen bevorzugen wir die, die wir komplex finden. Diese Komplexität bedeutet, dass wir mehr Freude mit diesen Menschen erleben werden und dass es aufregend und interessant ist, Zeit mit ihnen zu verbringen. In diesem Falle sind die Chancen auf eine längere Liebesbeziehung sehr viel größer.

Hülswitt: Was bedeutet das in Bezug auf wachsende Lebensspannen?

Wenn das Leben immer länger wird, werden die Möglichkeiten, den Partner zu ersetzen, zwar immer größer. Aber es gibt auch mehr Möglichkeiten, gemeinsame Interessen und Aktivitäten zu kultivieren. Es wird weiterhin das Problem mit dem Wunsch nach sexueller Abwechslung geben. Eine Möglichkeit wäre in diesem Falle in gewisser Weise eine Rückkehr zu den Verhältnissen von vor ein paar hundert Jahren, als Liebe und Ehe noch nicht miteinander verbunden waren. Die Ehe ist eine soziale Organisation des Zusammenlebens, und seit den letzten einhundert Jahren versuchen wir, beides miteinander zu verbinden. Und es ist ein guter Versuch. Gut in dem Sinne, dass Menschen mit denjenigen zusammenleben wollen, die sie lieben. Die Richtung ist vielversprechend. Ich denke, wenn wir länger leben, sollten wir dies umso mehr versuchen. Aber es könnte der Fall sein, dass die Organisation der Ehe flexibler werden muss – unter anderem auch in dem Sinne, dass sie nur auf eine begrenzte Dauer angelegt ist.

## Emotionen und der Sinn des Lebens

Brinzanik: Sie haben 1999 einen Essay veröffentlicht mit dem Titel »Der Sinn des Lebens – Der emotionale Aspekt«. Was ist denn der Sinn des Lebens?
(Lacht.) Eine große Frage! Die ich in meinen Arbeiten allerdings kaum behandle. Ich konzentriere mich auf den alltäglichen Sinn, besonders auf den emotionalen. Tiefe Zufriedenheit hängt mehr von der Häufigkeit kleiner, schöner Ereignisse ab als von dem einen großen Ereignis, das uns für den Rest unseres Lebens glücklich macht. Deshalb geht es Lotteriegewinnern auch oft schlecht. Ein großes Erlebnis hat ihr Leben umgekrempelt, und wenn sie danach die kleinen Ereignisse ihres Alltags mit diesem Erlebnis vergleichen, wenn ihr Sohn gute Noten nach Hause bringt, wenn die Blumen im Garten blühen – dann ist all das unbedeutend. Der Sinn des Lebens beruht aber auf diesen kleinen bedeutungsvollen Ereignissen. Eine Funktion unserer Emotionen ist es, unsere Aufmerksamkeit von großen Ereignissen, wie auch dem Tod, abzulenken und sie auf lokale, kleinere Ereignisse zu fokussieren. Große Ereignisse können uns davon abhalten, die kleineren zu würdigen, und in diesem Sinne laufen wir Gefahr, gleichgültig gegenüber den Alltäglichkeiten zu werden, die den Großteil unseres Lebens ausmachen.
Hülswitt: Wie bitte, unsere Emotionen sind dazu da, uns vom Tod abzulenken?

Die Leute könnten sich ja fragen, warum sie sich um diese kleinen Ereignisse mühen sollten, wenn sie doch wissen, dass nach dem Tod nichts mehr ist. Unsere Emotionen verleihen diesen kleinen Ereignissen, um die unser Leben strukturiert ist, Sinn, so dass wir uns auch entsprechend bemühen, mit ihnen zurechtzukommen. Das Thema »Sinn des Lebens« ist auf jeden Fall etwas, worum wir uns kümmern müssen, wenn wir länger leben. Wenn jemand sehr viel länger lebt, hat er Chancen, etwas zu erreichen, was heute unmöglich ist. In diesem Sinne werden negative Emotionen reduziert werden. Es wird nicht so sein wie heute, dass sich der Erfolg sofort einstellen soll, weil wir nur ein so kurzes Leben haben. Wenn Sie viel Zeit haben, Dinge zu tun, werden Sie nicht so viel Aufmerksamkeit auf Ihren Erfolg richten, da später in Ihrem langen Leben sowieso wieder alles ganz anders sein kann.

## Wert eines langen Lebens

Brinzanik: In der Regel steigt der Wert einer Sache, wenn sie knapp ist. Könnte also der Wert des Lebens sinken, wenn es länger wird? Dieses Risiko besteht, aber ich glaube nicht, dass es unausweichlich so kommen muss. Wen ein längeres Leben erwartet, der kann die Dinge gründlicher angehen und hat mehr Zeit, sie aus verschiedenen Perspektiven zu betrachten. Und wenn er in einer guten Verfassung und bei guter Gesundheit ist, kann er sich weiterbilden und weiterentwickeln und so seinem Leben einen noch tieferen Sinn geben.

Hülswitt: Ich habe diese etwas paradoxe Idee, dass uns mit einer längeren Lebensdauer unsere Sterblichkeit bewusster wird, da wir sie ja bewusst bekämpfen. Sich seiner Sterblichkeit bewusst zu sein, macht das Leben wertvoller. Längeres Leben geht also einher mit einer größeren Wertschätzung des Lebens.

Menschen in den entwickelten Ländern leben heute im Schnitt vierzig Jahre länger als vor 150 Jahren. Das ist ungefähr doppelt so lang. Und sie leiden nicht daran. Wenn Sie wüssten, dass Sie insgesamt nur dreißig Jahre zu leben haben, dann würde Ihnen die Zeit fehlen, darüber nachzudenken, welche sinnvolleren und wichtigeren Tätigkeiten Sie ausüben könnten. Sie würden in dem Geiste leben: »Iss und trink, denn morgen werden wir sterben!« Aus dieser Sicht hat nichts einen Sinn, da der Tod hinter der nächsten Ecke lauert. Aber wenn das Leben lang ist, wenn Sie heute wüssten, dass Sie noch weitere 140 Jahre zu leben haben, dann wären Sie gut beraten, Ihr Leben sinnvoll und interessant zu gestalten.

Brinzanik: Können Sie das an einem Beispiel konkretisieren?

Ich möchte es an der Liebesbeziehung veranschaulichen. Wie gesagt, fast alle Hindernisse zur Auflösung einer Langzeitbeziehung wie der Ehe sind gefallen. Das hat zur Konsequenz, dass die Menschen in ihrer Beziehung mehr Wert auf die Liebe legen. Denn sie sagen sich, wenn ich länger lebe und Beziehungen leicht beginnen und beenden kann, dann möchte ich in einer Partnerschaft leben, die mir viel bedeutet und bei der Liebe im Spiel ist. Diejenigen Liebesbeziehungen, die Bestand haben, werden der Liebe ein größeres Gewicht geben und sie bedeutungsvoller machen. So ergibt sich ein überraschendes Comeback der Liebe: Aus der Krise der Langzeitliebesbeziehung erwächst eine Situation, in der die Liebe wieder eine größere Rolle in der Partnerschaft spielt.

## Psychologie der Langlebigkeit

Hülswitt: Glauben Sie, dass in der Zukunft Menschen zum Psychologen gehen, weil sie nicht mit der Aussicht umgehen können, beispielsweise 150 Jahre zu leben?

So schlimm wird es nicht werden, da der Anstieg der Lebenserwartung graduell sein wird. Es ist nicht so, dass wir morgen alle 150 Jahre alt werden. Der Wandel wird graduell sein, und wir werden uns daran gewöhnen und unsere Probleme selbst lösen.

Hülswitt: Als ich ein Kind war, wurde mir erklärt, was der Himmel sei, nämlich die Ewigkeit. Ich sagte: Um Gottes Willen, das wird doch langweilig! Ist es das, was ein extrem langes Leben auch sein kann?

Das hängt davon ab, wie es im Himmel aussieht. Vielleicht gibt es da ja ein gutes und aufregendes Leben, und warum sollte das langweilig werden? Die Tatsache, dass wir länger leben werden, bedeutet nicht, dass wir uns langweilen werden. Denn wenn wir mehr Zeit haben, unsere Fähigkeiten zu entwickeln, sind wir auch weniger gelangweilt. Es gibt gewisse in sich wertvolle Tätigkeiten. Für mich zum Beispiel ist es das Schreiben. Ich könnte in hundert Jahren noch schreiben, weil es eine komplexe Tätigkeit ist, die ich um ihrer selbst willen schätze. Tätigkeiten, die wir nicht um ihrer selbst willen schätzen, neigen hingegen dazu, langweilig zu werden, weil wir sie nur um des Ziels willen verrichten, zu dem sie uns am Ende führen sollen. Wenn wir mehr und mehr Tätigkeiten mit intrinsischem Wert ausüben können, dann wird ein längeres Leben kein Problem. Im Gegenteil, wir wären glücklicher, da wir mehr Zeit hätten, diese wertvollen und befriedigenden Tätigkeiten auszuüben.

Hülswitt: Dann bräuchten wir eine Neu-Erzählung des Lebens, nicht die klassische Dramen-Struktur, sondern eine Lebensgeschichte, die sich aus vielen kleinen Ereignissen zusammensetzt, die sich gegenseitig inspirieren.

Brinzanik: Was ist eigentlich Altern aus Sicht der Psychologie? Wie verändert sich unsere Psyche von der Kindheit über das Erwachsensein hin zur Senilität?

In gewisser Hinsicht gibt es eine Art Glockenkurve und eine Rückkehr zur Kindheit. Wenn wir sehr jung sind, sind wir sehr emotional. Warum? Weil wir als Kleinkinder kein starres und festes Selbstbild besitzen. Deshalb ist für uns alles relevant und alles bewegt uns. Während wir heranreifen, werden unser Selbstbild und unsere Persönlichkeit starrer, und nicht mehr alles ist für uns relevant. Emotionen werden in gewissem Maße eingeschränkt. Wenn wir sehr alt werden, werden wir wieder sehr emotional. Hier bin ich nicht sicher, ob sich das Selbstbild verändert, aber externe Ereignisse gewinnen an Bedeutung für unsere Existenz, da sie uns verletzen können. Und vielleicht wird auch das Selbstbild flexibler, kurz vor dem Tod zum Beispiel, wenn uns viele Dinge nicht mehr kümmern. Wenn wir länger leben, wird die Zeit der Reife bedeutend ausgedehnt werden, die Zeit der Kindheit hingegen sicher nicht – sie hat sich jetzt schon verringert –, und auch die Senilitätsphase wird sich nicht wesentlich ausdehnen, wenn überhaupt. Ein längeres Leben bedeutet aber nicht, dass das Leben stabiler und somit weniger emotional sein wird. Die moderne Gesellschaft ist sehr dynamisch und sie wird es auch in Zukunft bleiben und vielleicht sogar in noch stärkerem Maße so sein.

Hülswitt: Und wie Sie gesagt haben, Dinge, die komplex sind, sind am interessantesten. Und das Leben an sich ist ziemlich komplex ...

... und wird noch komplexer werden. Man könnte sagen, dass es für die meisten Menschen in der Vergangenheit keinen Grund gab, länger zu leben, in Ermangelung befriedigender Tätigkeiten, die ihr Leben ausgefüllt hätten. Die Komplexität des modernen Lebens garantiert, dass wir in einem langen Leben sehr viele Tätigkeiten ausüben können. Bezogen auf die Liebe wird die Langlebigkeit die Menschen befähigen, die verschiedenen interessanten Liebesmöglichkeiten umfassender auszuprobieren.

Liebe online

Brinzanik: In Ihrem Buch über Liebe im Internet[1] beschreiben Sie, wie sich Menschen im Cyberspace verlieben und ohne physische Interaktion Liebesbeziehungen führen. Würden Sie kurz erläutern, wie die virtuelle zu einer emotionalen Realität werden kann?
Der Cyberspace ist eine psychologische Realität, in der die Phantasie eine entscheidende Rolle spielt. Die Neuheit des Cyberspace liegt in der Bedeutung seines imaginativen Aspekts und speziell in seiner interaktiven Natur. Diese Interaktivität hat die psychologische Realität zu einer sozialen Realität gemacht: Imaginäre Handlungen sind für viele Menschen zur gängigen Praxis geworden. Das hat die Rolle der Imagination in persönlichen Beziehungen revolutioniert. Von einer nebensächlichen Kunst, die im besten Fall von Künstlern, im schlimmsten von Träumern und anderen, die man für Taugenichtse hielt, gepflegt wurde, avancierte die Imagination zu einem zentralen Mittel in den persönlichen Beziehungen vieler gewöhnlicher Menschen, die mit beiden Beinen im Leben stehen, es aber vorziehen, online zu interagieren. Obwohl manche Bereiche im Cyberspace als elektronische Schlafzimmer betrachtet werden können, blühen in anderen Teilen verschiedene Arten von persönlichen Beziehungen. Die wesentlichen

[1] Aaron Ben-Ze'ev, *Love Online: Emotions on the Internet*, Cambridge: Cambridge University Press 2004.

Eigenschaften, die zur großen Verführungskraft des Cyberspace beitragen, sind also Imagination, Interaktivität, Verfügbarkeit und Anonymität. Die ersten beiden verweisen auf den wesentlichen Nutzen eines solchen Raumes, nämlich den, an aufregenden, interaktiven Tätigkeiten beteiligt zu sein. Die beiden anderen beziehen sich auf die geringen Kosten und das verminderte persönliche Risiko.

Hülswitt: Der Cyberspace ermöglicht es gleichsam, viele verschiedene Leben nebeneinander zu führen?

Im Bereich der Liebe ermöglichen die technischen Mittel, die mit dem Cyberspace verbunden sind, mehr Liebesbeziehungen, sogar mehrere zur gleichen Zeit. Diese Flexibilität wird in der Zukunft, wenn das Leben sehr viel länger sein wird, noch zunehmen. Ich habe Leute befragt, ob es möglich sei, zwei Menschen gleichzeitig zu lieben, und ich war erstaunt, wie viele von ihnen sagten, dass sie genau das tun. In meiner unwissenschaftlichen Stichprobe sagten rund neunzig Prozent der Befragten, dass sie zwei Menschen gleichzeitig lieben. Nicht, dass sie tatsächlich Liebesaffären mit beiden gehabt hätten, aber sie erlebten, dass sie zwei Menschen gleichzeitig lieben können. Aus psychologischer Sicht besteht kein Zweifel, dass so eine Liebe möglich ist. Und nun machen die technischen Mittel sie lebbar. Ich bin sicher, dass dieses Phänomen populärer und sogar normativer wird, wenn wir länger leben.

Hülswitt: Das klingt, als käme einige Arbeit auf uns zu.

Das Hauptproblem wird sein, wie diese Beziehungen integriert werden können. Eine Frau, die ich befragt habe, sagte mir, dass sie vor ihrer Hochzeit zu zwei verschiedenen Gelegenheiten einen Geliebten hatte, zusätzlich zu ihrer stabilen Beziehung zu ihrem Freund. Sie sagte, dass sie beide Male ihren Freund ebenso geliebt habe wie ihren Geliebten, und dass sie sich dabei wohlgefühlt habe. Nach der Möglichkeit gefragt, ob auch ihr Freund eine Affäre haben dürfe, meinte sie, dass sie es akzeptieren könne, solange offen darüber gesprochen würde und sie bei der Auswahl dieser Frau dabei sein dürfe, die ja vielleicht auch ein wichtiger Teil ihres eigenen Lebens werden könnte. So eine unkonventionelle Einstellung ist eventuell vonnöten, denn die zukünftigen Beziehungen werden sehr viel komplexer werden.

Imagination und Identität

Hülswitt: Verändern sich die menschlichen Emotionen im Laufe der Zeit durch die Interaktion mit neuen Technologien?
In den letzten tausend oder mehr Jahren sehe ich so eine Veränderung nicht. Was sich verändert hat, ist das Umfeld, das die Emotionen generiert. Zum Beispiel spielt im Cyberspace, wie gesagt, die Imagination eine größere Rolle bei der Generierung von Emotionen als im Offline-Leben. Im Lichte der größeren Bedeutung des Cyberspace für unseren Alltag, glaube ich, dass in Zukunft die Imagination eine noch größere Rolle für die Emotionen spielen wird. Das entspricht der generellen Entwicklung des menschlichen Geistes.
Hülswitt: Könnten Sie das näher erläutern?
Das Gefühl könnte als die primitivste Form der geistigen Fähigkeit betrachtet werden. Mit dem Gefühl bemerken wir nur die Veränderungen in unserem eigenen Körper. Die intentionalen Fähigkeiten entwickelten sich später, als der Organismus fähig war, nicht nur die Veränderungen in seinem eigenen Körper wahrzunehmen, sondern auch die Bedingungen, die für diese Veränderung verantwortlich sind. Die ersten intentionalen Fähigkeiten, die sich entwickeln, sind perzeptuelle Fähigkeiten. Wir sepa-

rieren den Reiz, der auf unsere sensorischen Rezeptoren trifft, und kreieren ein mentales Objekt, das unser wahrnehmbares Umfeld repräsentiert. Wenn wir nur über wenige perzeptuelle Fähigkeiten verfügen, bleiben wir auf unser unmittelbares Umfeld beschränkt. Die Entwicklung weiterer intentionaler Fähigkeiten wie Gedächtnisleistung, Vorstellungskraft und Gedankenarbeit befähigt uns, uns Dinge bewusst zu machen, die nicht präsent sind, und Faktoren zu bedenken, die jenseits unseres unmittelbaren Umfelds liegen. Im weiteren Verlauf bewegt sich das wissenschaftliche Denken jenseits des sinnlich Wahrnehmbaren. Die Wissenschaft beschreibt eine Wirklichkeit, die nicht nur nicht sinnlich erfahrbar, sondern überhaupt nicht vorstellbar ist. Zum Beispiel spricht die Physik von zehndimensionalen Räumen und stellt diverse Berechnungen an, um deren Eigenschaften zu beschreiben. Indes sind wir nicht in der Lage, uns diesen Raum vorzustellen, nicht einmal visuell. Die ultimative wissenschaftliche Realität zu erreichen könnte also bedeuten, die Wirklichkeit, die wir mit unseren Sinnen erfassen, preiszugeben. Es ist einfach eine alternative Realität, sehr verschieden von der wahrnehmbaren Umwelt, auf die unsere Sinne gerichtet sind. Eine solche Realität kann nur durch konzeptionelle Untersuchungen beschrieben werden. Je komplexer unsere intentionalen Fähigkeiten, desto weniger sind wir mithin in der Gegenwart gefangen. Da Emotionen nun viele verschiedene intentionale Fähigkeiten beinhalten, erhält die Imagination ein größeres Gewicht bei der Erzeugung von emotionalen Fähigkeiten. Wir lassen uns mehr und mehr von Dingen emotional begeistern, die wir uns vorstellen, statt von Dingen, die wir sehen. Die Tatsache, dass in der Zukunft mehr und mehr Emotionen oder Partnerschaften auf Imagination beruhen, ist nicht etwas, was der menschlichen Psyche entgegengesetzt wäre. Es ist eher eine Begleiterscheinung unserer mentalen Evolution.

Der emotionale Wunsch, zu berühren und sich persönlich zu treffen, wird dadurch nicht eliminiert, auch wenn die Menschen ihre Online-Beziehungen sehr genießen.

Brinzanik: Stellt sich nicht auch die Frage der Identität und Authentizität im Cyberspace auf neue Weise?

Gegenfrage: Wo, glauben Sie, zeigt sich unser wahres Selbst, im Cyberspace oder unter normalen Umständen?

Hülswitt: Die klassische, spontane Antwort wäre natürlich offline, in der realen Umgebung.

Aber in der realen Umgebung gibt es viele Normen, die uns davon abhalten, uns so zu verhalten, wie wir gerne möchten.

Brinzanik: Die Frage ist also, was mit dem wahren Selbst gemeint ist.

Genau. Im Cyberspace haben wir diese ganzen Limitierungen nicht und können eher unseren Wünschen folgen. Von daher zeigen wir im Cyberspace unser wahres Selbst vielleicht sogar besser, weil wir tun, was wir möchten. Dennoch ist unser Selbst nicht etwas, das frei herumschwebt, sondern es drückt sich darin aus, wie wir uns innerhalb gewisser Grenzen verhalten. Genau genommen ist es im Cyberspace so, dass wir Dinge einfach so dahin sagen können, ohne für sie einstehen zu müssen, deshalb könnte es auch sein, dass sie nicht unserem wahren Selbst entsprechen. Ich glaube, es gibt Aspekte unserer Identität, die besser im Cyberspace ausgedrückt werden, und solche, die sich eher im echten Leben zeigen.

Brinzanik: Wenn in Zukunft im Internet die Imagination immer mehr zu unserer psychologischen Realität wird und dort gleichzeitig Grenzen aller Art fallen, wie Sie zu Anfang unseres Gespräches erläuterten, werden wir dann noch in der Lage sein, ein stabiles Selbstbild zu bewahren?

Das ist in der Tat eine schwerwiegende Frage. Ich glaube, dass unser Selbstbild ebenfalls flexibler und Veränderungen unserer Identität signifikanter sein werden. Es ist schwierig, eine gleich bleibende Identität zu wahren in einem dynamischen Umfeld, das die Faktoren, die unsere Entwicklung beeinflussen, erheblich verändert.

Sterblichkeit und die Natur der menschlichen Psyche

Hülswitt: Könnte das Bewusstsein eines unsterblichen Lebewesens, das vom sterblichen Menschen abstammt, genuin menschlich genannt werden?
Unsere Fähigkeit zum Leid und zur Freude ist die Basis unseres menschlichen Bewusstseins und unseres emotionalen Verhaltens. Und gegenüber jemandem, der nicht leiden kann, gibt es kaum eine moralische Verpflichtung. Da ich nicht annehme, dass mein Computer leidet, fühle ich mich nicht verpflichtet, mich ihm gegenüber moralisch zu verhalten. Wenn ich ihn wegwerfe, muss ich kein Begräbnis für ihn ausrichten und ihn zur letzten Ruhe betten. Jetzt ist die Frage, ob dieses unsterbliche Wesen leiden kann. Wenn ihm tatsächlich das grundlegende Element des Leidens, der Tod, fehlt, wird sich die moralische Einstellung der Menschen ihm gegenüber verändern, und man wird sich mehr dafür interessieren, *wie* es lebt, als dafür, *dass* es existiert. Und wenn unsterbliche Menschen nicht leiden oder ein basales Element des Leidens nicht empfinden können, wird es ihr Empfinden dessen, was es heißt, ein Mensch zu sein, von Grund auf verändern, denn der bloße Fakt, dass wir nur eine kurze Zeit zu leben haben, formt unser grundlegendes Gefühl dessen, was menschlich ist.
Hülswitt: Ist das Streben, einen Weg um den Tod herum zu finden,

der Motor hinter allen menschlichen Aktivitäten – Zivilisation, Technologie, Religion, Kultur?

Ich bin nicht sicher, denn wir versuchen, wie ich sagte, nicht an den Tod zu denken. Ich glaube, dass unsere Hauptmethode, mit dem Tod umzugehen, darin besteht, vor ihm zu flüchten und zu leben, als gäbe es ihn nicht. Von daher denke ich nicht, dass alles, was wir tun, darauf zielt, den Tod zu meistern. Ich würde es andersherum sagen: Fast alles, was wir unternehmen, tun wir, um der Auseinandersetzung mit dem Tod zu entkommen. Und das ist in der Tat eine sehr nutzbringende Art, mit ihm umzugehen.

## Technisierung des Menschen und Vermenschlichung der Maschinen

Brinzanik: Wie wichtig ist unser natürlicher Körper für unsere Identität? Manche Menschen haben einen Herzschrittmacher und leben dreißig Jahre oder länger mit ihm. Er wird zu einem Teil ihres Körpers. Was passiert, wenn wir in Zukunft immer mehr mit Technik verschmelzen?

Es besteht kein Zweifel, dass solche technischen Apparate unser Verhalten und unsere Einstellungen ändern können, so wie etwa ein Leben in einer rauen Nachbarschaft einen Einfluss auf unseren Charakter haben kann. Das sind äußere Umstände, an die wir uns teilweise anpassen. Aber ich sehe nicht, dass diese Umstände unsere menschliche Natur vollständig verändern würden.

Brinzanik: Menschen können sogar für Maschinen Gefühle entwickeln. Wie kommt das?

Eine Art Personifizierung. Einmal hat mein Sohn gegen den Computer verloren und war so wütend, dass er dem Computer androhte, ihn zu zerstören. Genauso werden wir wütend auf unser

Auto, wenn es nicht anspringt. Solche Personifizierungen sind ein legitimes menschliches Verhalten, solange wir nicht wirklich denken, dass diese Objekte menschlich sind. Eine Personifizierung von Maschinen, auch etwa von Robotern, ist immer noch in Übereinstimmung mit meiner Auffassung, dass das Hauptobjekt unserer Gefühle der Mensch ist.

## 400 Jahre

Hülswitt: Kommen wir zur letzten Frage. Wenn Sie die Möglichkeit hätten, bei guter Gesundheit 400 Jahre alt zu werden, würden Sie es tun?
Machen Sie bitte 600 daraus! (Lacht.)

*Aus dem Englischen von Christine Adam und Tobias Hülswitt*

# Denken, als gäbe es Gott –
# Kunst, Religion und der technische Fortschritt

Im Gespräch mit dem Seelsorger und Theologen
Friedhelm Mennekes SJ (Frankfurt, 26. Mai 2009)

## Drei Systeme: Kunst, Wissenschaft, Religion

Tobias Hülswitt: Warum haben Sie als Kirchenmann zugesagt, mit uns über die in diesem Buch versammelten Themen zu reden?
Friedhelm Mennekes: Die Begegnung mit Menschen, die aus anderen Blickwinkeln auf die Welt schauen, hat mich mein Leben lang fasziniert. Zudem bin ich als Jesuit auch so sozialisiert. Jesuiten haben immer für sich reklamiert, in die Fremde zu gehen – nicht nur in andere Länder wie etwa Südamerika oder China, sondern auch in die Fremde anderer Mentalitäten und Kulturen mitten unter uns. Um uns darauf vorzubereiten, wurden wir früher erst einmal drei Jahre zum Philosophiestudium geschickt, bevor wir überhaupt die Theologie in die Hand nahmen. Das waren sehr intensive Ausbildungsphasen. An der ordenseigenen Hochschule für Philosophie in München, an der ich studiert habe, gab es einen eigenen Lehrstuhl für die Fragen zwischen Philosophie und Biologie. Und wir beschäftigten uns auch intensiv mit den philosophischen Fragen der Physik. Diese Studien waren für mich nicht nur eine Einführung ins interdisziplinäre Denken. Ich lernte auch, zwischen unterschiedlichen Weltsichten und Werthaltungen Brücken zu bauen. Nach meiner Promotion in Politischer Wissenschaft an der Uni in Bonn habe ich mich in Theologie habilitiert, bin aber gleichzeitig – intellektuell »hochgezüchtet« wie ich war – den Weg in die Fremde der Praxis gegangen. Ich kam als Kaplan in die Opelstadt Rüsselsheim, spä-

ter als Pfarrer in den Frankfurter Arbeitervorort Nied und dann in die Kölner Innenstadt. Dort begann für mich auch der Aufbruch in die moderne Musik und in die zeitgenössische Kunst mit regelmäßigen Konzerten und Ausstellungen. Ich fing dann an, mich zunehmend auf den mentalen Bau von Brücken zu fixieren – zwischen Theorie und Praxis, zwischen Religion und Kunst – und fand darin mein Lebensthema.

Hülswitt: Welche Brücken haben Sie als Pfarrer in Köln geschlagen?

In den 21 Jahren als Pfarrer an der Kölner Jesuitenkirche Sankt Peter habe ich mich als kreativer Unternehmer verstanden. Ich wollte gegen den Abwärtstrend des Glaubens arbeiten und habe mich immer um Zuwachsraten bemüht. Wachsende Taufzahlen, steigender Kirchenbesuch, Senkung des Altersdurchschnitts in der Gemeinde waren sozusagen meine Kennziffern. Als Professor für Praktische Theologie an der Philosophisch-theologischen Hochschule der Jesuiten in Frankfurt, an der ich gleichzeitig lehrte, kreisten meine theoretischen Arbeiten wieder um die Beziehungen zwischen unterschiedlichen Welten, um Zukunfts- und Konfliktforschung zum Beispiel, um Jugend- oder Wissenssoziologie oder etwa um liturgischen Stil. Im Vordergrund standen für mich dabei die Fragen: Welche Funktion hat der religiöse Glaube dabei? Bemüht sich die Kirche genug um Dialog und Kommunikation? Wie verhält sie sich gegenüber dem sozialen Wandel? Wie muss sie sich verändern, um sich einerseits treu zu bleiben, andererseits aber auch zu öffnen, um den Menschen in ihren Veränderungen zur Seite zu stehen?

Hülswitt: Und als Mann der Kunst?

War es ähnlich. Jede Ausstellung in einer Kirche ist ein Brückenbau zwischen zwei Welten. Denken Sie an die Bilder von Francis Bacon, James Lee Byars, Marlene Dumas, Anish Kapoor, Barbara

Kruger, Rosemarie Trockel und anderer an den Wänden in Sankt Peter zu Köln. Für unser Gespräch aber ist das brisanteste Beispiel die Installation des Künstlers Gregor Schneider mit dem Titel *Kryo-Tank* (2006). Konzeptionell stand sie damals im Grenzbereich von drei kulturellen Systemen: Religion – Wissenschaft – Kunst. Die Kunst stellt darin auf ihre Weise die Fragen nach Tod und Sterben des Menschen und bereitet sie in zwei Positionen für den Betrachter auf, so dass er sich zwischen ihnen orientieren kann. Die eine Position ist das Werk selbst. Es ist ein circa drei Meter hoher, nachgebauter Kryo-Tank[1], mit Flüssigstickstoff gefüllt. In Kalifornien kann man sich so ein Ding bei einer Agentur »mieten«, um dort gleich nach dem Tod seinen Körper oder sein Gehirn einzulagern und nach physikalischen Gesetzen einzufrieren. Nach einer bestimmten Zeit werden bei weiterem wissenschaftlichen Fortschritt im Rahmen der Kryonik die eingelagerten Substanzen wieder zum Leben erweckt und zu ihrer ursprünglichen Identität und körperlichen Ganzheit zurückgeführt – so die Verheißung. Ihr Kern: Eine Neuerweckung zu einem Leben nach dem, was wir Tod nennen.

Hülswitt: Und die Gegenposition?

Die andere Orientierung für den Betrachter ergibt sich aus der Kontrastierung im Raum der Kirche: Die Ausstellung wurde am Vorabend von Allerseelen in einer vollen Kirche eröffnet. Voraus ging ihr die Feier eines lateinischen Requiems. Das Verlesen einer sehr langen Liste von namentlich genannten Toten, deren Leben so in Erinnerung gerufen wurde, ersetzte die Predigt. Der christliche Glaube weiß um das Leben der Toten bei Gott, und jeder erhofft es jeweils auch für sich. Aber dieses Leben ist ein anderes als das, was der Kryo-Tank verheißt. Im Rahmen der Ausstellung

1 Behälter zur Konservierung von biologischen Objekten, zum Beispiel Zellen oder Organen, bei tiefen Temperaturen.

entstanden Gesprächskreise, die sich mit diesen unterschiedlichen Hoffnungen befassten. Es ging um »letzte« Fragen und deren Bewältigung. In der Gegenüberstellung formte die Kunst die eigenen, existenziellen Positionen. Es ging um alte Antworten und neue Sichten. Aber auch um die Offenheit, neue Antworten nicht gleich abzulehnen, sondern ihnen standzuhalten – auch im Blick auf ein gemeinsames Verstehen.

## Grenzen des Fortschritts

Roman Brinzanik: Steht Ihre Religion im Konflikt mit dem wissenschaftlichen Fortschritt?

Nein. Es heißt ja in diesem leicht missverständlichen biblischen Auftrag an den Menschen: »Macht euch die Erde untertan!« Darin steckt ein Pathos, das mir nach meinem Verstehen sagt: Arbeitet mit der Erde, und macht etwas Positives mit ihr. Sorgt für Frieden, Gerechtigkeit, Koexistenz und Respekt, schärft den Sinn und die Sensibilität für die weichen Lebensrealitäten wie Liebe, Freundschaft, Bindung und Gelassenheit. Aber ringt auch um und mit und gegen die harten Tatsachen wie Gewalt, Neid, Gier, Hass und Krieg. Baut eine neue Welt – ohne Unmenschlichkeit.

Brinzanik: Nehmen wir die modernen Informations- und Kommunikationstechnologien. Nutzen sie der Menschheit in dem Sinne, wie Sie es eben formuliert haben?

Einerseits, klar, nutzen sie dem Menschen. Ich profitiere ungeheuer von den neuen Technologien. Meine Aufgabe ist es ja, die Menschen zu erreichen. Und jetzt kann ich zum Beispiel via Internet überall mit meinem Wissen und meinen Erfahrungen präsent sein. So kann ich neu denken und in vielerlei Hinsicht auch für die ohnmächtige, ja manchmal sterbende Kirche frische

Energien wecken. Mit den neuen Kommunikationsmedien entstehen ganz andere Möglichkeiten, Vernunft und Verantwortung global zu formulieren und mit ihnen zu argumentieren. Ich denke an die weltweiten Probleme der Umweltzerstörung, der Friedenssicherung, der Gerechtigkeit oder die Frage nach einer angemessenen Haltung zum Leben. Diese Möglichkeiten zu nutzen wäre auch für die Religion das Gebot der Stunde. Das bedeutet nicht die unreflektierte Übernahme jeder neuen Idee. Aber es bedeutet mehr Präsenz, mehr Kommunikation, mehr Auseinandersetzung – und wenn sie auch nur dazu dient, begründete Einwände zu erheben.

Brinzanik: Also geht es doch vornehmlich um Einwände?

Das Leben ist ein komplexer Organismus, der sein Maß und seine Mitte nicht von der Natur erhält. Wir sind nicht instinktgesichert. Die Mitte, die Freiheit, die Verantwortung muss ich stets neu erringen. Die Frage ist doch: Wie kann ich in einer komplexeren Welt als komplexeres Individuum zu einer komplexeren Moral finden? Größere Möglichkeiten erfordern auf der anderen Seite auch größere Selbstbeschränkung. Das ist der Punkt.

Brinzanik: Gibt es eine Grenze, die der Fortschritt nicht überschreiten sollte? Gibt es so etwas wie eine natürliche Ordnung?

Die katholische Kirche und ihre Tradition sind von der Vorstellung eines Naturrechts und einer Schöpfungsordnung bestimmt. Ich konnte dem nie folgen, zumal ich oft das Gefühl habe, dass diese Haltung eine notwendige Kommunikation blockiert, bis hin zu einer Art Denkverbot. Das darf es nie geben. Das zeigt sich auch im Umgang mit der Kunst. Kann Kunst blasphemisch sein? Nein, kann sie nicht. Wer sie dessen verdächtigt, hat nicht nur Kommunikationsprobleme mit der Kunst, sondern auch mit dem Ideal der Freiheit. Kunst kann höchstens ungewohnt sein, weil sie aus einem kreativen Impuls kommt. Dem muss man sich stellen und man muss um Verstehen bemüht sein. Es ist immer falsch, etwas zum Tabu zu erklären. Man muss im Diskurs bleiben. Ich glaube an den Wert des offenen Denkens, auch wenn nicht gleich ein Ergebnis herauskommen kann. Und ich glaube auch daran, dass in Dissonanz und Distanz Sinn liegt. Es gibt geistige Bindungen und persönliche Gewissheiten. Daher ist es möglich, dass jemand sagt, ich habe bleibende Einwände und Reserven, ich kann diese oder jene Position nicht teilen. Nicht alles ist möglich. Und nicht alles Mögliche ist menschlich verträglich. Schauen Sie in den sakralen Raum mit der Ausstellung von Gregor Schneider. Da steht so ein Bottich, clean und poliert, mit der eingefrorenen Lebenssubstanz eines Menschen. Ein kalter Gedanke liegt dem zugrunde. Voll Flucht aus der Angst und dem geschenkten Leben, das einmal abläuft. Und dann hängt dahinter ein altes Glasfenster mit dem Mann am Kreuz. Er überwindet seine Angst und gibt sich vertrauensvoll in die Hände seines Gottes, an dessen Gegenwart er glaubt.

Brinzanik: Ein Forscherteam um den Genom-Pionier Craig Venter hat kürzlich in einem Aufsehen erregenden Experiment die vollständige und blanke DNA eines Bakteriums, also quasi seine Software, ausgetauscht gegen die DNA einer anderen Bakterienart und jenes erfolgreich in die andere Spezies umprogrammiert. Und man erwartete, dass die gleiche Forschergruppe im Jahr 2010 verkünden würde, sie habe ein komplett synthetisch hergestelltes – gleichwohl abgeschriebenes – Genom in einer lebenden Bakterie installiert und in diesem Sinne künstliches Leben hergestellt. Das sind Meilensteine auf dem Weg zum langfristigen Ziel der Synthetischen Biologie, DNA mit sinnvollen Informationen neu zu beschreiben und neuartige Lebensformen, etwa künstliche Bakterien oder Pflanzen zu kreieren. Bei solchen Perspektiven kommt oft die Reaktion: »Das darf man nicht, denn man darf nicht Gott spielen!«

Soweit ich das verstehe, hat ein solches Operieren am Ende etwas im Blick, was den Menschen reduziert. Er wird zum Konstrukt rationalisiert, zurückgestutzt auf seine körperlichen und physikalischen Funktionen. Der Mensch ist aber mehr als ein chemischer Apparat. Das Transrationale bleibt dabei auf der Strecke. Deshalb habe ich gegenüber solcher Forschung meine dauernden Bedenken.

Brinzanik: Venter hat das ja an Bakterien durchgeführt, nicht an Menschen.

Was für den allgemeinen Lebensbegriff gilt, ist auch für den menschlichen richtungsweisend. Und ich habe meine Bedenken, ob man das menschliche Leben bedenkenlos manipulieren soll. Partielle Körperfunktionen machen es nicht aus. Es muss immer in der Frage stehen, ob einzelne Veränderungen der Ganzheit des Menschen, seiner physischen und geistigen Mitte dienlich sind, seinem Ichbewusstsein, seinem Herzen, seinem menschlichen Lieben und Leiden. Ich bleibe grundsätzlich skeptisch. Eine rationalisierte Sicht auf den Menschen bedeutet für mich immer die Gefahr der Eingrenzung auf ein beengtes und geschlossenes System, in das man dann eingezwängt wird. Gleichwohl bin ich aber nicht für irgendein Denk- und Forschungsverbot.

Brinzanik: Der Mensch nutzt Hefe und Bakterien schon seit Langem industriell, zum Beispiel zum Bierbrauen oder zur Yoghurtproduktion. Und die Idee heute ist, diese Organismen so umzugestalten, dass man beispielsweise $CO_2$-neutral Energie gewinnt und hilft, dem Klimawandel und der Umweltzerstörung entgegenzuwirken.

Ich weiß um die guten Potenziale dieser Forschung. Ich will sie auch nicht behindern. Ich sehe nur die Gefahr, dass manche Erkenntnisse vorschnell und unbedacht umgesetzt werden, ohne die Folgen zu bedenken. Manchmal tut einem schnellen und einseitigen Denken ein verlangsamtes Überdenken des gesamten Kontextes gut. Für mich gilt: Der Mensch ist nicht auf die Vernunft zu reduzieren. Dafür stehen Sprache, Poesie, alle Künste und andere Kulturkräfte, nicht zuletzt die Religion. Ich will mich einerseits überprüften Erkenntnissen und neuen Lebensmöglichkeiten nicht versperren, aber andererseits meine Befangenheiten durchaus kultivieren. Auch Herr Venter ist befangen. Es steht doch immer die Frage im Raum: Dienen solche Forschungsergebnisse der Wissenschaft und der Erkenntnis oder dienen sie – beispielsweise – dem Umsatz?

Brinzanik: Aus diesem Ökonomieverdacht resultiert Ihre Befangenheit, oder gibt es noch andere Punkte?

Die ökonomischen Aspekte sind Realität, kein Verdacht. Da müssen Sie nur im Internet die Verträge studieren, die jemand zu unterzeichnen hat, wenn er in Kalifornien eingefroren werden will. Ich bezweifle die ethische Verträglichkeit, wenn die Ergebnisse dieser Forschung unbedacht auf den Menschen, sein Leben und seine Lebenswelt übertragen und umgesetzt werden. Der Mensch läuft Gefahr, seine Identität zu verlieren. Immerhin versucht die Politik ja, die Probleme im sogenannten Deutschen Ethikrat zu verhandeln.

Brinzanik: Funktioniert das?

Da können Sie auch fragen: Funktioniert die Demokratie? Sie funktioniert natürlich nicht perfekt, und deshalb funktionieren auch diese Räte nicht perfekt. Aber das heißt nicht, dass ich auf Demokratie verzichten will oder kann. Der Diskurs muss auf allen Ebenen geführt werden, auch unter unvollkommenen Rahmenbedingungen. Wir brauchen den medizinischen Fortschritt. AIDS und Krebs sind hier nur zwei Stichworte. Aber das Problem ist die Komplexität der Gemengelage. Wie kommen wir zu einer ethisch verantwortlichen Kanalisierung des differenzierten Wissens? Und da sind wir, wenn ich das mal so fallenlassen darf, bei einem funktionalen Religionsbegriff: Religion ist unter wissenssoziologischer Perspektive die Verwaltung solch differenzierten Wissens – Niklas Luhmann würde sagen, sie ist Komplexitätsreduktion, die das breite Spektrum des Menschlichen, das Rationale, aber auch das Spirituelle und Emotionale mitsamt Angst, Armut und Ungerechtigkeit einschließt. Nicht nur in diesem Punkt bin ich bleibend katholisch, weil ich weiß, es ist für mich die adäquateste Form, mit dieser immer komplexer werdenden Welt umzugehen.

Brinzanik: Gibt es heute noch einen Dialog zwischen Naturwissenschaft und Religion, ist die Theologie an naturwissenschaftlichen Erkenntnissen interessiert?

Es geht gar nicht anders, als sich permanent dieser Herausforderung zu stellen. Ich habe nur die Befürchtung, dass sich die Kirchen mit ihren strukturellen Spannungen zwischen Amt und Theologie zu stark an festgefahrenen Positionen festklammern und sich so aus diesem Dialog herauskatapultieren. Die Zukunft der Religion hängt auch von ihrer Lernfähigkeit ab.

## Hirnforschung

Hülswitt: Es gibt ja mittlerweile zum Beispiel Sonden, die Parkinsonkranken ins Gehirn eingepflanzt werden und Symptome lindern können. Da wird der Körper richtiggehend erweitert. Sehen Sie hier ein Problem mit der Identität?

Zunächst wäre ich auch da wieder offen. Als Seelsorger habe ich wiederholt Menschen in ihren Tod begleiten dürfen. Oft mussten sie durch alle Höhen und Tiefen einer Therapie hindurch. Dann steht man als Zeuge hilflos daneben und hat nur eine Alternative: mitzugehen. Natürlich wünsche ich mir in solchen Situationen nichts sehnlicher als eine angemessene Heilung für den Betroffenen. Aber viele dieser Maßnahmen »heilen« ja nicht wirklich. Sie erschüttern oft nur die Identität, verändern das Ich, schwächen den Lebensmut und nehmen den Mut zum Sein. Was muss ich in einer solchen Lage aufbieten können? Jeder Mensch ist ein Künstler, hat Joseph Beuys gesagt. Mit ihm würde ich also sagen: den Künstler in mir muss ich aufbieten können. Die Identität eines Menschen lebt aus einer Mitte. Die kann ich »Gott« nennen, die kann ich auch »Künstler« nennen. Jeder Mensch hat kreative Fähigkeiten, die über alle physischen Funktionen hinausgehen. Sie liegen auch in seiner Passivität, auch im Leiden und Mitleiden und haben eine schöpferische Kraft – oft gerade für die, die ohnmächtig am Kranken- oder Sterbebett stehen. Davon zeugen nicht nur Menschen des Glaubens oder der Kunst, sondern auch viele Angehörige.

Brinzanik: Ist »Seele« eigentlich immer noch ein zentraler Begriff?

Der Leib-Seele-Dualismus ist eine große Hypothek, die der Katholizismus trägt. Dahinter steht weithin ein verkürzt verstandener Platonismus. Er besteht, kurz gesagt, in einem verdinglichenden Leib-Seele-Dualismus, der das Geistige gegen das Körperliche ausspielt, übrigens ein durch und durch unbiblisches und unjüdisches Denken. Diesen Antagonismus gilt es zu überwinden. Der Sinn des Begriffs »Seele« liegt nicht in ihrem Eigensein, sondern, sagen wir einmal, in der Gestimmtheit meines Körpers und meines Ichs. Es gibt kein Leben unabhängig vom Körper! Auch nach dem Tod nicht. Das ewige Leben ist »jetzt«. Gott nimmt mich in und mit meiner Geschichte an. Und die hat sich in meinem Körper ausgeformt.

Hülswitt: Würde es Sie interessieren, persönlich, aber auch als

Theologe, wenn die Hirnforschung uns erklären würde, wie Empathie entsteht?

Das muss mich interessieren! Aber allen Empathieanalysen zum Trotz gibt es immer mitlaufende, wissenschaftlich nicht zu durchdringende Aspekte und Facetten. Soll ich mich als Mensch auch hier wieder in die Funktionsecke drängen lassen? Auf mein geschichtlich ausgeformtes Ich verzichten? Die Kreativität rationalisieren? Den Glauben wegblasen? Den Zauber der Musik und die Kraft der Kunst relativieren und auf Funktionen reduzieren? Die Lust am Leben basiert nicht nur auf der Summe biologischer Reaktionen. Sie ragt weit über die wissenschaftliche, rationale Perspektive hinaus. Schon wenn wir jetzt miteinander sprechen, verhandeln wir nicht allein rationale Diskurse, sondern kommunizieren miteinander in emotionalen Stimmungen, in Sympathien, Blockaden oder Atmosphären, die im Wissenschaftlichen nicht aufgehen! Das ist der Punkt.

Hülswitt: Da wäre also ein Mehr, das unerklärbar bleibt, und da ist die Religion angesiedelt?

Sie können natürlich sagen, der Sinn für das Spirituelle ist der romantische Rest der Geschichte – klar.

Hülswitt: Der schmelzende?

Sehen Sie, genau das weiß ich nicht, ob er verschwindet! Bei mir jedenfalls schmilzt er nicht, und er reicht auch über das Romantische hinaus. Aus der Kultur in ihrer Breite verabschiedet er sich auch nicht. Der überzogene Wahrheitsanspruch des rein wissenschaftlichen Denkens erinnert mich oftmals an allzu selbstgewisse kirchliche Stellungnahmen zu Fragen der Zeit. Manche Wissenschaftler spielen sich in ihrem Pathos auf als die neuen Götter der Zukunft. Und wenn sie am Ende sagen, wir haben alles erklärt, dann kann ich nur sagen: »Gute Nacht!«

## Ethik

Brinzanik: Wissenschaftler sind manchmal erstaunt über das große Misstrauen, das ihnen entgegengebracht wird. Sie haben selbst oft die fast missionarische Überzeugung, etwas sehr Sinnvolles und für die Menschheit Nützliches zu tun. Wie sehen Sie das? Wie kann Religion hier und heute zu einer Ethik des Wissens beitragen?

Der methodische Kernsatz des modernen, cartesianischen Denkens heißt in der Formulierung von Hugo Grotius »etsi deus non daretur«, also so zu fragen und zu forschen, »als gäbe es keinen Gott«. Wenn Forschung in diesem Sinne rücksichts- und vorbehaltlos sein muss, führt sie zu reinem Rationalismus – egal ob in der Philosophie, in Politik und Wirtschaft oder in der Jurisprudenz. Die Folgen eines solchen Denkens sind heute nicht zu übersehen, denken Sie nur an den aus den Fugen geratenen, grenzenlosen Kapitalismus, den verabsolutierten Fortschrittsglauben und die politischen Ideologien inklusive der Systeme, die aus ihnen hervorgegangen sind. Erfolg und Gewinn und Ruhm und Macht haben sich als Maßstäbe des Handelns herausgebildet. Was soll da die Religion? Kann sie mehr sein als eine Bedenken tragende alte Tante?

Brinzanik: Was ja nichts per se Schlechtes ist. Was hätte die alte Dame denn zu sagen?

Nun, ich denke, Religion lebt von einem Impuls, vom Gottesverdacht. Sie dreht den Kernsatz von Hugo Grotius um: »Etsi deus daretur« – das bedeutet, so zu denken, »als gäbe es Gott«. Als gäbe es einen lebendigen Gott, vor dem der Mensch zur Verantwortung gezogen wird, um es einmal moralisch oder ethisch zu formulieren. Als gäbe es eine Instanz, vor der der Einzelne sein Handeln reflektieren muss: Was bringt dein Handeln? Nutzt es anderen? Nutzt es dem Leben? Mehrt es die Freiheit? Die Gerechtigkeit? Den Respekt voreinander? Denke und handle ich »etsi deus daretur«, transformiert sich die Frage nach dem rein materiellen Nutzen von allein. Und es tauchen die anderen Fragen auf: Was ist der Mensch? »Was ist der Mensch, daß Du seiner gedenkst, daß Du ihn wenig geringer machst als die Engel?«, heißt es im achten Psalm. Ist der Mensch auf Hirn- oder Körperfunktionen zu reduzieren, oder muss man ihn nicht auch mit Kategorien wie Würde, Gerechtigkeit, Freiheit, Gleichheit und Brüderlichkeit begreifen? Das sind ja alles Werte, die den Religionen, dem Christentum zumal, nicht fremd sind.

Hülswitt: Dann gibt es nach Ihrer Auffassung keine Moral ohne Gott?

Ich denke nicht, dass allein die Religion diese Wertkategorien eröffnet. Die Religion hat die humane Moral nicht gepachtet. Es gibt auch eine humane Ethik. Der Mensch braucht Gott nicht unbedingt, um verantwortlich in dieser Welt zu leben. Der Glaube aber nährt eine optimistische Einstellung zur Welt, eine Freude und Gelassenheit, die den Menschen von der fixen Idee befreit, dass alles und jedes nach seinen Vorstellungen und seiner Kontrolle abzulaufen hat. Der Glaube schenkt eine kreative Verantwortung, die sich von Gott inspiriert weiß.


Dichtung und Kunst

Hülswitt: Ich hatte immer den Eindruck, dass es bei der Lyrik um die Kerne menschlicher Erfahrung geht und zugleich um etwas, was ich einmal etwas unschön die DNA der Sprache nennen möchte. Wenn man den Dichtern jemals die Möglichkeit gegeben hätte – und ich glaube, dass der Tod oder das Wissen um die Sterblichkeit eine der größten Kräfte hinter dem Schreiben, dem Erzählen, auch dem Dichten sind, und die Dichter versuchen immer wieder, den Tod zu überwinden –, wenn man ihnen also die Möglichkeit gegeben hätte, zu diesem Zweck direkt in der DNA zu schreiben, die ja auch dieses Texthafte hat, auch dadurch, dass wir die vier Basen mit Buchstaben bezeichnen, dann hätten sie das wahrscheinlich gemacht. Insofern könnte man sagen, dass die Bioingenieure Autoren im wahrsten Sinne des Wortes sind, das lateinische *auctor* bedeutet ja sowohl Autor als auch Schöpfer. Der Künstler schafft nicht im Sinne von Schöpfung, aber der Bioingenieur kann das heute.

Es kommt darauf an, was Sie unter Schöpfung verstehen. Wenn Sie das autonome Herstellen von Vorstellungen, Bildern, Umständen, Dingen und so weiter meinen, erschaffen beide, der Künstler wie der Bioingenieur, etwas Neues, ja. Aber ob das schon Schöpfung ist? Die amerikanische Künstlerin Kiki Smith geißelt diese Auffassung als »typisch männlichen Schöpferwahn«. Ich denke, Kunst entsteht aus Kommunikation und Begegnung, aus Inspiration. Lassen Sie mich mal ein Bild aus meiner Welt verwenden: Kunst entsteht im Zauber des Besuchs eines Engels. Es folgt ein Echo oder eine Abwehr, ein Zweifel oder eine Idee. Und dann beginnt der Kampf um Haltung und authentische Form.

Hülswitt: Haben Sie dafür ein Beispiel?

Als Priester muss ich immer wieder Menschen beerdigen, die in ihrem Selbstverständnis nicht mehr christlich geprägt, aber dennoch in den Grundfragen theologisch offen und religiös waren. Die beerdige ich oft mit Versen von Paul Celan. Etwa: »In den Flüssen der Zukunft werf ich das Netz aus, das du zögernd beschwerst mit von Steinen beschriebenen Schatten.« Worum es mir geht: Erleben Sie einmal in solch einer Situation die Kraft solcher Worte, unterschiedliches Sinnverstehen zu überbrücken! Da wünsch' ich Ihnen viel Spaß mit DNA! Texte wie die Celans kommen nicht aus der DNA, die kommen aus dem Kampf mit tragischen Erinnerungen und Bildern, als Jude, als Künstler, als Mensch in Deutschland. Die haben mit Rationalität und Wissenschaft wenig zu tun. Natürlich muss sich ein Dichter auch rational vor seinem Werk und vor der Ästhetik seiner Zeit verantworten. Aber das ist eine andere Vernunft als die der Wissenschaft. Wenn Sie mit einem solchen Text in meinem Umfeld Menschen in ihrem Abschiedsschmerz begleiten, dann spüren Sie hautnah etwas von der Kraft dieser anderen geistigen Welt, die weit über die Naturwissenschaften hinausgeht, auch über die enge Welt einer konkreten religiösen Konfession.

## Zukunft der Religion

Brinzanik: Sie sagten eingangs, Sie hätten es als Theologe immer auch mit Zukunftsforschung zu tun.

Die biblische Religion betreibt Zukunftsforschung auf eigene Weise. Sie ist auf das Kommende ausgerichtet – »den Neuen Himmel und die Neue Erde«. Dabei knallt sie aber dem Einzelnen die Bilder und die Worte nicht einfach so vor den Kopf, sondern spricht ihn als Zukunftswesen an. Was ich damit meine? Religion regt den Menschen zum Mitfragen und Mitforschen an. Sie macht ihm Mut, seine Inspirationen in die Gemeinde einzubringen und mit denen anderer zu teilen. Das Wesen der Religion – das ist die Sichtweise, die ich von der Kunst gelernt habe – ist die Infragestellung. Religion nährt und vitalisiert sich aus dem Fragen nach der Zukunft.

Brinzanik: Die Infragestellung bildet auch einen Kern der Wissenschaft.

Ja, natürlich. Schon in der Theologie des Thomas von Aquin gibt es die Unterscheidung zwischen *fides qua* und *fides quae*. *Fides quae* meint den formulierten und formalisierten Inhalt des Glaubens, das Credo, also Gottvater, Gottessohn, Gottesgeist, Kirche. *Fides qua* dagegen zielt auf die Formen und den Vollzug des Glaubens ab, also Grundlegungen, Quellen, Motive, Pathos, persönliche Gewissheiten, Energien, Inspirationen; aber auch Anfechtungen, Kritik, und Zweifel. All das gipfelt in der Haltung des Fragens. Ich spreche hier gerne von der Mystik der Frage. Die Zukunft der Religion hängt wesentlich davon ab, dass sie diese alte Form und Kultur des Fragens wieder neu entdeckt.

Brinzanik: Eine Fortbewegung von den Dogmen?

Das schließt Dogmen nicht aus. Sie sind Rahmen, Raster, Orientierung und gemeinschaftliche Fixierung. Das heißt aber nicht, dass man dabei stehenbleiben muss. Man muss auch Dogmen befragen. Als Antworten sind sie nicht interessant, wohl aber als Infragestellungen. Die Frage trägt stets eine Antwort in sich – oft vage und intuitiv. Diese Antwort ist aber nichts Fixiertes, sondern setzt einen Prozess des Verstehens in Gang. Religion wäre danach die Kunst und die Kompetenz, sich selbst, die Welt, überhaupt alles infrage zu stellen, auch Gott. Erst in der Frage leuchtet Gott auf. Darum ist der fragende Zweifel der Freund des Glaubens. Ein unbezweifelter Glaube verkommt zur Ideologie. Ich habe selbst die Erfahrung gemacht, dass das Fragen die Energien freisetzt, aus denen heraus der Mensch leben und weiterleben kann.

Hülswitt: Nehmen wir einmal den aus heutiger Sicht sehr unwahrscheinlichen Fall an, dass es den Naturwissenschaften tatsächlich gelänge, den Tod abzuschaffen. Welche Funktion bliebe denn der Religion?

Es wäre nicht das erste Mal, dass die Religion für ihre Verheißungen von neuen Voraussetzungen auszugehen hat, wenn die Wissenschaft neue Erkenntnisse freisetzt. Also die unwahrscheinliche, aber realisierte Utopie, dass der Tod nicht einträte: Darauf ist zu sagen, dass der biblische Glaube von einer Neuschöpfung »des Himmels und der Erde« ausgeht. Damit geht die Hoffnung weiter: Gerechtigkeit, Friede, Barmherzigkeit, Vergebung ... und die Schau Gottes. Es geht um den »neuen Menschen« und eine »neue Welt«. Der biblische Lebensbegriff arbeitet also mit einem weiteren Verständnis der Überwindung des Todes. Es geht über die Konturen dieses Lebens hinaus.

400 Jahre

Hülswitt: Wenn man Ihnen sagen würde, Sie hätten die Möglichkeit, 400 Jahre alt zu werden, Sie müssten dafür aber Ihren Körper komplett umrüsten, zum Beispiel würde Ihr Herz entfernt werden, das Blut würde von allein zirkulieren durch Nanobots, Sauerstoff würde anders in den Körper gebracht als über die Lungen, alle anfälligen Organe würden ausgetauscht durch Materialien, die weniger anfällig und vergänglich sind als die jetzigen. Würden Sie das machen?

Zunächst einmal wäre ich offen. Natürlich, denn ich habe Lust am Leben. Ich bin zuversichtlich, möchte viel wissen, viel wagen, viel versuchen und natürlich auch gerne vieles, was am Körper belastend und bindend ist, am liebsten aufheben. Aber ob ich wirklich 400 Jahre alt werden möchte? Ich denke, nein, weil ich dann vollkommen zeit- und ortlos wäre. Ich möchte lieber meinen Tod bewusst annehmen, ihn erleben und mein Ableben – so weit es möglich ist – gestalten. Zum Beispiel musste ich mich vor Kurzem entscheiden, ob ich mich einer Krebsoperation stellen soll oder nicht. Die entscheidende Frage war für mich: Dränge ich dann meinen Tod nicht doch zu stark von mir weg? Denn natürlich glaube ich, dass der Tod für mich eine Erfüllung ist. Ich bete in alter kirchlicher Tradition um eine gute Todesstunde, aber nicht darum, dass diese in möglichst ferner Zukunft liegt. Ich habe nichts gegen ein längeres Leben, bin aber gegen biografische Brüche. Mein Tod gehört zu meinem Leben, zu meiner Geschichte. Dennoch bin ich in diesem Punkt nicht ohne Angst. Doch Angst ist eine Farbe unseres Lebens. Sie kann zu einem positiven, spannenden Impuls werden. Angstfreies Leben? Das ist letztlich langweilig. Die Angst lehrt, positiv mit ihr umzugehen. Und natürlich hat für mich mein Glaube viel mit Angstreduktion zu tun. Er weist mir den Weg aus der Angst.

Hülswitt: Wie haben Sie die Entscheidung getroffen?

Sie geht in die Richtung, etwas gegen die Krankheit zu unternehmen. Aber es bleiben Bedenken. Verändere ich mit dieser Entscheidung einen natürlichen Prozess des Ausklangs, der zu meinem Leben gehört? Wir alle tragen schließlich unsere Todesgründe mitten im Leben in uns.

Hülswitt: Göttlich gegeben?

Nein, durch unsere natürlichen Anlagen, durch soziale Wahrscheinlichkeiten ... Zugegeben – das ist eine einseitige, melancholische Sicht auf das Leben. Denn auf der andern Seite verlängern wir diesen Prozess natürlich mit guter medizinischer Begleitung. Es ist eine Art Gratwanderung: Man muss schon aufpassen, dass man nicht zu früh den Löffel abgibt. Aber man muss ihn auch im rechten Augenblick aus der Hand gleiten lassen können.

Brinzanik: Es gibt Langlebigkeitsbefürworter wie Ray Kurzweil oder Aubrey de Grey, die meinen, wir hätten den Tod rationalisiert und akzeptiert, weil es bislang sowieso keinen Ausweg gab. Aber angenommen, es gäbe nun einen Ausweg?

Zunächst einmal wäre ich mit Kurzweil darin einig, dass beide, Religion und Wissenschaft, dem Menschen Wege aufzeigen, wie er mit Krankheit und Tod umgehen kann. Als Christ habe ich den Tod aber nicht als ein Ende vor Augen, sondern als ein Ereignis, das eine neue Lebenspräsenz in die Gegenwart bringt. Sie gibt mir die Kraft, im Tod stark zu bleiben und seiner zerstörerischen Macht zu widerstehen. In diesem Sinn steckt für mich im Tod immer auch eine Geburt. Ich sterbe zwar real, werde aber zugleich in Gott hinein neu geboren. Ich habe Teil an der Auferstehung Christi. Das freilich verstehe ich nicht als Ausweg. Für mich ist das lebendige Hoffnung – meine Zukunft.

## »Ich will die Zukunft jetzt!«

Im Gespräch mit dem Künstler Daan Roosegaarde
(Poznan, 29. September 2009)

### Macht und Gesellschaft

Tobias Hülswitt: Was halten Sie von Ray Kurzweils Zukunftsvisionen?
Daan Roosegaarde: Ich bräuchte Beweise. Mich interessiert mehr, wie sich das Konzept der Stadt verändert, wie sich Menschen innerhalb von hundert Jahren ändern und innerhalb der letzten 100 geändert haben. Das will ich erforschen und meine persönliche Interpretation dieser Veränderungen entwickeln. Anstatt so abzudriften. Ich sehe einen Unterschied zwischen Futurismus und Science-Fiction. Wir werden flexible Bildschirme und 3-D-Drucker haben, eingebaute Mikrochips und Kühlschränke, die melden, wenn das Verbrauchsdatum der Milch abläuft. Die Technologie wird aus dem Bildschirm treten und in unseren Alltag eingebettet werden. Daran besteht gar kein Zweifel. Viel interessanter ist aber die Frage, wer die Kontrolle besitzt. Die Welt um uns ist von Menschen gemacht, wir haben unsere eigene Welt aus Produkten geschaffen. Ist die Realität etwas, das Firmen entwickeln und uns hinwerfen werden und sagen »Hier, da habt ihr ein Gerät, das ihr benutzen dürft?« Oder werden wir an diesem Prozess beteiligt sein, sind diese Technologien Mediatoren und Konnektoren, die wir als Gesellschaft gemeinsam entwickeln? Die Frage, inwiefern auch wir Kontrolle ausüben werden, ist daher viel interessanter als die nach der physischen Erscheinung kommender Technologien.
Hülswitt: Wer kontrolliert Technologie heute? Eine Elite?

Absolut. Und das ist sehr eigenartig. Natürlich gab es einmal eine Diskussion über Open Source und solche Dinge. Aber geben wir zu: Die ist längst vorbei.

Hülswitt: Wer übt die Kontrolle heute aus?

Diejenigen, die in ungeheuren Mengen Daten über uns sammeln und dabei selbst keinerlei Kontrolle unterliegen. Ich bin kein Datenschutzfreak, es ist mir egal, ob Sie wissen, wer mich angerufen hat oder ob Sie meine E-Mails hacken. Aber ich finde es befremdlich, dass es keine Diskussion darüber gibt, jedenfalls fühlt es sich bis jetzt an, als sei da keine. Es wird jedoch eine Schlüsselfrage werden. Unsere IP-Adresse wird früher oder später genau wie ein Reisepass sein. Und bestimmte Leute werden versuchen, das World Wide Web zu dominieren, das frei sein sollte und offen. Wem gehört das Internet? Uns allen! Wir bewegen uns in einen neuen Zustand eines sozialen Kommunismus hinein, in dem wir gemeinsam kollektives Wissen schaffen. Und das ist sehr faszinierend. Bill Gates hat seine Meinung mehr oder weniger komplett geändert und öffnet nun Schritt für Schritt die Microsoft-Programme, denn auch er hat verstanden, dass dieses kollektive Wissen der Schlüssel zur Antwort auf eine Menge Probleme ist und darüber hinaus der einzig mögliche Weg. Ich glaube sehr an die Praxis der Koproduktion und an das Kreieren von Situationen, in denen Menschen durch Technik miteinander in Kontakt treten können. Und wenn ich als Künstler meinen Teil dazu beitragen kann, indem ich interaktive Kunstwerke und Umgebungen im physischen öffentlichen Raum schaffe, dann macht mich das sehr glücklich.

## Sanfte Anwesenheit

Roman Brinzanik: Was macht Technologie für Sie interessant?

Die Technologie ist ein sehr wichtiger Teil dessen, was wir als soziale Wesen sind. Früher ergab sich die Identität daraus, auf welcher Seite der Berliner Mauer man lebte, West oder Ost. Heute basiert sie darauf, wie ich mit Leuten in Verbindung stehe, wie schnell mein Modem ist. Es findet ein Wandel statt darin, wie wir Charakter definieren. Das sind alles globale Prozesse. Mein LinkedIn- und mein Facebook-Account sind Teil davon. Ich spreche über längere Zeit nicht mit meinen Freunden, ich treffe sie nicht persönlich, ich schicke keine SMS, keine E-Mails, keine Faxe. Aber ich checke ihren Status auf Facebook und weiß, was sie so machen. Es ist keine aktive Kontaktaufnahme, sondern eine Art sanfte Anwesenheit. Und wenn ich sie dann drei Monate später wieder treffe, habe ich immer noch dieses Gefühl der Verbundenheit. Es funktioniert fast unbewusst. All dies findet bereits statt.

Brinzanik: Was sind weitere Ihrer zentralen Themen?

Die Technologie wird aus dem Bildschirm, aus dem MacBook, aus dem iPhone heraustreten und unsere tägliche Realität, unsere materielle Welt beeinflussen, ähnlich wie seit hundert Jahren etwas wie die Rolltreppe in unseren Alltag integriert ist. Und an dem Punkt wird es interessant. Ich hatte eine Diskussion mit John Thackara, dem Gründer der Event-Produktionsfirma The Doors of Perception. Er meinte, wir sollten zur Natur zurückkehren und einfach insgesamt weniger tun. Er sagte, er wolle weniger reisen, um den $CO_2$-Ausstoß zu reduzieren. Und ich rief »Was, bist du verrückt? Wir brauchen Leute wie dich, die die Botschaft verbreiten! Du musst reisen. Wir müssen einfach smartere Flugzeuge bauen.« Es geht mir hier um eine andere Herangehensweise. Was passiert, wenn Technologie den Bildschirm verlässt und beginnt, die materielle Realität zu prägen, ist also ein weiteres meiner Schlüsselthemen. Und nicht zuletzt die Faszination angesichts der Verschmelzung von Natur und Technologie. Wir werden in der Lage sein, neue Umwelten zu schaffen, neue Umgebungen, die nachhaltiger und zugleich interaktiver sein werden.

Hülswitt: Können Sie ein Beispiel nennen?

Bei dem Projekt, an dem wir gerade arbeiten, einer Fassade, verwenden wir smarte Folien, die sich öffnen und schließen, wenn Sonnenlicht auf sie fällt. Da geht es einmal um die Funktion, denn es ist eine alternative Art, das Gebäude zu lüften, die zugleich aber eine bestimmte Erfahrung möglich macht. In dem Moment also, in dem wir intelligentere Materialien verwenden – und mir ist klar, wie sehr diese Ausdrücke missbraucht werden –, oder solche, die sich irgendwie einander bewusster sind, dann ist Nachhaltigkeit zum einen der einzige Weg, weil sie auch am effektivsten ist, und zum zweiten können wir wirklich neue Erfahrungshorizonte erschließen. Für mein Gefühl stecken wir immer noch in einer veralteten Mentalität fest und stehen vor einem großen Graben zwischen den Generationen.

Brinzanik: Wie sind Sie als Künstler zu diesen Themen gekommen?

Wenn man die Manuskripte von Piet Mondrian, dem Maler, oder von Mies van der Rohe und den Bauhaus-Leuten liest, dann sieht man, dass es in Kunst und Architektur darum ging, wie man die Menschen einbezieht und die Dinge vorantreibt und sagt: »Schau, dies hier passiert gerade!« Und darum, den Menschen den Wandel bewusst zu machen. Und darum dreht sich auch meine Arbeit, darum, diese Art von Bewusstheit zu schaffen. Ich rede weniger gern über mich und meinen Teddybär. Ich finde es nicht sonderlich interessant, wie ich mich gerade als Person fühle, sondern in welcher Art von Übergang wir uns gerade befinden und wie Kunst und Architektur etwas beitragen können. Darum zeige ich meine Arbeiten auch gerne im öffentlichen Raum. In dem Moment, in dem man meine Arbeiten sieht, versteht man, worum es in ihnen geht. Ich versuche, die Kunst auf poetische Weise zeitgenössischer zu gestalten. Ich versuche, sie alltäglicher werden zu lassen, um den Leuten den Wandel sichtbar zu machen. Sonst würde ich in die Ecke des Science-Fiction-Künstlers gedrängt, und das ist der letzte Platz, an dem ich landen will, denn dann ginge es nur noch um Dekoration.

Nature 2.0

Hülswitt: Was meinten Sie, als Sie sagten, Natur und Technologie würden verschmelzen?

Zum einen haben sie die gleiche Methodologie: Dinge entstehen, leben, sterben. Es mag sehr ambitioniert klingen, aber ich bin sicher, dass diese beiden Bereiche zusammenwachsen werden. Es steckt eine unvorstellbare Kraft darin, wie die Natur sich entwickelt. Zugleich hat es keinen Sinn, Bäume in Städten zu pflanzen, um $CO_2$ zu reduzieren, denn man bräuchte Unmengen davon. Deshalb brauchen wir etwas Fortgeschritteneres, um tatsächlich eine Wirkung zu erzielen. Hier geht es nicht um Kunst, sondern mehr um Stadtplanung. Ich glaube schon immer daran, dass sich diese Dinge begegnen werden. Wie die Plane, an der wir arbeiten, die sich öffnet, wenn Sonnenlicht auf sie trifft. Sie verhält sich wie eine Sonnenblume, das ist Biomimikry. Wie können wir die Intelligenz der Natur nutzen, also sozusagen zu ihr zurückkehren, aber gleichzeitig weiter so leben, wie wir leben? Denn ich bin nicht bereit, in einer Höhle zu hausen! Ich will mein Internet, es ist ein Teil von mir. Ich werde es nicht hergeben. Stattdessen müssen wir die Welt, die wir geschaffen haben, verbessern. Manchmal, wenn ich mir anschaue, wie Autos gemacht sind, kommt es mir vor, als habe ein Höhlenmensch Zeichnungen in den Fels gekratzt, derart banal ist die Machart. Wir müssen mehr von der Natur lernen. Ich habe das Verhalten von Quallen studiert und wie sie mittels Licht miteinander kommunizieren. Oder was die Sonnenblume macht. Das ist keine Gefühlsduselei, sondern es geht darum, zu verstehen, was da vor sich geht und wie ich davon lernen kann.

Hülswitt: Die Beobachtung der Quallen ging in Ihre Arbeit *Liquid Space* ein, die wie ein Dreifuß aussieht, so groß, dass ein Mensch darunter stehen kann. Das Gebilde reagiert auf Leute, die sich nähern, und seine Konstruktionsprinzipien, seine Bewegungen und sein Leuchten sind von der Qualle inspiriert.

Richtig. Mein Team und ich haben uns Bilder angeschaut und uns gefragt: Was leuchtet da? Was für eine Art LED ist das? Und dann merkten wir plötzlich, nein, das ist eine Qualle! Es ist *gewachsen!* Ich denke, in zehn Jahren werden wir nicht mehr so sehr Dinge designen und zusammenbauen, sondern sie wachsen lassen.

Hülswitt: Sie werden Kunstwerke wachsen lassen?

O ja! In fünf Jahre werden wir unsere Arbeit *Dune* nicht mehr verschiffen. Ich will ein Stück DNA haben, das ich in den Boden stecken kann, und *Dune* wächst. Wir werden DNA hacken, ganz sicher. In meinem Studio arbeiten zehn Leute, *whiz kids*, Designer und Ingenieure. Sie arbeiten alle am gleichen Ort, weil sie nah am Prozess sein müssen. Das geht nicht per E-Mail. Und die Disziplinen vermischen sich mehr und mehr. Wir arbeiten nun seit zwei oder drei Jahren so, und das Lustige ist, wir verwenden in unseren jüngeren Arbeiten immer weniger Technologie, weil die Materialien smarter werden und die verschiedenen Elemente des Gestaltungsprozesses mehr und mehr zusammenlaufen.

Brinzanik: Sie sprechen in Präsentationen und Vorträgen häufig von Nature 2.0. Was meinen Sie damit?

Die Rolltreppe. Nature 2.0 findet statt, wenn Technologie ein Teil von uns wird, als Erweiterung unserer Haut. Sehr viele Leute fürchten sich davor und meinen, es wird alles ganz schlimm, die Technik wird uns verschlingen – na klar, das wissen wir doch längst: Wir können gute Dinge und schlechte Dinge damit machen. Also lasst uns darüber reden, welche Art von Poesie wir schaffen können! Techno-Poesie.

Brinzanik: Und existiert für Sie noch so was wie eine echte Natur?

Ich war an Orten, an denen es sie gibt. Aber diese Orte sind rar gesät! (Lacht.) Ich musste ein Flugzeug nehmen, um hinzukommen. Ich war zum Beispiel tauchen. Und wenn so ein Stachelrochen direkt neben dir schwimmt, oder eine Schildkröte – wow! Auch das ist wieder keine Empfindelei. Das sind echte lebendige Wesen, und du spürst, du bist in einer Welt, in die du nicht gehörst.

Brinzanik: Sie konnten sich in dieser authentisch-natürlichen Umgebung nur mithilfe von Technik bewegen.

Ganz genau. Und es war großartig, es war wie Yoga beim Schwimmen, ein sehr physischer Prozess, es war toll. Ich vergaß all die Blasen und Flaschen und den ganzen Kram, und es wurde eine wahrhaft natürliche Begegnung. Aber es geht noch darüber hinaus. Einmal wachte ich in einem Taxi auf und hatte keinen blassen Schimmer, wo ich war, nach all den Vorträgen und Reisen war ich völlig neben der Spur. Ich schaltete mein Smartphone ein, und während das GPS hochfuhr, wurde ich mir meiner Präsenz bewusst, meiner Präsenz als Punkt auf Google Maps. Und mich überkam ein seltsames Gefühl des Daheim-Seins, vermittelt von einem völlig artifiziellen Gerät in einer absolut fremden Umgebung: Ah, das bin ich, dieser Punkt auf der Karte! Das war großartig. Es war eine authentische Emotion, die mich überraschte und überwältigte. Ich denke, auch das ist wieder die neue Natur. Man kann sich inmitten von Artefakten befinden und zugleich echte, authentische Empfindungen haben, ganz sicher.

Brinzanik: Erreichen wir eine neue Phase des Zusammenwachsens der ersten und zweiten Natur?

Das sollten wir! DNA-Hacken ist Teil davon, genau wie künstliches Leben und all die Dinge, über die die Leute langsam, aber sicher zu reden beginnen.

## Nachhaltigkeit

Brinzanik: Wie informieren Sie sich über die neuesten wissenschaftlichen und technologischen Entwicklungen?

Ich reise viel, besuche Labore, rede mit Leuten. Ich habe die Sony-Laboratorien besucht, und wir hatten ein paar verrückte Treffen mit Leuten von der NASA. Aber es geht nicht darum, bloß das Allerneueste zu nutzen. Manchmal verwenden wir auch Dinge, die es schon gibt, wie kabelloses Aufladen und elektromagnetische Induktion.

Brinzanik: Ihre Arbeit *Sustainable Dance Floor* ist ein Tanzboden, über den aus den Bewegungen der Tanzenden die Energie gewonnen wird, die den Boden dann zum Leuchten bringt. Und dort, wo die Leute am meisten tanzen, leuchtet es am hellsten. Um das zu bewerkstelligen, verwenden Sie die einzelnen Platten des Bodens einfach wie den altbekannten Dynamo.

Ein sehr basales Prinzip, das schon eine ganze Weile existiert. Wir verwenden also manches wieder, wir copy-morphen es, nicht copy-pasten, sondern copy-morphen, so wie wir den *Sustainable Dance Floor* als Dymano benutzen. Und manchmal beginnen wir ganz von vorne, weil wir etwas sagen wollen, wofür die Grammatik noch fehlt. Wie bei *Venus,* der interaktiven Architektur, an der wir gerade arbeiten. Wir wollen weg von diesen ekligen, furchtbaren LED-Gittern, die irrsinnig viel Energie verschlingen. Eine RGB-LED benötigt ein Ampere! Das ist Wahnsinn. Da müsste man ein zweites Gebäude daneben stellen, in dem nur die Energie für das erste produziert wird. Wie können wir also Dinge produzieren, die viel weniger Energie verbrauchen, aber doch im Ausdruck interessanter sind? Das ist für mich die größte Herausforderung. Vielleicht ist das sogar die Schlüsselformel für gutes Design.

Hülswitt: Können Sie weitere Charakteristika Ihrer Arbeit nennen?

Es geht auch um taktile Hightech, darum, Technologie zu benutzen, um eine Art Techno-Poesie zu schaffen, eine sensuelle Umgebung, deren Teil die Besucher sind. Das zum einen. Zum anderen geht es um Futurismus, wie wird unsere Zukunft aussehen? Wie *Dune* im öffentlichen Raum. Es kann in einer Stunde aufgebaut werden und verbraucht sehr wenig Energie. Da trifft Futurismus auf Pragmatismus. Es geht darum, zu sagen, dass es mir egal ist, ob es sich um Kunst oder Design oder Architektur handelt. Wir stellen es einfach da draußen auf, und dann lernen wir – *launch and learn.* Und darum, ein Studio zu haben, in dem wir solche Dinge entwickeln, weil wir das Gefühl haben, dass sie von Philips oder Sony oder Samsung nicht kommen werden.

## Kunst und Künstliche Intelligenz

Brinzanik: Sprechen wir weiter über *Dune*. *Dune* ist eine Art künstliches Korn- oder Dünengrasfeld, dessen Ähren leuchten, wenn man an ihnen vorübergeht oder mit der Hand durch sie streicht oder in seiner Nähe Geräusche macht. Sie nennen es eine interaktive Landschaft.

Eine interaktive Landschaft ist eine Umgebung, die, wie Sie es beschrieben haben, auf Sie reagiert, die sich auf eine Weise Ihrer bewusst ist. Sie reagiert auf Ihre Geräusche, Ihre Bewegung, auf jede Art menschlichen Verhaltens.

Hülswitt: Sie nennen es Bewusstsein? Ist es ein Maschinen-Bewusstsein?

Mehr ein animalisches Bewusstsein. Wie das Kätzchen, das aufwacht, wenn Sie zur Tür hereinkommen. Es hat keine Ahnung, woher Sie kommen, aber es weiß, aha, er ist da! Es geht aber über die pawlowsche Reaktion hinaus, hoffe ich jedenfalls. Die Idee ist, dass *Dune* ein Bewusstsein hat, dass es sich dessen gewahr ist, was Sie tun, und dass es sich außerdem dessen gewahr ist, was es selbst getan hat. Wenn Sie zum Beispiel vor *Dune* stehen und einmal klatschen, fängt alles an zu funkeln und blinken, aber es ist darauf programmiert, Sie zu ignorieren, wenn Sie fünf- oder sechsmal klatschen. Es ist darauf angelegt, Vielfalt in der Interaktion zu begünstigen. Die Leute sagen mir manchmal: »Es funktioniert nicht!« Dann sage ich: »Es reagiert nicht, weil wir es nicht mögen, wenn du dich wie ein Clown aufführst.« Wir möchten sozusagen eine reife Beziehung.

Hülswitt: Ist das nun Künstliche Intelligenz?

Nein, das ist es nicht. Und ehrlich gesagt, ich habe auf all meinen Reisen noch keine gesehen, ich meine echte, autarke, sich entwickelnde Strukturen im Sinne von Künstlicher Intelligenz, mit der

Menschen interaktiv in Verbindung treten können. Wir sind nahe dran, aber noch nicht da. Unsere Kunstwerke verfügen über eine Logbuch-Datei, so dass wir sehen können, welche Zustände und Interaktionen ausgelöst wurden und welche nicht. So können wir sagen, wir wollen hiervon mehr oder davon weniger. Und was passiert? Dadurch, dass *Dune* eine Geschichte hat, fangen die verschiedenen Stimmungen an, sich miteinander zu verflechten. Und so entstehen einzigartige Muster aus Licht.

Brinzanik: Dune verwendet also Lernalgorithmen und verändert sich durch die Interaktion?

Genau. Es stehen eine ganze Reihe von Mustern bereit, und in dem Moment, in dem Sie sie als Mensch auslösen, verändern Sie die Muster bereits. So gesehen sind Sie sofort Teil des Ganzen. Und das erleben Sie auch durch das anfassbare Interface. Es macht einen Unterschied, ob Sie es berühren oder ob Sie vorbeigehen und Lärm machen. Das zum einen, und das Zweite ist das kulturelle Element. Die Leute in Hongkong haben *Dune* sofort akzeptiert, während sie in Ljubljana etwas ängstlich waren, weil sie durch die Erfahrung mit der Diktatur fürchten, ihre Privatsphäre könnte verletzt werden. Oder: Die Menschen erleben die Zeitspanne einer Minute in Tokio vollkommen anders als in New York. Oder zu welchem Zeitpunkt die Leute glauben, dass etwas nicht funktioniert: Am Anfang funktionierte es, dann ändert sich das Muster, und die einen sagen: »Es ist kaputt!«, während die anderen einfach weiter damit spielen. Es hängt immer von ihrem kulturellen Hintergrund ab. Und dieses kulturelle Element trägt auch sein Teil zur »Intelligenz« des Kunstwerks bei. Diese beiden Dinge sind also äußerst wichtig, die sich selbst hervorbringenden Muster, an deren Entstehung Menschen teilhaben, und ein Bewusstsein davon, welche Gesellschaften wirklich mit Technologie zu tun haben und welche nicht und wie sie den Faktor Zeit erleben.

Brinzanik: Sprechen wir noch einmal über *Liquid Space*, die quallenartige, menschengroße Konstruktion. Sie nennen es gefährlich.

Ja, es ist übernatürlich. Es ist die neue Natur. Manchmal folgt es dir, es bewegt sich richtig auf dich zu, und das kann ziemlich beängstigend sein. Ich kenne die Arbeit, ich habe sie gebaut, und trotzdem frage ich mich selbst manchmal, was hier passiert. Auf der einen Seite sind es diese auftretenden Muster, die ich natürlich lesen kann, aber auf der anderen gibt es diese Interaktionen, zum Beispiel Hochzeitspaare, die sich unter *Liquid Space* fotografieren lassen und plötzlich anfangen, sich wie unter einem digitalen Mistelzweig zu küssen. Die Realität eines Kunstwerks ist einfach immer poetischer, brutaler, gefährlicher und abenteuerlicher, als ich es mir als Künstler je vorher ausmalen kann. Statt also zu sagen, die Wirklichkeit wird so oder so aussehen, will ich Dinge schaffen, die die Realität gleichsam selbst machen kann, und nur versuchen, bestimmte Elemente dieser Realität zu verstärken.

## Schönheit und Emotion

Hülswitt: Stoßen Sie häufig auf ein Zögern angesichts Ihrer Arbeiten? Sehen die Leute darin oft seltsame Robot-Sci-Fi-Gebilde?

Wenn sie online von *Dune* lesen, sagen manche Leute, ach so, das ist wieder dieser Techno-Typ. Aber ich weiß, dass sie in dem Moment, in dem sie den Raum betreten und das Werk sehen, »Wow!« sagen, weil es schön aussieht, weil schon eine bestimmte Aktivität darin stattfindet, entweder weil schon Leute damit spielen oder *Dune* von alleine aufleuchtet, und dann merken sie, »Hey, das ist keine Animation, ich bin es, der das bewirkt. Ich bin Teil dieses Kunstwerks.« Das ist ein ungemein wichtiger Seinszustand. Und in dem Augenblick beginnen die Leute zu versuchen, eine neue Form von Dialog zu schaffen.

Hülswitt: Glauben Sie, dass dabei Emotionen entstehen, die es vorher nicht gab?

Absolut, ja. Stellen Sie sich zum Beispiel vor, Sie befinden sich auf einer nichtfunktionierenden Rolltreppe. Kennen Sie dieses Gefühl? Ihr Körper will weiter, aber Ihr Hirn sagt Ihnen: keine Chance. Dieses ganz spezifische Gefühl gab es bis vor hundert Jahren nicht. Wenn Sie vor 150 Jahren versucht hätten, es jemandem zu erklären, hätte er es nicht verstanden. Ich bin sicher, dass Technologie in der Lage ist, authentische menschliche Emotionen zu schaffen, weil es Situationen gibt, in denen sie uns besser versteht, als andere Menschen es tun. (Lacht.) Das ist ein bisschen traurig, aber wahr.

Hülswitt: Als ich *Dune* zum ersten Mal sah, hatte es eine Schönheit an sich, ich fand es wunderbar, hindurchzulaufen und die Hand durch die Lichtähren gleiten zu lassen, und gleichzeitig löste es eine Art Nostalgie aus, Sehnsucht nach einem echten Kornfeld. Das nächste Mal, wenn ich ein echtes Kornfeld sehen würde, dachte ich, würde ich es mehr wertschätzen, als ich es tat, bevor ich *Dune* sah. Da war nicht die Spur eines Wettbewerbs zwischen Natur und Technologie.

Es gibt auch keinen. Ich saß kürzlich im Flugzeug, der Akku meines Laptops war leer, und ich las ein Buch. Und plötzlich wurde mir klar, Moment mal, dieses Buch braucht keinen Akku! Es war eine Art Wiederentdeckung des Buches. Das beweist natürlich nur, dass ich ein absoluter Tech-Freak bin, das ist mir klar. Aber gleichzeitig liebte ich das, es war eine neue Emotion angesichts etwas so Altem, die es nur geben kann, weil wir uns in diesem neuen Seinszustand befinden. Es geht nicht darum, neu oder cool zu sein, sondern darum, wie diese Arten neuer Empfindungen generiert werden.

## Verschmelzung des Künstlers mit der Technologie

Brinzanik: Haben Sie schon einmal daran gedacht, mit Gehirn-Computer-Schnittstellen zu arbeiten?

Ich würde liebend gerne einen 3-D-Drucker an mein Gehirn anschließen und sehen, was passiert. Und ich würde gerne ein Backup meines Gehirns erstellen und das dann ein bisschen durcheinander bringen. Klar! (Lacht.) Was haben wir zu verlieren? Ich muss nur noch dieses Gebäude errichten, *Venus*, und dann bin ich so weit. Obwohl, auf eine Weise gibt es das doch schon: Wenn man rechts denkt, bewegt sich der Cursor nach rechts ...

Hülswitt: Aber all das, was es bis jetzt gibt, wird – mit Ausnahme bestimmter therapeutischer Technik-Applikationen wie dem Cochlea-Implantat, der Tiefenhirnstimulation und der künstlichen Retina – nicht in den Körper implementiert.

Das stimmt. Ich rede immer von der Erweiterung und Verlängerung der Haut, aber was passiert, wenn wir *unter* die Haut gehen? Cool. Das ist verrückt. Den Leuten werden die Haare zu Berge stehen.

Hülswitt: Würden Sie das Ihrer Kunst zuliebe tun?

Na sicher! Aber es sollte mehr ums Unbewusste, um Emotionen gehen. Je mehr Informationen ich von meinem Publikum bekommen kann, desto interessanter wird die Interaktion. Und was habe ich zurzeit? Ihre Art zu laufen und ihre Geräusche. Wenn ich mich in ihre Neurone einstöpseln könnte, dann hätte ich sie wirklich ... Eigentlich hätte ich gern jedes Mal einen Orgasmus, wenn ich mein Auto starte. Wie können wir das erreichen? Nein, im Ernst! Ich fahre jetzt diesen kleinen, mit aller möglichen Hightech ausgestatteten Toyota IQ. Er geht auf, wenn ich mich nähere, er kennt meine Einstellungen. Er geht schon sehr auf mich ein, aber im Grunde sagt er doch nur »Hi«. Was, wenn wir das auf die nächste Ebene heben könnten? Wir leben schon in einer Welt, die immer mehr auf uns eingeht, die auf primitive und banale, aber doch überzeugende Art mit uns kommuniziert. Was passiert nun, wenn es physischer, wenn es wirklich Teil unserer selbst wird? Ich glaube aber, der Moment, in dem wir wirklich anfangen, Plug-ins im Körper zu tragen, ist noch hundert Jahre entfernt. Wenn ich mir anschaue, wie schwer es ist, den Leuten allein die Entwicklungen bewusst zu machen, in denen wir uns bereits befinden ...

### Kunst wachsen lassen und Fortschritt

Brinzanik: Sie arbeiten bislang hauptsächlich mit Elektronik, Software, mechanischen Systemen und smarten Materialien und erwähnten in unserem Gespräch mehrmals die faszinierende Möglichkeit, Kunst wachsen zu lassen. In dem viel diskutierten Essay »Our Biotech Future«[1] aus dem Jahr 2007 spekuliert der Physiker Freeman Dyson darüber, was passieren könnte, wenn Biotechnologie und Synthetische Biologie dieselbe Entwicklung nähmen wie die Computertechnologie und »domestiziert« würden, in unsere Haushalte eindrängen. Er glaubt zum Beispiel, dass so, wie die jungen Leute in den siebziger Jahren in Kalifornien Schaltkreise und Chips zusammenlöteten und den PC erfanden, die Kids demnächst dasselbe mit biologischen Bausteinen, genetischen Werkzeugen und DNA-Stücken anstellen und ihre eigenen neuartigen Organismen erfinden werden.

Wie mit einem Set Legosteine.

---

[1] Der Aufsatz erschien im Juli 2007 in der *New York Review of Books* und ist unter www.nybooks.com auch online verfügbar (Stand Februar 2010).

Brinzanik: Genau. Würden Sie das in Ihrem Studio auch machen wollen?

O ja. Es ist zwar bislang nicht Teil unseres Business-Plans, aber es wäre mein Traum, Wissenschaftler im Studio zu haben und sagen zu können: »Lasst uns interaktive embryonische Legosteine machen. Lasst uns anfangen, Dinge wachsen zu lassen, anstatt sie zu designen.« In den USA sah ich kürzlich LKW, auf denen Moos wuchs, und dieses Moos war nicht grün, sondern braun. Es war wunderschön, wie eine zweite Haut ... Und ich dachte, wenn wir das hacken und die Farben beliebig ändern könnten, dann könnte man statt Wandfarbe einfach etwas über die Flächen wachsen lassen.

Brinzanik: Ich vermute, kontrolliert die Farben von Pflanzen zu ändern, ist mithilfe von Gentechnik bereits möglich.

Das interessiert mich sehr. Wir haben auch dieses Pulver gekauft, diesen Baum aus Pappe, mit Pulver, und wenn man es ins Sonnenlicht stellt, macht es »krrrr« und man hat diesen Fake-Baum. Aber das geht nur in eine Richtung. Man müsste in der Lage sein, es rückgängig zu machen. Es müsste zurückwachsen. So wie ein Baum wächst und dann stirbt. Und man sollte die Möglichkeit haben, den Prozess zu beeinflussen. Sonst hat es keinen Wert für mich. Von daher: Ja, warum nicht? Heute habe ich einen Software-Ingenieur, morgen könnte es genauso gut jemand sein, der Flüssigkeiten ineinander schüttet und mir zeigt, was passiert. Wir lassen es wachsen. Wir werden die Zukunft gestalten, und wir werden neuartige Organismen im Haus haben. Es ist nicht die Frage, *ob* wir dorthin gelangen, sondern *wie*. Ich habe allerdings das Gefühl, wir sind immer noch dieselbe Gesellschaft wie damals, als die ersten Digitalkameras das Geräusch von analogen Kameras nachmachten, um einem zu versichern, dass man wirklich ein Foto gemacht hatte. Deshalb sehe ich meine Rolle als

Künstler, als Designer, als Architekt darin, zu vermitteln und den Leuten wie auch mir selbst zu helfen, dorthin zu kommen. Wie schließen wir den Graben zwischen diesen Biologen, die so unglaubliche Sachen machen, und den 95 Prozent der Leute, die bereits Probleme haben, mit ihrem iPhone zurechtzukommen? Ich will diesen Graben nicht noch verbreitern. Das wäre schrecklich. Ich will verbinden. Biomimikry und DNA-Programmierung sind großartig, aber wenn ich sage, ich will sie »anwenden«, dann meine ich, ich will sie in die gegenwärtige Gesellschaft einpassen. Das ist es, was Kunst letztlich für mich macht. Sie schaut auf futuristische Weise auf die Gesellschaft, aber innerhalb des Jetzt.

Brinzanik: Warum kann man den Fortschritt nicht anhalten? Ist es nur Neugierde, oder ist es mehr?

In meiner Natur liegt es jedenfalls nicht, aufzuhören. Ich bin jung, ich will Fortschritt sehen. Ich glaube auch, dass der Wunsch nach Weiterentwicklung einen großen Teil der menschlichen Natur ausmacht. Er hält uns seit Ewigkeiten am Laufen. Es gibt keine Möglichkeit, das umzukehren. Deshalb glaube ich, wir sollten noch viel weiter gehen und smarter und intelligenter werden. Und Interaktion und Nachhaltigkeit sollten Teil davon sein. Was ich allerdings hasse, ist die Art, wie die Technikgurus dieser Welt Technologie mystifizieren und glauben, sie werde alle Probleme lösen. Denn das ist falsch.

## 400 Jahre

Hülswitt: Sollte Kurzweil recht bekommen, die radikale Lebensverlängerung nähme ihren Lauf, und Sie hätten heute die Möglichkeit, 400 Jahre alt zu werden, Sie müssten sich aber umgehend entscheiden, weil sie dann von nun an einen bestimmten Lebensstil verfolgen müssten. Sie müssten sich um Ihre Zellen kümmern, wie Sie es heute schon mit Ihren Zähnen tun. Würden Sie es machen?

Ja, länger ist besser. Die Zeit ist sehr kostbar. Ich würde das ganz sicher tun. Plug me in, baby! (Lacht.) Ich müsste mich neu arrangieren, die Dinge, die ich tue, neu justieren, das ist wahr – die Kehrseite wäre vielleicht, dass es einen vom Rest der Leute entfremdet, ich meine, es wäre schade, wenn ich der Einzige wäre.

Hülswitt: Sie sind noch recht jung. Spüren Sie schon den Druck der Zeit?

Die Zeit ist immer mein schlimmster Feind. Ich bin zwar ein super-hyper-effizienter Mensch, habe aber trotzdem immer das Gefühl, hinterherzuhinken. Ich kann mein Ziel nie erreichen, weil man die Zukunft nicht einholen kann. Sie ist immer voraus.

Hülswitt: Ist da auch schon das Gefühl eines Ablaufens der Zeit?

Nein, ich bin gerade erst dreißig geworden. Obwohl es schon schade ist, dass ich immer über die Zukunft rede, aber nie wissen werde, wie es in zweihundert Jahren sein wird. Ich bekomme meine 65 Jahre, und das ist mein Stück vom Kuchen. Das ist manchmal ein bisschen traurig, das muss ich zugeben. Ich werde es nie wissen. Nie prüfen können. Deshalb will auch weg von diesem Sci-Fi-Zeug und nicht mehr darüber reden, was in zweihundert Jahren sein wird, sondern darüber, was wir in diesen dreißig, vierzig Jahren, die wir noch haben, machen können und wie wir uns da einklinken. Man kann alles Mögliche futuristisch betrachten. Aber ich will die Zukunft jetzt!

*Aus dem Englischen von Tobias Hülswitt*

## Der Mensch ist von Natur aus künstlich

Im Gespräch mit dem Schriftsteller und Literaturwissenschaftler Hans-Ulrich Treichel (Berlin, 20. September 2009)

### Gratifikationen des Schreibens

Tobias Hülswitt: Was fasziniert Sie am Schreiben?
Hans-Ulrich Treichel: Es gab eine Faszinationsphase vor dem Schreiben. Mich hat fasziniert, dass andere geschrieben haben. Und ich habe mich oft mehr für die Schriftsteller interessiert, als man das als Germanist darf, und nicht so sehr für die Werke. Das Faszinosum der Bücher war eigentlich ihr Geschrieben-Sein, unabhängig vom Inhalt. Was daran eigentlich so faszinierend ist, weiß ich bis heute nicht genau. Und der Leser, der ich war, war eigentlich schon ein indirekter Schreiber, ich habe mit dem Gefühl gelesen, dass ich schreibe. Und auch den Neid gespürt auf den, der da geschrieben hat. Es war ein Neid auf alle, nicht nur auf ein besonderes Buch, sondern auf jedes geschriebene Buch und auf jeden Autor. So ist der Wunsch aufgekommen, aus dem Schreiber, der nicht schreibt, ein Schreiber, der schreibt, zu werden. Und dazu hat sich eine Art Schreibzwang gesellt, den ich eher als Belastung empfunden habe, weil ich natürlich davon ausgegangen bin, dass ich gar nicht schreiben kann.
Hülswitt: Befriedigt der Schreibende seinen Wunsch, Schöpfer zu sein?
Der Begriff »Schöpfer« kam bei mir nicht vor. Es war eher ein frühes Gefühl der Fremdheit der eigenen Existenz gegenüber, ein Nichtverstehen, das womöglich eine alltagsphilosophische Grundsituation ist: Warum bin ich da? Warum bin ich dort, wo ich bin, und nicht woanders? Und vielleicht sogar: Warum *bin*

ich, und nicht vielmehr *nicht*? Und warum muss ich immer diese Frage mit mir herumtragen, warum kann ich nicht einfach existieren? Ich fühlte mich immer irgendwie auch vom Leben abgekoppelt. Und ein Impuls war, diese Fragen loszuwerden und den Druck, den sie ausgeübt haben.

Roman Brinzanik: Und sind Sie diese Fragen losgeworden?

Ja. Die Sinnfrage hat sich durchaus ein wenig in die Stilfrage verwandelt. Das ist, glaube ich, die Gratifikation des Schreibens, wenn es halbwegs gelingt: Die Frage »Wie schreibe ich meinen nächsten Text?« wird wichtiger als die Frage »Warum lebe ich?«. Wie erzähle ich von mir oder wie transformiere ich meine Erfahrung in eine Figur? Fragen wie diese werden wichtiger als die Frage »Wie lebe ich richtig?«. Und das entlastet natürlich, es mindert den Druck, auf das Leben eine Antwort zu finden. Das ist natürlich aufs Ganze gesehen ein Selbsttäuschungsvorgang, aber auch eine Lebenshilfe.

## Vergänglichkeit

Hülswitt: In Ihrem Essayband *Der Felsen, an dem ich hänge* sagen Sie über einen wahrscheinlich fälschlicherweise Truman Capote zugeschriebenen Text: »Und das ist vielleicht das Traurigste an der Geschichte: nicht die Tatsache, daß wir uns von den Menschen und Orten, die wir lieben, irgendwann trennen müssen. Sondern daß wir diejenigen, die wir lieben, irgendwann vergessen.« Und besonders hat Sie offenbar in jenem wohl nicht von Capote, sondern von seiner Tante stammenden Text die Passage berührt: »Jahre vergingen, und ich kam in die Highschool ...« – und dann ganz lapidar: »Ich hatte Grandpa vergessen.« Die Geschichte handelt vom Verhältnis der Hauptfigur zum Großvater. Welche Rolle spielt die Vergänglichkeit für Ihr Schreiben?

Ich habe sie immer als starke Bedrohung empfunden, einerseits. Dass man festhalten will, weil natürlich am Ende immer der Tod lauert als Zielstellung der menschlichen Zeit. Auf der anderen Seite habe ich aber auch gespürt, dass es etwas wie eine Sehnsucht nach vergehender Zeit gibt, eine Vergehenssehnsucht, Nostalgie nach vorne. Und das pendelt in meiner Wahrnehmung hin und her. Aber das Schreiben wiederum, und vor allem das Schreiben über das eigene Leben, ist natürlich auch ein Versuch, Lebensphasen und Empfindungsmomente zu fixieren, stillzustellen. Denn das gelingt einem ja zumindest scheinbar, dass man im Text das Vergangene und Vergehende festhält und zugleich neu beginnen lässt. Auf Seite 1 sozusagen. Und das entlastet von dem unerbittlichen Diktat der voranschreitenden Zeit.

Hülswitt: Man benutzt gerne Ausdrücke wie »Der Autor lässt das 17. Jahrhundert wieder auferstehen« – aber das stimmt ja nicht. Das 17. Jahrhundert ist vorbei, und es wird auch niemand wieder lebendig, indem man über ihn schreibt. Mein Eindruck ist, dass es sich hier um eine sehr gut funktionierende Illusion handelt, die auch beruhigende Wirkung hat, aber nichtsdestotrotz ist das Vergangene fort, und das Vergehen geht ungebremst weiter.

Wobei ich das selber in meiner eigenen Schreibpraxis viel enger dimensioniere. Wer weiß, vielleicht würde ich mich daran vergnügen können, einen historischen Roman zu schreiben, aber mein innerster Impuls ist nicht, irgendeine Epoche wieder auferstehen zu lassen. Sondern eigentlich sind es immer Selbstrettungen. Ganz egozentrisch funktioniert das. Nur auf mich selbst bezogen, auf meine Erfahrung. Dieser Unerbittlichkeit, der vergehenden Zeit, etwas entgegenzusetzen – und sich aber auch fiktiv lustvoll in sie hineinzuschmeißen! Man beschreibt ja in fiktionalen Texten, in Variationen der eigenen Erfahrung einerseits Entfaltungsprozesse des Lebens, andererseits aber auch Vergehensprozesse. Es gibt nicht nur die Zeitdehnung, sondern auch die Zeitraffung. Was insgesamt aber heißt: Man macht sich zum Souverän über zeitliche Prozesse und über Lebenszeit. Und wenn es zudem Lebenszeit ist, die aus der eigenen Erfahrung herausgenommen ist, ist das natürlich eine reizvolle Angelegenheit. Denn diese Souveränität hat man sonst nie.

Hülswitt: Der Kampf gegen den »unaufhörlichen Verlust von Dasein«, wie es genannt wurde, ist also nicht die alleinige treibende Kraft des Schreibens?

Vergänglichkeit ist nur ein Moment. Das andere ist das Zur-Welt-kommen-Wollen. Dieses Befremdet-Sein von der eigenen Existenz, von dem ich sprach, hängt natürlich mit meiner Familiengeschichte zusammen. Aber es hat eben neben der konkreten auch eine existenzielle Dimension. Und dass man aus diesem Befremdet-Sein herauskommen will und sich verschiedene Existenzformen sozusagen auf den Leib schreibt, ist dann der andere Aspekt. Man schreibt nicht nur gegen das Vergehen an oder liefert sich ihm gegebenenfalls lustvoll aus, sondern der Schreibprozess selbst wird zu einer Geburtswehe, einer Geburtsanstrengung, um einen Schritt näher zu sich selbst zu kommen.

Hülswitt: Dürfen wir noch einen Moment bei der Vergänglichkeit bleiben? Nabokov schreibt am Anfang seiner Autobiographie – falls man das Buch so nennen darf – *Erinnerung, sprich*: »Die Natur erwartet vom Menschen, daß er die schwarze Leere vor sich und hinter sich genauso ungerührt hinnimmt wie die außerordentlichen Visionen dazwischen. [...] Ich verspüre den Wunsch, meine Auflehnung nach außen zu tragen und die Natur zu bestreiken. [...U]nd der Geist ermattete dabei hoffnungslos auf der Suche nach irgendeinem geheimen Ausweg, nur um zu entdecken, daß das Gefängnis der Zeit eine Kugel und ohne Ausweg ist. Außer Selbstmord habe ich alles versucht.« Ist dies vielleicht ein so großes und fundamentales Problem, dass wir es vermeiden, uns damit auseinanderzusetzen?

Dem stimme ich sofort zu, wobei ich mit zunehmendem Alter die Erfahrung mache, dass nicht nur die schwarze Leere, die ich vor mir habe, bedeutsamer wird, weil sie immer näher rückt, sondern dass auch die schwarze Leere, die ich hinter mir habe, bedeutsamer wird. Ein zunehmend bedeutsam werdender Gegenstand der Furcht. Was, das gebe ich zu, eine seltsame Erfahrung ist. Als würde ich mich davor fürchten, hinter den Moment des Gezeugtseins zurückzufallen. Früher habe ich mich vor allem davor gefürchtet, aus dem Lebendigsein herauszufallen. Ich kann mich daran erinnern, dass ich beispielsweise zu Studentenzeiten, als wir alle enorm politisiert waren und die Kommilitonen zumeist politische Diskussionen führten, öfter mal gesagt habe: »Aber was ist mit dem Tod?« Das hat mich immer beschäftigt. Ich fand das eigentlich wichtiger, obwohl es furchtbar unpolitisch und destruktiv war. Wir wollten gerade gegen die Novelle des Hochschulrahmengesetzes eine Aktion machen, und da sage ich auf einmal: »Aber der Tod – das ist doch auch ein Problem!« (Lacht.)

Hülswitt: Und wie haben Ihre Kommilitonen reagiert?

Die waren verstört, sie fanden es reaktionär, die Aktivitäten zu lähmen mit solchen seinsphilosophischen Fragestellungen! Und ich weiß, dass ich aus diesem Grund nicht richtig politisch zuverlässig werden konnte, weil ich doch immer dachte, solange die Todesfrage nicht gelöst ist, ist es auch nicht besonders sinnvoll, etwas gegen das Hochschulrahmengesetz zu unternehmen. Und ich weiß noch, dass ich auch bei der Marx-Lektüre, die wir ja damals alle jahrelang betrieben haben, nach der Seinsfrage suchte und dachte, solange Marx mir zum Tod keine Antwort gibt, hilft und nutzt mir das alles nichts, die ganze Analyse des Kapitals und des Kapitalismus. Bei Engels dagegen gibt es eine Schrift namens »Anti-Dühring«, eine Streitschrift gegen den antisemitischen Sozialisten und Nationalökonomen Eugen Dühring, in der ich, wenn ich mich recht erinnere, immerhin Aussagen wie »Der Tod ist nur ein Formwandel der Materie« gefunden habe. Das ist zwar kein wirklich tröstender Gedanke, aber immerhin hat Engels sich damit beschäftigt. Bei ihm gibt es auch kosmologische Spekulationen über das Ende der Erde und des Sonnensystems, ein ganz materialistischer Naturbegriff eben, der den Tod entmystifiziert.

## »Der Mensch ist von Natur aus künstlich«

Hülswitt: Ihr Vater trug eine Prothese.
Mein Vater war einarmig, kriegsversehrt, er trug eine künstliche Hand, und ich erinnere mich an die Situation, als ein Prothesenvertreter mit einer neuen Technik kam, durch die sich die Finger bewegen ließen. Irgendwie durch elektrische Impulse mit dem Armstumpf verbunden. Wir Kinder saßen am Tisch, als er das anprobierte, und dann machte es klack, klack, und die Finger gingen auf und zu, und wir Kinder sind schreiend aufgesprungen vor Schreck. Dieses Starre und Ungelenke – mein Vater hatte sich in einen Roboter verwandelt! Die ursprüngliche Prothese, die wir vom ersten Moment an an ihm kannten, war dagegen ja sozusagen seine Natur.
Hülswitt: Sie schreiben in einem Essay, dass diese ursprüngliche Prothese für Sie der einzig warme Körperteil des Vaters war.
Das stimmt. Zu dieser Hand hatte ich ein zärtliches Verhältnis. Sie war keine Schlaghand, daher drückte sich in ihr viel stärker ein angenehmes Persönlichkeitsmerkmal aus als in der lebendi-

gen Hand. Und dann war sie aus dunklem Leder, also kein kaltes Plastik. Sie war der Teil des Vaters, der keine Angst auslöste.

Hülswitt: In den USA gibt es einen Biomechatroniker, der als Jugendlicher beide Beine verlor. In einem Radiointerview hörte ich ihn sagen, er habe heute ein innigeres Verhältnis zu seinen Prothesen als zu seinen natürlichen Gliedmaßen. Leuchtet Ihnen das ein?

Wenn man an den Satz von Helmuth Plessner denkt: »Der Mensch ist von Natur aus künstlich« – so eine Einstellung könnte man auch zu sich selber haben, anstatt in Natürlichkeits-/Nichtnatürlichkeits-Kategorien zu denken. Zudem fangen die Austauschprozesse schon sehr früh an. Zum einen werfen wir immer etwas ab, Haare, Nägel, Schuppungen, die man vollzieht, und die erste Erfahrung prothetischer Dimension, die man macht, ist beim Zahnarzt, Füllungen. Plötzlich ist da fremdes Material in einem. Und dann kommt irgendwann die Brille, da wird es äußerlich. Im Prinzip ist es eine Frage der Abstufung. Bei den Zähnen ist es Konvention geworden, man vergisst es mit der Zeit. Wenn die Leute Stents haben, vergessen sie es vielleicht nicht so schnell, weil es ein größerer Schock, eine schlimmere Erkrankung ist als Karies. Aber es gibt bereits einiges an Technik und gegebenenfalls auch an Prothetik, was wir integrieren und wieder vergessen.

## Kunst im verlängerten Leben

Brinzanik: Welche Rolle spielt das körperliche oder seelische Leiden für Ihr Schreiben?

Das ist ziemlich zentral. Dieses frühe Entfremdungsgefühl, dieses Wundern, warum bin ich hier, warum bin ich in Westfalen, warum bin ich in Ostwestfalen, warum gucke ich hier aus dem Fenster auf die Kreuzung, wo gerade kein Auto fährt, oder auf den Kirchturm, der in einer Stunde wieder läuten wird? Besonders auch die Frage, warum bin ich so ein Körper? Das habe ich schon als Kind nicht selbstverständlich gefunden. Ich wundere mich heute darüber, dass ich so früh eine so irritierende Wahrnehmung hatte. Sie hängt vielleicht mit der Prothese meines Vaters zusammen. Ich weiß, dass ich meine Natur nie als ganz natürlich oder selbstverständlich empfunden habe. Und überhaupt, dass die Menschen auf zwei Beinen durch die Gegend laufen, und wie sie aussehen! Ein bisschen alienmäßig eigentlich. Die Pubertät verstärkt die Körperunsicherheiten noch, die Sexualität beginnt ... Das Heimischwerden im eigenen Körper ist eine lebenslange Arbeit.

Brinzanik: Und das Leiden, ist das immer dabei?

An der Körperlichkeit überhaupt? Natürlich! Zu den Gratifikationen des Schreibens gehört, dass es Erfahrungen der Selbstvergessenheit ermöglicht, und damit meine ich natürlich auch das Vergessen des Körpers. Auch das tritt in hochkonzentrierten Arbeitsphasen ein, und dann ersetzt man seine eigenen Körperprobleme durch ein Buch mit einem schönen Umschlag, makellos, da ist alles da, ein guter Rand, das ist gut gebunden, sieht gut aus. Deshalb meide ich auch Antiquariate. Das sind Räume voller alter Körper. Und das Schönste ist ja eigentlich, die Zellophanhülle von einem neuen Buch abzureißen. Wie ein Kokon, aus dem dann ein Schmetterling schlüpft. Diese kleine Macht hat man als Autor: dass man plötzlich so ein völlig intaktes Körperding in der Hand hält, dessen Urheber man zudem noch ist.

Brinzanik: Und das Leiden als Stoff des Schreibens? Sie beschreiben beispielsweise in einem Ihrer Bücher, wie Ihr Vater an einem Herzinfarkt stirbt – solche Sachen werden gerade erforscht. Die Naturwissenschaften und die Biomedizin versuchen im Augenblick, genau diese typischen Leidensformen, die im Alter zum Tod führen, tatsächlich abzuschaffen und die Grenzen der Sterblichkeit weiter zu verschieben. Man könnte dann nicht mehr über den Herzinfarkt des Vaters schreiben.

Es wäre zumindest uninteressant, weil es keine Erfahrung mehr wäre. Tuberkulose war ein großes Thema in der Literatur, Syphilis hat Kulturgeschichte geschrieben. Das ist ja auch vorbei. Auch Leidenserfahrungen sind historischen Prozessen unterworfen. Aber ich habe keine Sorge, dass es nicht neue Leidensformen geben wird, die einen Anlass liefern, darüber zu schreiben. Und ich glaube nicht, dass die Leidquantität, die Angstquantität geringer geworden ist. Genauso wenig wie ich an diese Art Fortschritt glauben kann, der den Tod eliminieren will, die Unsterblichkeitsutopie des Herrn Kurzweil. Sollte sie jemals real werden, dann müssten wir diesen Preis bezahlen, natürlich. Das wäre dann vielleicht das Ende der Kunst, das Ende der Literatur.

Hülswitt: Ray Kurzweil sagt dazu, die Kunst würde nicht überflüssig, sondern immer besser, immer intensiver.

Das glaube ich nicht, weil sie, wenn wir die entscheidende Angst nicht mehr hätten, nur noch der Dekoration diente und kein Existenzial mehr wäre. Warum sollte sich jemand anstrengen, wenn diese Angst weg wäre? Und Künstler, echte Künstler, emphatisch gesagt, opfern ja sehr viel an Lebenszeit und Anstrengung für ihre Arbeit, ohne vorab den Ertrag zu kennen, und die Anstrengung ist in den meisten Fällen erheblich größer als der Ertrag, würde ich sagen. Und das, glaube ich, funktioniert nur deshalb, weil die Angst bohrt, die existenzielle Beunruhigung. Wenn die weg wäre, dann würde man neu tapezieren, aber man würde nicht mehr gegen seine Lebensangst respektive Todesangst kämpfen.

Hülswitt: Gibt es das, was wir Schönheit nennen, nur vor dem Hintergrund des Todes?

Wenn man Schönheit mit Liebe und Liebe mit Begehren und

erfülltes Begehren mit Glück zusammendenkt, und das alles wiederum biologisch fundiert mit Zeugung und Reproduktion – dann ja. Und wenn man Schönheit mit *aisthesis*, mit Wahrnehmung, mit aktiver, lebendiger Tätigkeit der Sinne, zusammendenkt, dann ebenfalls ja. Alles andere aber, die anorganische Schönheit, der Kristall, der den Kristall betrachtet, die Schönheit der Menschenferne, der Himmel, das All, der Glutkern im Erdball gehört vielleicht nicht zum Schönen, sondern zum Erhabenen.

Brinzanik: In der Geschichte der Literatur lassen sich, wohl abhängig von Epoche und Zeitgeschehen, Tendenzen zu eher positiven oder eher negativen Utopien beobachten, wie die von Thomas Morus, Edward Bellamy oder George Orwell. Obwohl der medizinische Fortschritt den Menschen seit dem 20. Jahrhundert immense Erleichterungen verschafft hat, fallen die entsprechenden Zukunftsvisionen in derselben Epoche überwiegend dystopisch aus, zum Beispiel in Huxleys *Schöne neue Welt* oder zuletzt in Michel Houellebecqs *Die Möglichkeit einer Insel*, wo das Dasein der Klone sehr negativ besetzt ist. Warum eigentlich?

Es ist vielleicht die Einsicht, dass das Leben unmenschlich wird, wenn der Grundsatz »Alles, was besteht / ist wert, daß es zu Grunde geht«, wenn dieser Grundsatz aufgegeben wird. Weil für uns gerade diese sogenannte Sinnlosigkeit und Endlichkeit des Lebens am Ende eben doch sinnstiftend ist. Und wir würden uns in der Unendlichkeit verlieren, das ist auch ein Horrorgedanke.

Brinzanik: Also die Abschaffung des Todes würde nicht zu einer unendlichen Befreiung führen?

Nein, sie würde zu einer unendlichen Depressivität der Gesamtbevölkerung führen. Weil man es womöglich nicht ertragen würde, nicht mehr kämpfen zu müssen. Man müsste ja nicht mehr um das gute Leben kämpfen, man müsste nicht mehr sagen: Das muss ich noch tun, dies will ich noch erreichen. Es gäbe eine unendliche Perspektive.

Hülswitt: Die Unsterblichkeit ist ja im Augenblick kein reelles Problem. Aber nehmen wir einmal an, es käme nächste Woche plötzlich der große medizinische Durchbruch und wir würden alle zweihundert Jahre alt. Wäre das nicht doch auch eine gewisse Befreiung, ein Gefühl wie damals, als man von zu Hause auszog?

Wenn es einem dabei halbwegs gutginge, dann ja. Das kann man probieren, zweihundert Jahre. Aber wenn es zweitausend wären, dann würde es vielleicht zu Massenselbstmorden kommen, weil man sich dem nicht aussetzen will. Aber das bleibt Spekulation, denn genauso gut ließe sich behaupten, dass wir ja schon in der Zukunft leben, im einst Undenkbaren bereits angekommen sind. Ich habe kürzlich eine Statistik gelesen, nach der fünfzig Prozent der heute geborenen Mädchen über hundert Jahre alt werden! Wenn man das jemandem vor dreißig Jahren gesagt hätte, der hätte es nicht glauben können. Das war einmal utopisch, solch ein Altersdurchschnitt, und solche Utopien holen uns jetzt schon ein.

## Enhancement

Hülswitt: Bei Schriftstellern ist die Verwendung von Stimulantia aller Art ja ein altes Thema. Nun werden die Möglichkeiten immer vielfältiger. Noch als Vision muss man die Ergänzung des Gehirns durch technische Hardware betrachten, die mehr Speicherkapazität oder bessere Rechenleistungen brächte. Bereits aktuell ist die Verwendung von Aufmerksamkeit und geistige Leistungsfähigkeit steigernden Medikamenten wie Modafilin oder Ritalin. Wenn sich der Autor mit solchen Mitteln nun verbindet, wo ist dann er? Der

Output, von wem kommt der? Wie prägen die Substanzen sein Werk und durch sein Werk unsere Kultur?

Diese Fragen lassen sich schon auf die Normalkonstitution herunterstufen, indem man sagt, wir sind ja sowieso von biochemischen Prozessen gesteuert. Wo bin da ich? Bei Gehirnverletzungen beispielsweise stellt sich diese Erfahrung immer wieder ein, da gibt es die kleinste Verletzung an einer Stelle, und die Persönlichkeit ist weg oder komplett verändert. Wie wir sind, was unseren Charakter ausmacht, hängt anscheinend von den biochemischen Prozessen unseres Gehirnstoffwechsels ab.

Hülswitt: Das spräche ja dafür, dass man diese Biochemie und unsere Identität ruhig als Material begreifen dürfte. Dürfte man, sollte man sie dann beliebig verändern?

Das ist eine Ermessensfrage. Es könnte dafür sprechen, dass man emphatische Individualitätskonzepte humanistischer Art zumindest relativieren muss.

Hülswitt: Wir greifen beim Schreiben eigentlich auch in uns ein, Schreiben ist unter anderem eine Form von Kontingenzkontrolle oder -bewältigung, man kann Erlebtes umformulieren und damit auch um-erleben, man kann durch den Akt des Schreibens Macht gewinnen über Situationen, in denen man eigentlich ohnmächtig war oder ist, wir greifen also in das Beschreiben der Welt und damit in das Erleben und in uns selbst massiv ein.

Und wir fingieren Souveränität über die Kontingenz.

Hülswitt: Und ist es nicht der gleiche Impuls, wenn jemand sagt, ich möchte jetzt auch als Bioingenieur die Kontingenz, die mich ausmacht, kontrollieren, ich will das optimieren?

Aber wir machen das ja durch unsere Zivilisierung und Kulturalisierung. Es ist ja nicht so, dass wir natürlich sind, und dann kommt noch Ritalin dazu, und das wäre dann das Künstliche. Nein, achtzig Prozent der Lebensmittel, die wir zu uns nehmen, sind in gewisser Weise künstlich. Unsere Lebensumgebung ist künstlich, die Luft ist voller Benzolpartikel, nicht natürlich, nicht rein. Die Art, wie wir uns fortbewegen, ist künstlich. Auch die Ausstattung unserer Wohnungen ist weit entfernt von einem Naturzustand. Möbel sind auch Psychodrogen. Oder Teppiche oder sonstwas. Auch wenn sie nicht direkt intravenös verabreicht werden. Ich glaube, wir leben mit vielfältigen Infusionen unter hochkünstlichen Rahmenbedingungen, manche steigern das noch und bauen sich ganz besonders inspirierende Privatwelten, und manche nehmen gegebenenfalls auch noch pharmakologisch interessante Dinge. Und am Ende kommt dabei nicht die große Ekstase heraus, sondern der ganz normale Mensch mit seinem ganz normalen, konventionalisierten Verhalten.

Hülswitt: Wenn wir uns aber sowieso schon als so plastisch begreifen, wo kommen dann solche Ängste her wie die vor dem Designerbaby, bei dem man bestimmte Krankheiten von vornherein genetisch ausschaltet?

Die hätte ich erst mal nicht, diese Angst. Denn wenn man eine Polioimpfung kriegt als Baby, ist man ja auch schon einer bestimmten Chemikalie ausgesetzt, die versucht, eine bestimmte Krankheit von vornherein auszuschalten. Ich muss sagen, in keiner Epoche sehe ich den wirklich qualitativen Sprung. Das bildet man sich vielleicht ein, weil man die eigene Epoche als besonders fortschrittlich empfindet. Auch das Internet wird oder wurde gern als nie dagewesener Sprung in der Geschichte gesehen. Aber wer weiß, ob die Erfindung des Rades am Ende nicht doch entscheidender war. Oder des Hammers. Oder anderer einfacher Werkzeuge. Ich habe das Gefühl, und deswegen bin ich auch nie sehr kulturpessimistisch gestimmt bei neuen Erfindungen, dass es am Ende immer graduelle Stufen und nie entscheidende, echte qualitative Sprünge sind. Ich hatte zum Beispiel als Zehnjähriger ein Transistorradio am Ohr und habe die Hitparade gehört. Jetzt benutze ich meinen iPod, und ich sehe keinen richtigen Unterschied.

Brinzanik: Mir scheint aber doch, dass die modernen Natur- und Ingenieurswissenschaften uralte Menschheitsträume, die bis dahin eben nur Sehnsüchte blieben, verwirklicht haben: das Fliegen, Reisen zum Mond oder die Kommunikation mit jedermann.

Aber das ist alles 19. Jahrhundert, Jules Verne! Oder gar 15. Jahrhundert, wenn ich an Leonardos Flugversuche denke. Von Ikarus nicht zu reden. Es sind ganz alte Themen!

Hülswitt: Aber ein fundamentaler Unterschied ist doch, dass wir zwar davon erzählen konnten, wir konnten es in der Imagination lebendig machen, aber wir konnten es eben nicht realisieren. Und jetzt gibt es sogar im Hinblick auf Altern und Leid – und manche behaupten eben auch auf den Tod – eine, ganz vorsichtig gesagt, minimale Chance, dass es den Biogerontologen und Genetikern gelingen könnte, was uns, den Schriftstellern, im Kampf gegen das Vergehen nie gelingen kann.

Ich würde erst neidisch, wenn bewiesen wäre, dass die nächste Generation nicht mehr stirbt. Ein Leidensfaktor ist der Tod ja auch deshalb, weil er uns vom Fortschritt ausschließt. Und das ist natürlich eine Verlusterfahrung, ein Nachteil, und darum sind die Nachgeborenen immer im Vorteil, weil sie mehr Fortschritt miterleben dürfen. Und insofern ist der Tod eine Schweinerei und eine Ungerechtigkeit. So mag man das empfinden. Sollte sich der Fortschritt in der Tat beschleunigen, dann wäre die Ungerechtigkeit umso größer. Hinzu kommt die Neugierde. Man würde gerne sehen, was wird denn noch alles passieren? Ein schönes Spielzeug, was vielleicht irgendwann entwickelt wird, das würde man dann vielleicht doch gerne haben. Aber einen richtig brennenden, quälenden Neid, den empfinde ich dennoch nicht.

## Die Rolle der Künste

Brinzanik: Formulieren eigentlich Literatur und Erzählung die Ziele des Fortschritts mit wie damals der Mythos die Sehnsüchte der Menschen?

Bestimmte Genres, ja, aber ich finde nicht, dass utopische Romane unbedingt die Kernsubstanz der Literatur sind. Der Kern der Literatur ist für mich immer die Versenkung in individuelle Zustände, in die Subjektbefindlichkeit, und nicht so sehr in technische oder andere Wunschvorstellungen, die man vielleicht hat. Mich interessiert mein Hier und Jetzt, mein Lebens-Hier-und-Jetzt. Was es mit mir macht und wie ich mich darin zurechtfinde. Das ist das Entscheidende.

Brinzanik: Viele Wissenschaftler wünschen sich eine Beteiligung möglichst vieler gesellschaftlicher Gruppen an einem Diskurs darüber, was nun möglicherweise kommt, und eben auch eine Beteiligung der Künste. Kann man das von den Künsten erwarten?

Ich finde eigentlich nicht. Die Künstler, die sollen sich *diskursiv* äußern, ja, in Symposien von mir aus, aber ich würde nie einem Schriftsteller sagen, kümmere dich jetzt mal um die Zukunft der Pharmakologie oder der Technik. Denn die individuelle Existenz entzieht sich *einem* Thema. Stellen wir uns einmal eine Geschichte zweier geklonter Brüder vor. Das ist die Doppelgängerthematik, die gab es auch schon in der Romantik sehr oft. Man könnte das Gleiche auch anhand einer Geschwisterkonkurrenz erzählen. Bestimmte Motive sind in der Alltagswirklichkeit vorhanden, in diesem Fall Individualitätsverlust, das finde ich schon sehr interessant, aber ich finde es nicht unbedingt interessant, wenn man das unter ein Thema presst. Es muss, glaube ich, implizit bleiben – sofern man überhaupt sagen kann, dass etwas so oder so sein muss.

## Die Selbsterzählung

Hülswitt: Wolf Singer sagt, es würde bei einem um einige Jahrhunderte verlängerten Leben ein Problem mit dem Gedächtnis geben. Mit dem Selbst und der Identität, weil man zu viel vergessen würde und keine lineare Geschichte seiner selbst mehr konstruieren könnte. Bei Ihnen habe ich gelesen, dass Sie auch versucht haben, sich eine kohärente Selbsterzählung zu schaffen, aber: »Herausgekommen ist keine Biographie, wohl aber eine Anzahl von Geschichten, die so tun, als wären es die meines Lebens, und die doch nichts sind als Verkleidungen dessen, was ich nicht weiß und was mir nicht gehört.« Wie lässt es sich mit diesem Scheitern leben?

Eigentlich kann ich erst als Schreibender damit leben. Bevor ich das war, habe ich mich damit herumgeplagt, das war sicherlich auch ein Grund, mit dem Schreiben anzufangen, weil ich außerhalb dessen keine richtige Selbsterzählung gefunden habe, sondern mich nur diffus fühlte. Das Schreiben hat es mir ermöglicht, Varianten meiner selbst zu entwerfen, wodurch der Identitätsdruck geringer wurde, das Identitätsgefühl aber größer. Ich weiß zwar immer noch nicht, welches eigentlich meine wirklich authentische Lebenserzählung ist, aber es bekümmert mich nicht mehr allzu sehr.

Hülswitt: Kann man erst frei denken, wenn die Eltern gestorben sind?

Erstens könnte man natürlich antworten: Die Eltern sterben nie. Sie sind in dir. Sie bewohnen deinen Körper und deinen Geist und sie sagen dir immer noch, was du tun und lassen sollst. Aber natürlich gibt es Grade der Freiheit – auch der von den Eltern. Je weniger neurotisch wir sind, umso freier sind wir. Für so manchen Schriftsteller aber ist es wahrscheinlich notwendig, dass die Eltern gestorben sind, um einen ungehinderten Zugriff auf die

eigene Lebensgeschichte als Stoff zu haben. Wenn die Eltern noch leben, stehen sie gegebenenfalls zwischen dir und dem Stoff. Wobei man nicht vergessen darf, dass man auch selbst zwischen sich und dem Stoff stehen kann. Insofern ist es für den Schriftsteller auch nötig, sich noch zu Lebzeiten auch von sich selbst zu verabschieden. Ich verabschiede mich, also bin ich.
Hülswitt: Und könnten wir analog erst frei denken, wenn wir die biologischen Grundlagen überwunden haben?
Ich glaube nicht. Denn ohne die biologischen Grundlagen gäbe es andere Grundlagen. Physikalische vielleicht. Oder noch undenkbare. Irgendetwas, woraus wir gemacht sind, gäbe es immer. Und das bedeutet immer Determination.
Hülswitt: Richard Rorty beschreibt in *Kontingenz, Ironie und Solidarität* den Wunsch nach Selbstschaffung als dichterischen Impuls. Und zur Selbstschaffung sei immer auch die Überwindung der Vorläufertexte nötig. Und Harald Bloom, auf den Rorty sich hier stützt, sieht unter anderem die Diskontinuität als Mittel der Überwindung. Bloom sagt: »Discontinuity is freedom.« Wenn also der Mensch seine eigene Evolution nun in die Hand nähme, wäre das dann der Akt eines starken Dichters, wie Bloom das nennt?
Umschreiben wäre dann eine Neufestlegung, die man dann selber, autonom vornähme, wenn man seinen eigenen DNA-Code eintippen könnte.
Brinzanik: Was jeder für sich mit gentechnisch veränderten Stammzellen realisieren könnte, um beispielsweise erkranktes Gewebe zu ersetzen. Oder Eltern bestimmen die DNA ihrer Kinder.
Das wäre dann nur eine Mutation. Wir sind auch jetzt nur Ergebnis einer Mutation.
Brinzanik: Die zu einem großen Anteil zufällig ist, obwohl die Eltern natürlich schon immer durch die Partnerwahl mitentscheiden.

Aber in naher Zukunft ist ein Zustand denkbar, in dem die Ausstattung des Kindes eben kein Lotteriespiel mehr ist, zum Beispiel durch Gentherapie an Keimzellen. Und neben der geschlechtlichen Fortpflanzung – der Verschmelzung von Ei- und Samenzelle der Eltern und der zufälligen Neuanordnung des genetischen Materials im Kind – könnte sich das Klonen etablieren. Eine weitere neuartige Möglichkeit der Reproduktion könnte so aussehen: Man denke sich zwei Frauen mit gemeinsamem Kinderwunsch, die eine gibt eine ihrer Eizellen, der anderen entnimmt man eine Hautzelle und reprogrammiert sie zu einer Spermie. Danach verläuft alles so, wie man es aus der künstlichen Befruchtung kennt. Da gibt es viele ethische Fragen und Bedenken, ganz klar, aber wären solche Techniken nicht auch eine Bereicherung?

Also ich würde da doppelt reagieren. Einerseits mit einem Entsetzen, natürlich, weil man sich da so eine Roboterwelt, eine Laborwelt vorstellt, andererseits aber, wenn man länger darüber nachdenkt, könnte man auch sagen, wenn man keinen unbefragten Natürlichkeitsbegriff hat, dann ist es eigentlich egal. Dieses Befremden meiner Existenz, auch meiner leiblichen Existenz gegenüber, das ich als Kind empfunden habe, wenn ich meine Hände angekuckt habe – das ist aber komisch, was soll das denn jetzt, fünf Finger sind da ... –, wenn ich dieses Befremden ernst nehme, wenn ich die konventionelle Ausstattung des Menschen nicht als unhinterfragbare Natürlichkeit akzeptiere, dann relativiert sich das Entsetzen.

Brinzanik: Und die Frage ist, wenn da jetzt einmal ein echter Mensch daraus entsteht, und der ist gesund ...

Und vielleicht auch noch sympathisch!

Brinzanik: Ja!

Ein Schriftsteller vielleicht!

Brinzanik: Warum sollte das dann eine Roboterwelt sein?

Nein, nur diese Phantasie, er ist im Labor gemacht, es fehlt der romantische Aspekt, es fehlt der Akt der Liebe, der Sexualität, der Zeugung, der Mythos – obwohl, Gott hat den Menschen ja auch nicht im Rahmen eines Liebesaktes geschaffen. Sondern in einer *creatio ex nihilo*, Adam zumindest aus nichts und Eva aus seiner Rippe. Auch nicht gerade eine romantische Geschichte. Die Menschheit, oder besser der jüdisch-christliche Mythos hat sich das Herkommen der Menschen also auch nicht »natürlich« erklärt. Und auf der anderen Seite ist es real evolutionsmäßig nicht sehr humanistisch zugegangen, von der Bakterie angefangen bis zu uns. Wenn man sich das klarmacht und eben nicht so ein Natürlichkeitskonzept verfolgt, wenn man bezweifelt, dass es den »echten«, »natürlichen« Weg gibt, den wir bisher angeblich beschritten haben, dann stellen sich zwar immer noch ethische Rahmenfragen, aber die stellen sich ja immer im menschlichen Leben, und so gesehen wäre es mir eigentlich egal, wie dieser Mensch entsteht.

Hülswitt: Um es noch einmal in die Nähe der Dichtung zu rücken, William Blake sagte: »Ich muß ein eigenes System schaffen oder zum Sklaven eines fremden werden.« Vielleicht gilt dieser Wunsch ja nicht nur für starke Dichter, sondern für uns alle, für die Menschheit, die Sklavin eines Systems ist, das sie nicht geschaffen hat.

Aber welchen Systems Sklave sind wir?

Hülswitt: Des biologischen Systems. Der Evolution.

Wenn man das alles aus einer Hautzelle machen kann – ich sehe da nicht die Befreiung, natürlich nicht, auf keinen Fall. Weil ich auch die Sklaverei nicht sehe. (Überlegt.) Ich habe da eine gewisse Gleichgültigkeit dem gegenüber. Ich finde nicht, dass an unserer biologischen Verfassung ständig repariert werden müsste. Mit dem Gehlen-Begriff vom Mängelwesen Mensch kann man sich, finde ich, einrichten. Ich habe in der Hinsicht keine Optimierungsträume. Wichtig ist, dass man seine Balance findet, mit den Mängeln umgehen lernt. Wenn man ihnen natürlich ständig leidend unterworfen ist, dann würde ich einen Bedarf sehen. Wenn die Menschheit insgesamt weinend am Boden läge wegen ihrer biologischen Ausstattung ... – aber so ist es ja nicht, man weint ja wegen anderer Dinge, weil man nichts zu essen hat oder keine Gesundheitsversorgung. Und nach wie vor, ich habe einen fast naturalistischen Blick auf die Gesellschaft. Wir sind ja auch Tiere, wir sind ja nicht abgelöst. Wie ist es eigentlich mit den Tieren, sollte man die auch alle umbauen? Das haben wir noch gar nicht besprochen! Was soll denn aus den Tieren werden!

## Ethik des Wissens

Brinzanik: Es gibt zurzeit Forderungen nach einer Ethik des Wissens. Es heißt, die Gesellschaft müsse sich entscheiden, was sie wissen will und was nicht, um die Wissenschaft steuern zu können, anstatt ihren Entwicklungen hinterherzulaufen.

Steuerungsinstrumente gibt es ja immer durch Forschungsförderung. Das ist ja kein anarchischer und auch kein rechtsfreier Raum. Die andere Frage ist: Soll man an gefährlichen Dingen forschen? Denn es heißt ja immer, was gemacht werden kann, wird auch gemacht. Die Vernichtungswaffe, die gebaut werden kann, wird gebaut und wird auch irgendwann zum Einsatz kommen. Da müsste man sagen, ja, da will ich Kontrolle. Aber das ist zweischneidig, weil wir ja nicht immer prognostizieren können, wozu Wissen am Ende dient. Und dann gibt es andere, die sagen, das hängt davon ab, wie dieses Wissen am Ende verwendet wird. Ich weiß es nicht.

Hülswitt: Wieso will der Mensch eigentlich alles wissen?

Will der Mensch alles wissen? (Pause) Also Künstler ja zum Beispiel nicht. Die wollen gar nicht alles wissen. Gibt es so viele forschende, philosophierende Schriftsteller, Künstler? Die meisten leben gut damit, wenn sie ihre Konzentration auf das Kunstwerk richten, wir sind schon beruhigt, wenn das halbwegs erfolgreich über die Bühne geht. Aber das ist ja keine Forschung, keine Wissenserweiterung, die da stattfindet. Das ist ein anderer Teil der Gesellschaft, der da diesen Wissensdurst verspürt.

## Zukunft als Narration

Hülswitt: Ray Kurzweil redet von den Drei Brücken, die uns Stück für Stück der Unsterblichkeit näher bringen. Das wäre erstens die Optimierung des Stoffwechsels, die uns lange genug leben lässt, bis Genmanipulation die Lebensspanne wiederum genügend verlängert, um den Tag zu erreichen, an dem der Körper mittels Nanotechnologie vollkommen umgerüstet wird, so dass wir nicht mehr sterben müssen. Zudem kommt es nach seinen Berechnungen im Jahre 2045 zur Singularität, wie er es nennt, zum Augenblick, hinter den man nicht schauen kann, da dann Künstliche Intelligenz die menschliche auf allen Gebieten übertreffen und sich rasend weiterentwickeln wird. Was kommt heraus, wenn man dieses Gedankengebäude narratologisch betrachtet? Es scheint mir, dass ihm eine ganz klassisch aristotelische, teleologische Poetologie zugrunde liegt. Und so entsteht eine über Kurzweils Tätigkeit eigenartig mit der Welt verwobene Story, die sich recht gut verkauft.

Die Theorie von den Brücken klingt zumindest verführerisch. Über nur drei Brücken musst du gehen, und dann erwartet dich die Unsterblichkeit. Allerdings kann der normale Nichtnaturwissenschaftler, der sich aus den Forschung-und-Technik-Beilagen der Tageszeitungen, aus *Geo*-Heften und Sachbüchern informiert, über Kohlenhydrate, Zucker, Genmanipulation oder Nanotechnologie außer Meinungsäußerungen gar nichts sagen. Und über das Todbringende beziehungsweise Todüberwindende daran erst recht nicht. Dazu müsste er beispielsweise wissen, was im Inneren der Zelle genau passiert. Und das weiß er nicht. Er ist sogar sehr weit entfernt davon, das zu wissen. Aber er kann, wenn er zudem noch Literaturkenner oder Germanist ist, in diesen naturwissenschaftlichen oder quasinaturwissenschaftlichen Träumen Erzählstrukturen erkennen. Da stimme ich zu. Allerdings: Eine erkennbare Erzählstruktur, ob aristotelisch oder nicht, macht aus einer naturwissenschaftlichen Theorie noch kein Märchen, lässt sie noch nicht per se falsch oder unwissenschaftlich sein. Es sei denn, die Sprachlichkeit und Verbalität als solche wäre schon das Falsche und wir dürften nur den Zahlen und Formeln der Mathematik, Physik und Chemie glauben. Aber wer weiß, welchen ästhetischen und dramaturgischen Regeln diese wiederum folgen.

400 Jahre

Hülswitt: Wenn es nun plötzlich möglich werden sollte, 400 Jahre alt zu werden, Sie müssten sich aber entscheiden, Sie müssten Ihren Lebensstil ein wenig umstellen, Sie müssten regelmäßig Zellreinigungen vornehmen, einmal die Woche oder einmal im halben Jahr ...

Na klar. Aber sterben kann man immer noch? Ja? Dann na klar. Unter normalen Bedingungen, wenn ich nicht im Bergwerk arbeiten müsste, um mein Brot zu verdienen, also wenn man sozusagen auf der westlichen Sonnenseite des Lebens gelandet ist und nicht im Slum in Kalkutta, dann würde ich das machen. Ich würde immer sagen, jede Möglichkeit soll man nutzen, und man hat ja immer noch die Freiheit, sich zu verabschieden. Eindeutig ja!

## Über die Autoren und die Gesprächspartner

**Ad Aertsen**, 1948 in den Niederlanden geboren, ist Physiker und Hirnforscher. Er arbeitet im Bereich der Hirnfunktion-Modellierung und der Gehirn-Maschine-Schnittstellen und hat vielfach über seine Ergebnisse publiziert. Nach Stationen am Max-Planck-Institut für Biologische Kybernetik in Tübingen, der Hebrew University in Jerusalem, der Ruhr-Universität in Bochum und am Weizmann Institute of Science in Israel ist Aertsen seit 1996 Professor für Neurobiologie und Biophysik an der Albert-Ludwigs-Universität Freiburg. Seit 2004 ist er zudem Koordinator des dortigen Bernstein Center für Computational Neuroscience.

**Aaron Ben-Ze'ev**, geboren 1949 in Israel, ist Professor für Philosophie und Präsident der Haifa University, Israel. Er promovierte an der University of Chicago und forscht auf dem Gebiet der Philosophie der Psychologie. Aaron Ben-Ze'ev gilt als einer der weltweit führenden Experten in der Emotionsforschung. Zurzeit konzentriert sich seine Forschung auf das Thema Liebe. Er unterhält einen Blog für die Zeitschrift *Psychology Today*. In der edition unseld erschien 2009 *Die Logik der Gefühle, Kritik der emotionalen Intelligenz*, Frankfurt am Main: Suhrkamp.

**Roman Brinzanik**, 1969 in der Tschechoslowakei geboren, studierte Physik und Philosophie in Frankfurt am Main und Berlin. Nach seiner Doktorarbeit auf dem Gebiet komplexer Systeme und der Nanophysik wechselte er zur Computational Biology und arbeitete am Weizmann Institute of Science in Israel. Heute ist er Wissenschaftler am Max-Planck-Institut für molekulare Genetik in Berlin und forscht auf dem Gebiet der Systembiologie, u. a. an den molekularen Ursachen von Krebs und Fettleibigkeit. Er gehört dem Korsakow Institut für Nonlineare Erzählkultur an.

**David Gems**, geboren 1960 in England, ist Wissenschaftler am Institute of Healthy Ageing des University College London. Er ist dort stellvertretender Direktor und Leiter einer Forschungsgruppe, die sich mit der Biologie des Alterns beschäftigt. In seiner Arbeit verwendet er vor allem den Fadenwurm *C. elegans*, um die Gene und molekularen Mechanismen zu studieren, die das Altern kontrollieren. David Gems hat auch zum Alterungsprozess der Fruchtfliege und der Maus geforscht und beteiligt sich an der ethischen Debatte über die Altersforschung.

**Bert Gordijn**, 1965 in den Niederlanden geboren, ist Professor für Ethik und Direktor des Institute of Ethics an der Dublin City University in Irland. Er ist Sekretär der European Society for Philosophy of Medicine and Healthcare. Des weiteren ist Bert Gordijn Chefredakteur der Buchreihe *The International Library of Ethics, Law and Technology* sowie der beiden Zeitschriften *Medicine, Health Care and Philosophy* und *Studies in Ethics, Law and Technology*. Er publiziert und hält regelmäßig Vorträge in den Bereichen Bio-, Neuro- und Nanoethik.

**Peter Gruss**, geboren 1949 in Alsfeld, ist seit 2002 Präsident der Max-Planck-Gesellschaft. Zuvor war er Direktor am Max-Planck-Institut für biophysikalische Chemie in Göttingen. Sein Schwerpunkt lag auf der Erforschung der molekularen Kontrollmechanismen der Transkription. Gruss erhielt unter anderem 1994 den Leibniz-Preis, 1995 den Louis-Jeantet-Preis für Medizin und 1999 den Deutschen Zukunftspreis des Bundespräsidenten. Vor seinem Ruf an die Max-Planck-Gesellschaft im Jahr 1986 forschte er an den U.S. National Institutes of Health und hatte eine Professur an der Universität Heidelberg inne.

**Tobias Hülswitt**, 1973 in Hannover geboren, ist freier Autor. Er veröffentlichte mehrere Romane und ein Kinderbuch, zuletzt *Dinge bei Licht* (2009). Er arbeitete als Dozent an der Universität der Künste Berlin, an der Akademie der Künste München und als Gastprofessor am Deutschen Literaturinstitut Leipzig. Gemeinsam mit dem Dokumentarfilmer Florian Thalhofer gründete und betreibt er das Korsakow Institut für Nonlineare Erzählkultur, www.institut.korsakow.com.

**Ray Kurzweil**, geboren 1948 in New York, ist Erfinder, Futurologe und Autor und trägt zahlreiche Ehrendoktortitel. Er gründete mehrere Firmen, unter anderem in den Bereichen der Spracherkennung, der optischen Texterkennung und der elektronischen Musikinstrumente. Kurzweil gilt als Visionär der Künstlichen Intelligenz und hat mehrere Bücher publiziert, die sich mit Zukunftsforschung, KI und Gesundheit beschäftigen. Er wurde in die National Inventors Hall of Fame aufgenommen und 1999 von Präsident Bill Clinton mit der National Medal of Technology ausgezeichnet. Seit 2009 ist Kurzweil Kanzler der u. a. von Google und der NASA finanzierten Singularity University im Silicon Valley.

**Jean-Marie Lehn**, geboren 1939 in Frankreich, ist Direktor eines Forschungslaboratoriums am Institut de Science et d'Ingénierie Supramoléculaires (ISIS) in Straßburg und Direktor am Institut für Nanotechnologie in Karlsruhe. Er ist Professor für Chemie am Collège de France in Paris. 1987 wurde ihm zusammen mit

Donald J. Cram und Charles J. Pedersen der Nobelpreis für Chemie verliehen. Jean-Marie Lehn gilt als Begründer der supramolekularen Chemie. Er gehört zahlreichen Akademien und Instituten an und hat viele weitere internationale Titel und Auszeichnungen erhalten.

**Friedhelm Mennekes SJ**, 1940 in Westfalen geboren, ist Jesuit und war Professor für Pastoraltheologie an der Philosophisch-theologischen Hochschule Sankt Georgen in Frankfurt und Pfarrer an St. Peter zu Köln. Er lehrt unter anderem an der Universität Bonn und der Hochschule für Bildende Künste in Braunschweig. Seit 1979 kuratiert Friedhelm Mennekes Ausstellungen zeitgenössischer Kunst im öffentlichen Raum, vor allem in der Kunst-Station Sankt Peter Köln. Er hat Veröffentlichungen zu Themen zwischen Kunst und Religion vorgelegt. Im Jahr 2002 erhielt er die Wilhelm-Hausenstein-Ehrung der Bayerischen Akademie der Schönen Künste, München.

**Daan Roosegaarde**, geboren 1979 in den Niederlanden, ist Künstler. Er studierte an der Akademie der Schönen Künste AKI in Enschede und am Berlage Institut in Rotterdam. Zurzeit ist er Creative Director des Studio Roosegaarde in Rotterdam, eines Laboratoriums für interaktive Projekte im Spannungsfeld von Kunst und Technologie. Roosegaarde erkundet mit seinen Skulpturen im öffentlichen Raum die Beziehungen zwischen Kunst, Architektur, Menschen und e-Kultur. Ausstellungen unter anderem in der Tate Modern, London, im National Art Center Tokyo, auf der Biennale in Venedig (2009) und im Victoria & Albert Museum, London (2009). www.studioroosegaarde.net

## Über die Autoren und die Gesprächspartner

**Hans R. Schöler**, geboren 1953 in Kanada, ist Direktor des Max-Planck-Instituts für molekulare Biomedizin in Münster und Leiter der dortigen Abteilung Zell- und Entwicklungsbiologie. Er ist Professor an der Medizinischen Fakultät der Westfälischen Wilhelms-Universität Münster. Als international bekannter Pionier der Stammzellforschung ist Schöler wissenschaftlicher Berater des deutschen Bundestages und Mitglied der Zentralen Ethik-Kommission für Stammzellenforschung (ZES) in Berlin. 2008 wurde er – gemeinsam mit Irving Weissman und Shinya Yamanaka – mit dem Robert-Koch-Preis ausgezeichnet.

**Wolf Singer**, geboren 1943 in München, ist Hirnforscher und seit 1981 Direktor des Max-Planck-Instituts für Hirnforschung in Frankfurt am Main. 2004 gründete er das Frankfurt Institute for Advanced Studies (FIAS) und 2008 in Kooperation mit den Gebrüdern Strüngmann und der Max-Planck-Gesellschaft das Ernst-Strüngmann-Institut (ESI). Seine Forschung ist der Aufklärung der neuronalen Grundlagen kognitiver Funktionen gewidmet. Von Wolf Singer sind bei Suhrkamp u. a. erschienen: *Der Beobachter im Gehirn: Essays zur Hirnforschung* und in der edition unseld der von ihm mit Matthieu Ricard geführte Dialog *Hirnforschung und Meditation* (eu 4).

**Luc Steels**, 1952 in Belgien geboren, ist Professor der Informatik und Künstlichen Intelligenz an der Freien Universität Brüssel und Direktor des SONY Computer Science Laboratory in Paris. Er promovierte am Massachusetts Institute of Technology und ist einer der Initiatoren der einflussreichen verhaltensbasierten Robotik und Künstlichen Intelligenz. Luc Steels forscht zurzeit hauptsächlich an der evolutionären Linguistik und führt Experimente mit humanoiden Robotern durch, um die Ursprünge symbolischer Kommunikation nachzubilden.

**Hans-Ulrich Treichel**, geboren 1952 in Westfalen, ist Schriftsteller und Literaturwissenschaftler und seit 1995 Professor am Deutschen Literaturinstitut der Universität Leipzig. Seine Romane wurden in 28 Sprachen übersetzt. Treichel erhielt unter anderem 2003 den Annette-von-Droste-Hülshoff-Preis, 2005 den Hermann-Hesse-Preis und 2006 den Eichendorff-Literaturpreis. Letzte Veröffentlichungen: *Der Papst, den ich gekannt habe. Erzählung*, Frankfurt am Main: Suhrkamp 2007; *Anatolin. Roman*, Frankfurt am Main: Suhrkamp 2008; *Liebesgedichte*, Frankfurt am Main: Insel 2009; *Grunewaldsee. Roman*, Frankfurt am Main: Suhrkamp 2010.

**James W. Vaupel**, geboren 1945 in New York, ist Gründungsdirektor des Rostocker Max-Planck-Instituts für demografische Forschung, Honorarprofessor an der Universität Rostock und Forschungsprofessor an der Duke University, North Carolina, USA. Er ist Mitglied der U.S. National Institutes of Health, National Academy of Sciences und der Deutschen Akademie der Naturforscher Leopoldina. Mit Anleihen aus der menschlichen und nichtmenschlichen Biologie, Mathematik, Genetik, Epidemiologie und Ökonomie hat Vaupel die demografische Debatte der letzten Jahre maßgeblich beeinflusst. Ein wichtiges Thema in seiner Arbeit ist der zunehmende Aufschub der Sterblichkeit im hohen Alter.

## edition unseld
## Das erste Programm

**Sandra Mitchell.** Komplexitäten. Warum wir erst anfangen, die Welt zu verstehen. Aus dem Englischen von Sebastian Vogel. eu 1. 173 Seiten

**Robert B. Laughlin.** Das Verbrechen der Vernunft. Betrug an der Wissensgesellschaft. Aus dem Englischen von Michael Bischoff. eu 2. 159 Seiten

**Rolf Landua.** Am Rand der Dimensionen. Gespräche über die Physik am CERN. eu 3. 105 Seiten

**Wolf Singer/Matthieu Ricard.** Hirnforschung und Meditation. Ein Dialog. Aus dem Englischen von Susanne Warmuth und Wolf Singer. eu 4. 133 Seiten

**Josef H. Reichholf.** Stabile Ungleichgewichte. Die Ökologie der Zukunft. eu 5. 138 Seiten

**Bernard Stiegler.** Die Logik der Sorge. Verlust der Aufklärung durch Technik und Medien. Aus dem Französischen von Susanne Baghestani. eu 6. 183 Seiten

**Durs Grünbein.** Der cartesische Taucher. Drei Meditationen. eu 7. 143 Seiten

**Dietmar Dath.** Maschinenwinter – Wissen, Technik, Sozialismus. Eine Streitschrift. eu 8. 130 Seiten

## edition unseld
## Das zweite Programm

**Olaf Breidbach.** Neue Wissensordnungen. Wie aus Informationen und Nachrichten kulturelles Wissen entsteht. eu 10. 182 Seiten

**Giacomo Rizzolatti / Corrado Sinigaglia.** Empathie und Spiegelneurone. Die biologische Basis des Mitgefühls. Aus dem Italienischen von Friedrich Griese. eu 11. 230 Seiten

**Michael Pauen / Gerhard Roth.** Freiheit, Schuld und Verantwortung. Grundzüge einer naturalistischen Theorie der Willensfreiheit. eu 12. 190 Seiten

**Hans Ulrich Gumbrecht / Robert P. Harrison / Michael R. Hendrickson / Robert B. Laughlin.** Geist und Materie – Was ist Leben? Zur Aktualität von Erwin Schrödinger. Aus dem Englischen von Sabine Baumann. eu 13. 150 Seiten

**Oswald Egger.** Diskrete Stetigkeit. Poesie und Mathematik eu 14. 160 Seiten

## edition unseld
## Das dritte Programm

**Helga Nowotny/Giuseppe Testa.** Die gläsernen Gene. Die Erfindung des Individuums im molekularen Zeitalter. eu 16. 159 Seiten

**Reinhard Brandt.** Können Tiere denken? Ein Beitrag zur Tierphilosophie. eu 17. 159 Seiten

**Margery Arent Safir (Hg.).** Sprache, Lügen und Moral. Geschichtenerzählen in Wissenschaft und Literatur. Mit Beiträgen von Roald Hoffmann, Evelyn Fox Keller, Jean-Michel Rabaté und Mieke Bal. Aus dem Englischen von Rita Seuß und Thomas Wollermann. eu 18. 152 Seiten

**David Gugerli.** Suchmaschinen. Die Welt als Datenbank. eu 19. 117 Seiten

**Karl Eibl.** Kultur als Zwischenwelt. Eine evolutionsbiologische Perspektive. eu 20. 218 Seiten

**Peter Janich.** Kein neues Menschenbild. Zur Sprache der Hirnforschung. eu 21. 187 Seiten

# edition unseld
## Das vierte Programm

**Hans Magnus Enzensberger.** Fortuna und Kalkül. Zwei mathematische Belustigungen. eu 22. 80 Seiten

**Joachim Schummer.** Nanotechnologie. Spiele mit Grenzen. eu 23. 172 Seiten

**Aaron Ben Ze'ev.** Die Logik der Gefühle. Kritik der emotionalen Intelligenz. Übersetzt von Friedrich Griese. eu 24. 342 Seiten

**Staffan Müller-Wille/Hans-Jörg Rheinberger.** Das Gen im Zeitalter der Postgenomik. Eine wissenschaftshistorische Bestandsaufnahme. eu 25. 156 Seiten

**Stefan Münker.** Emergenz digitaler Öffentlichkeiten. Die Sozialen Medien im Web 2.0. eu 26. 144 Seiten

**Klaus Kornwachs.** Zuviel des Guten. Von Boni und falschen Belohnungssystemen. eu 27. 219 Seiten